U0383170

世界建筑 6

World Architecture

Hospital Building

医疗建筑设计

佳图文化 编

·广州·

图书在版编目（CIP）数据

世界建筑6：医疗建筑设计／佳图文化编．—广州：华南理工大学出版社，2012.11
ISBN 978-7-5623-3780-5

Ⅰ．①世…　Ⅱ．①佳…　Ⅲ．①医院—建筑设计—作品集—世界　Ⅳ．①TU206

中国版本图书馆CIP数据核字（2012）第220482号

世界建筑6：医疗建筑设计
佳图文化 编

出 版 人：韩中伟
出版发行：华南理工大学出版社
（广州五山华南理工大学17号楼，邮编510640）
http://www.scutpress.com.cn　E-mail: scutc13@scut.edu.cn
营销部电话：020-87113487　87111048（传真）
策划编辑：赖淑华
责任编辑：张　媛　潘宜玲
印 刷 者：利丰雅高印刷（深圳）有限公司
开　　本：1016mm×1370mm　1/16　印张：19
成品尺寸：245mm×325mm
版　　次：2012年11月第1版　2012年11月第1次印刷
定　　价：298.00元

Preface
前言

医疗建筑是现代社会用于照护病弱伤残成员的特殊场所，是医学和技术进步的产物。本书齐集了来自法国、西班牙、美国、意大利、荷兰、中国等世界多国知名建筑设计公司、设计事务所、知名设计师的最新医疗建筑作品。全书内容涵盖各类新建、改建及扩建的医疗建筑，每个作品均从医疗建筑的设计理念、立面设计、布局构思、功能布置、细部处理、难题攻克等多角度灵活地把医疗建筑的特色、构思以及成品一一呈现。

全书所有作品中的手绘图、方案设计图、效果图到设计过程中的技术图、剖面图、工程图、细部图，乃至落成的实景图等一系列珍贵详细图纸均经过精挑细选。成书过程严谨而细致，收录作品均为近年最新医疗建筑作品，实为建筑师及设计爱好者不可多得的医疗建筑设计实践参考读本。

Contents 目录

176 其他医疗建筑

Comprehensive Medical Building

综 合 医 疗 建 筑

Diversity
Concise modern
Function centralism
Emergency rescue

多元性 简洁现代 功能集中 紧急救助

里昂 Croix-Rousse 医院

项目地点：法国里昂
建筑设计：法国 Christian de Portzamparc 建筑师事务所
表面积：46 000 m²
摄影：Erik Saillet

该项目是 Croix-Rousse 医院的扩建项目，坐落在山顶，俯瞰整个城市，古典而宏伟。受限的地块形成线性的空间系统将两个垂直体量联系起来。

扩建的系统联系新旧两栋楼时遵循了以下原则：

（1）参考中轴线，医院象征性的地理、几何中心不变；

（2）确保扩展的外墙在一条直线上，由旧到新处理好比例、节奏和材料的顺序；

（3）扩建部分与现有建筑等长。

建筑正前方大型的开放式露台，形成平坦的入口和花园。这个宽阔的平台揭示了医院居高临下的地理位置，放眼所及之处。

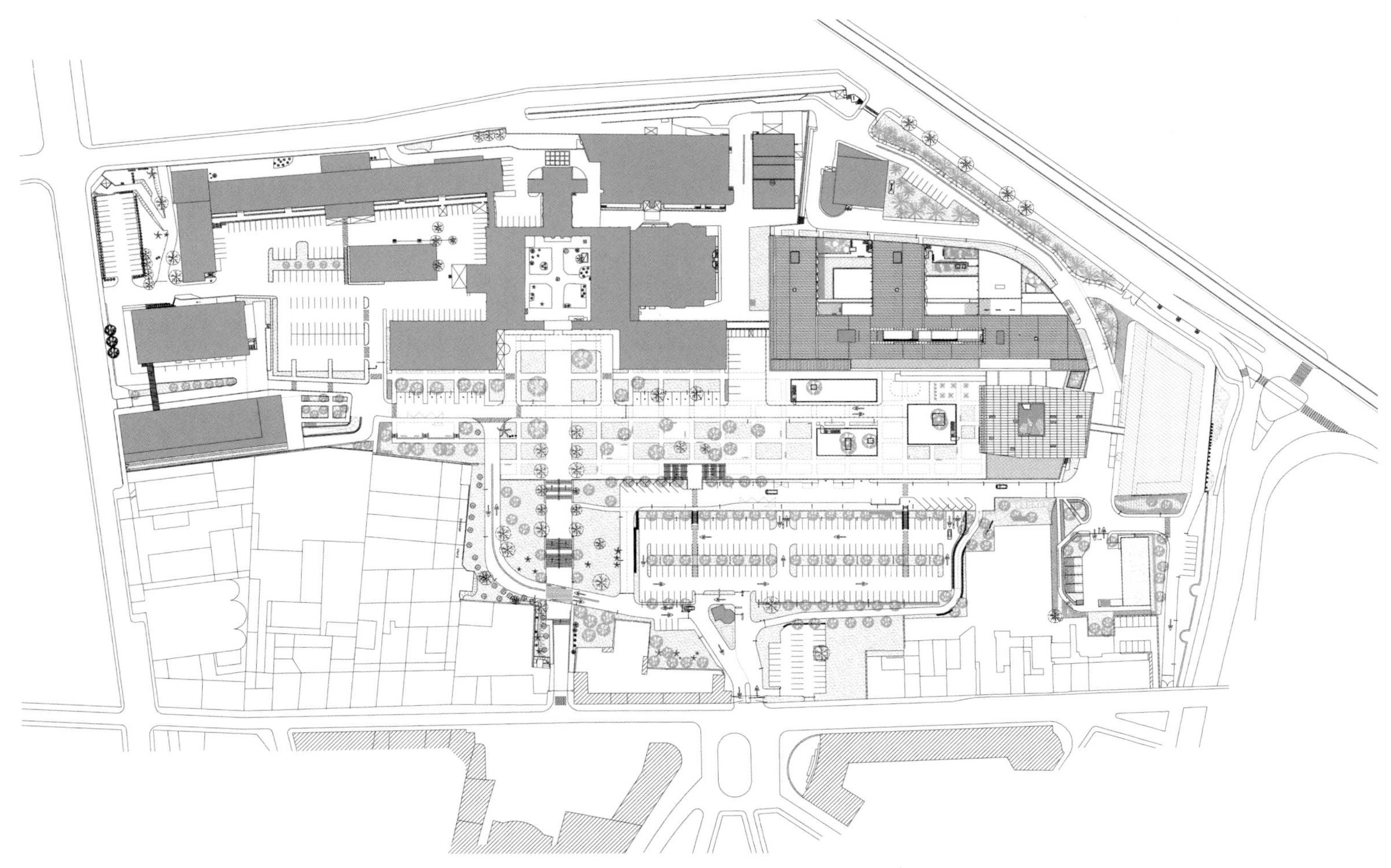

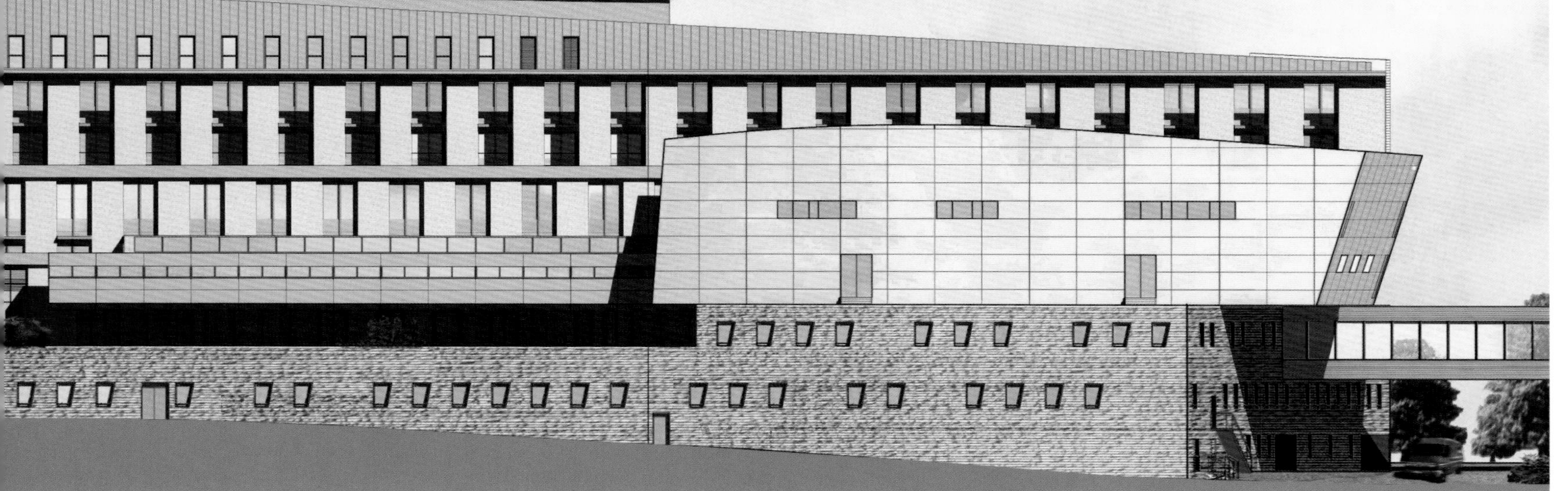

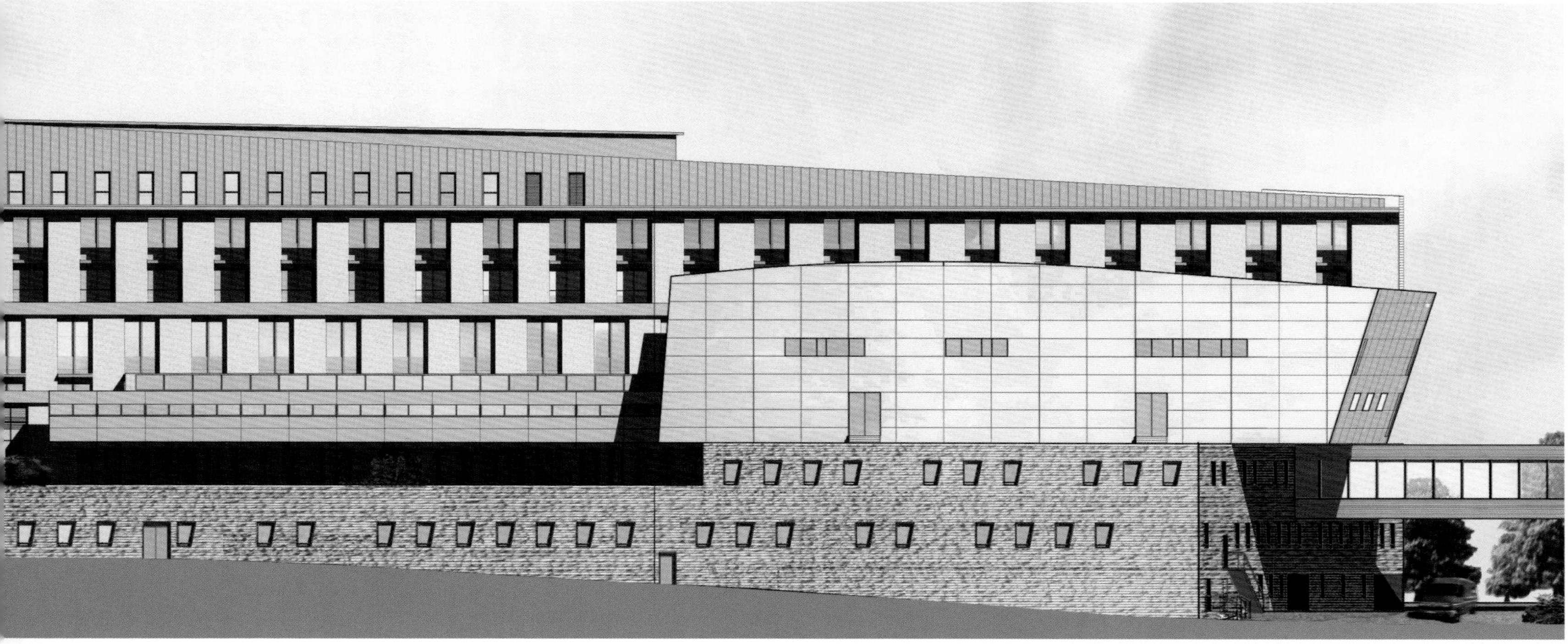

R

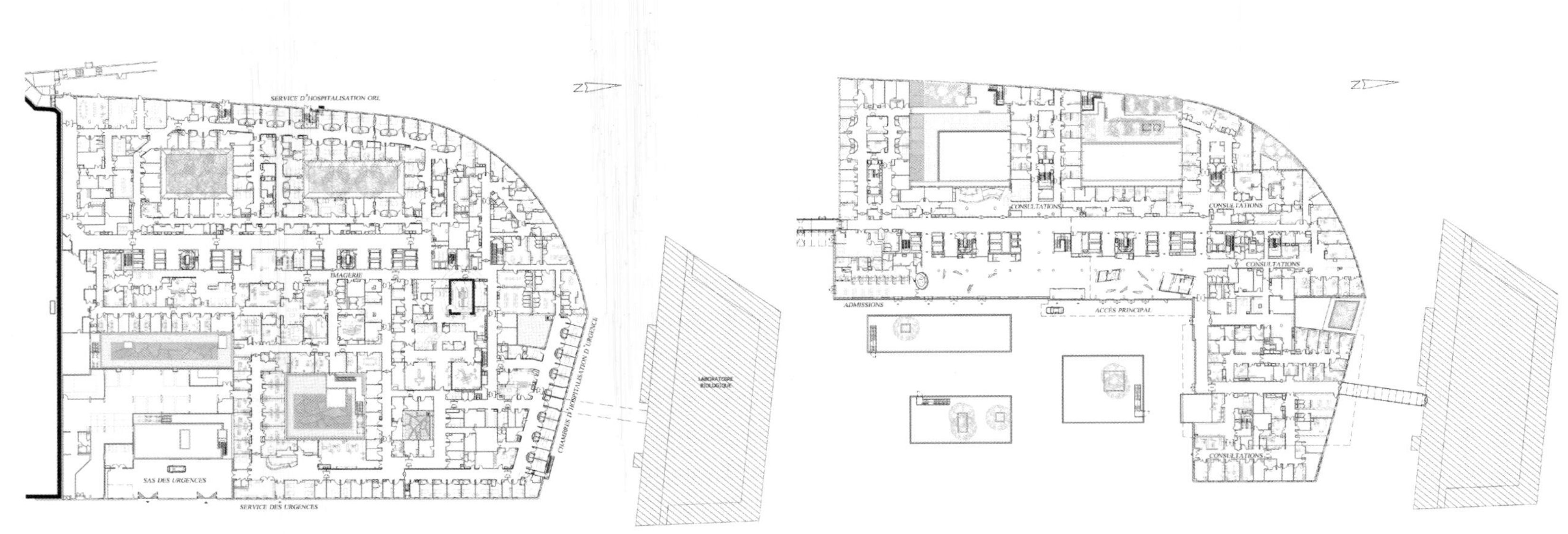
SERVICE D'HOSPITALISATION ORL
IMAGERIE
SAS DES URGENCES
SERVICE DES URGENCES
CHAMBRES D'HOSPITALISATION D'URGENCE
LABORATOIRE BIOLOGIQUE
CONSULTATIONS
CONSULTATIONS
CONSULTATIONS
ADMISSIONS
ACCÈS PRINCIPAL
CONSULTATIONS

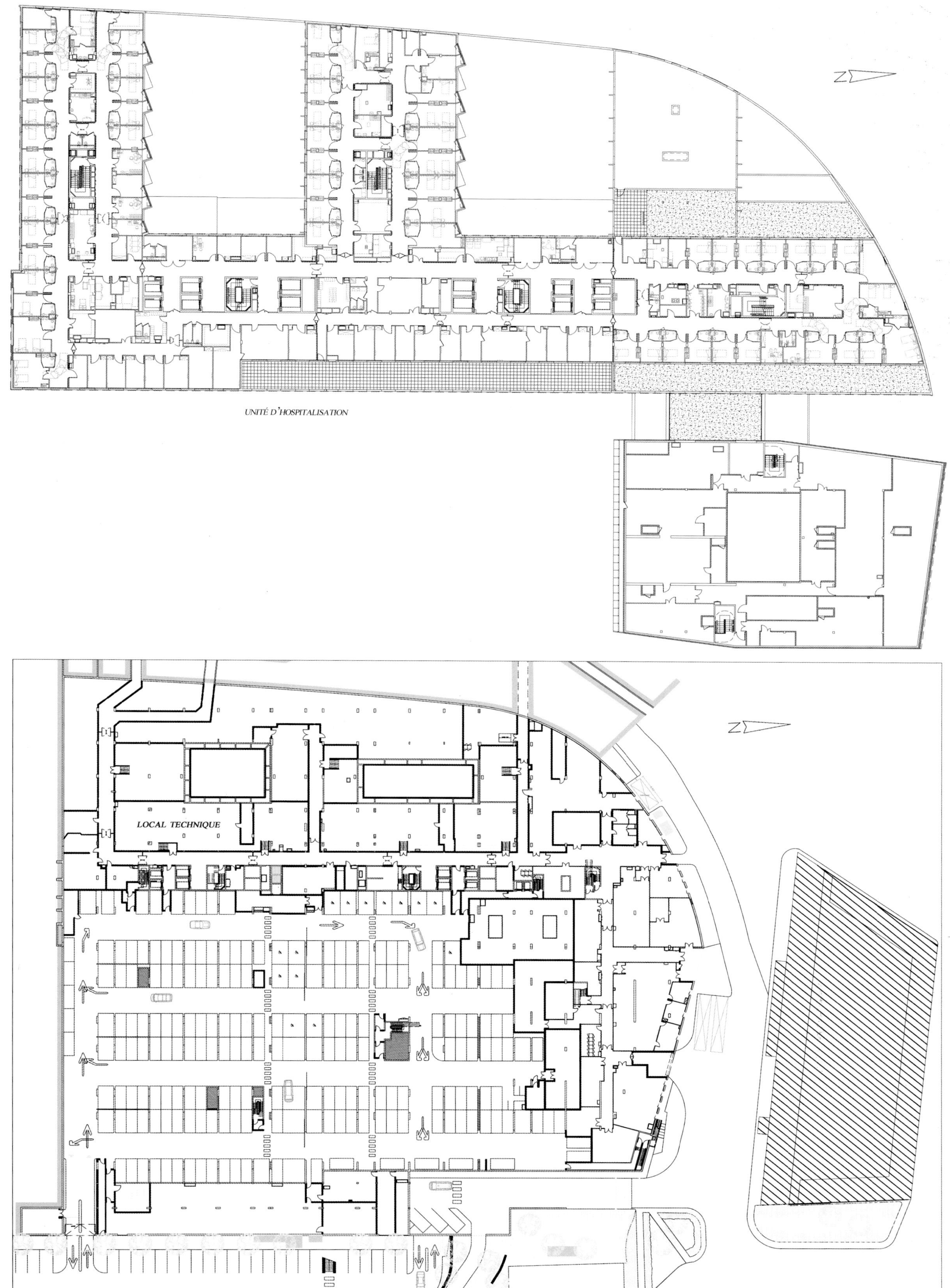
UNITÉ D'HOSPITALISATION
LOCAL TECHNIQUE

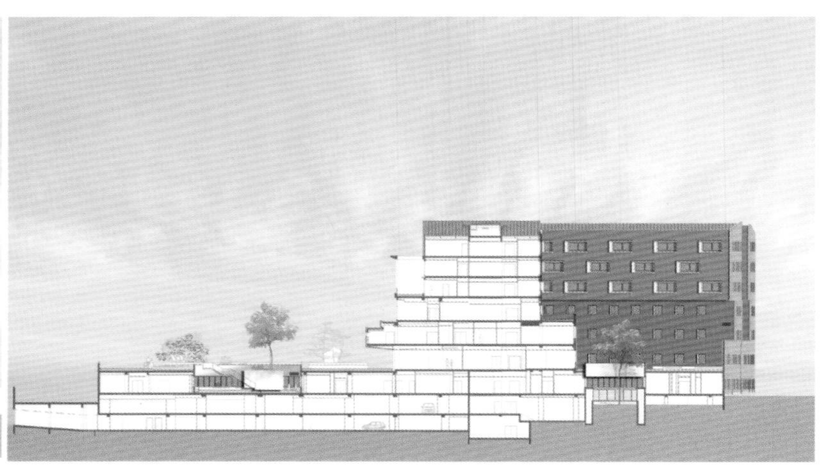

HOPITAL DE LA CROIX-ROUSSE, LYON

L'accueil principal du bâtiment se fait au **rez-de-chaussé haut.** *De plain-pied avec l'ancien hôpital, il s'ouvre sur le parvis paysager et regroupe les admissions, le hall et la cafétéria boutique, les consultations, l'hôpital de jour.*

Côté Ouest, *où le terrain longe et surplombe le boulevard des Canuts, l'architecture « en peigne » de l'ouvrage met en scène la dualité béton matricé-enduits colorés et la rythmiques des fenêtres et des fausses fenêtres trapézoïdales.*

Grâce à des systèmes de miroirs ou de bow-windows, toutes ces fenêtres, qui sont celles des chambres, ouvrent quelle que soit leur orientation sur l'horizon de la ville et des Monts du Lyonnais.

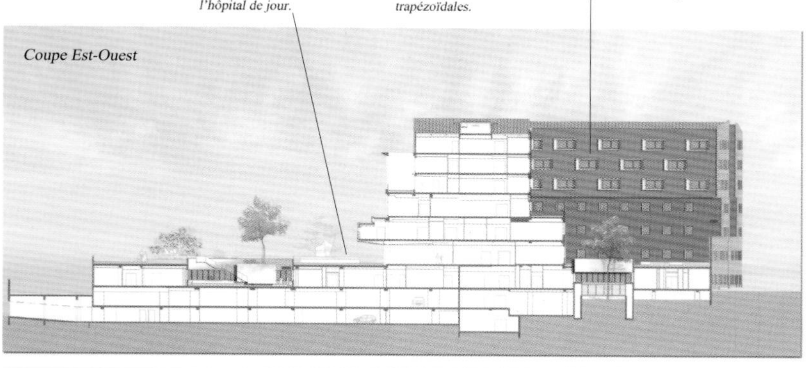

Coupe Est-Ouest

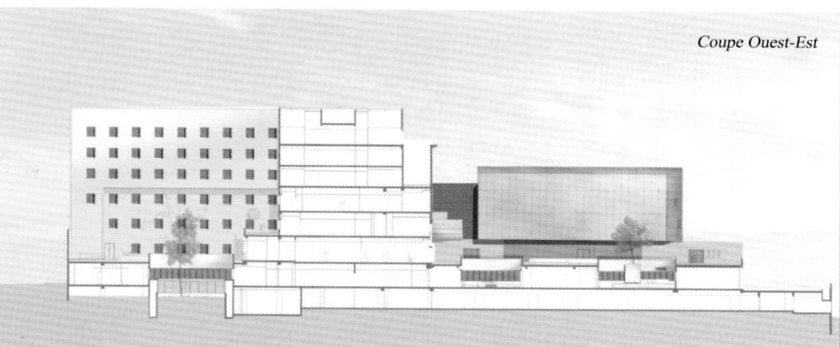

Coupe Ouest-Est

Elévation de la façade Est du Bâtiment clinique, dans la continuité de l'hôpital et Bâtiment biologie

Au Sud, *la galerie piétonne assure la liaison avec le bâtiment historique.*

Le 1er étage *est le plateau technique avec dix-neuf blocs opératoires et une salle de réveil de 28 lits. A cet étage se trouvent également les services de chirurgie ambulatoire (19 lits) et les services d'endoscopie et de chirurgie interventionnelle.*

2e étage *: services de réanimation chirurgicale (8 lits) ; soins continus post-opératoires (12 lits) ; nutrition parentérale (8 lits) ; réanimation médicale (30 lits) ; bureaux d'anesthésiologie.*

3e étage *: unité d'hospitalisation d'ophtalmologie (22 lits) ; deux unités d'hospitalisation d'orthopédie (2 fois 20 lits).*

4e étage *: hébergement de la chirurgie générale et digestive (3 unités de 22 lits).*

5e étage *: unités d'hospitalisation d'hépatho gastro (2 unités de 25 lits).*

Le rez-de-chaussée bas *donne sur la terrasse des urgences et la partie Ouest du site. On y trouve les urgences, les services d'imagerie et d'hospitalisation ORL, les chambres de garde, le poste de sécurité et l'atelier bio médical. Des patios plantés y amènent la lumière naturelle.*

La grande salle de réveil *est implantée dans le bâtiment principal, à la jonction avec la Grappe 4, niveau 1. Côté intérieur, c'est un espace de 35 mètres de long, bordé par une double rangée de fenêtres superposées et décalées,et ouvert à la lumière du soleil levant.*

La Grappe 4, *vue de l'extérieur. C'est une boîte en porte-à-faux, revetue de cassettes d'aluminium.*

Au Nord, *une passerelle le relie au Bâtiment biologie.*

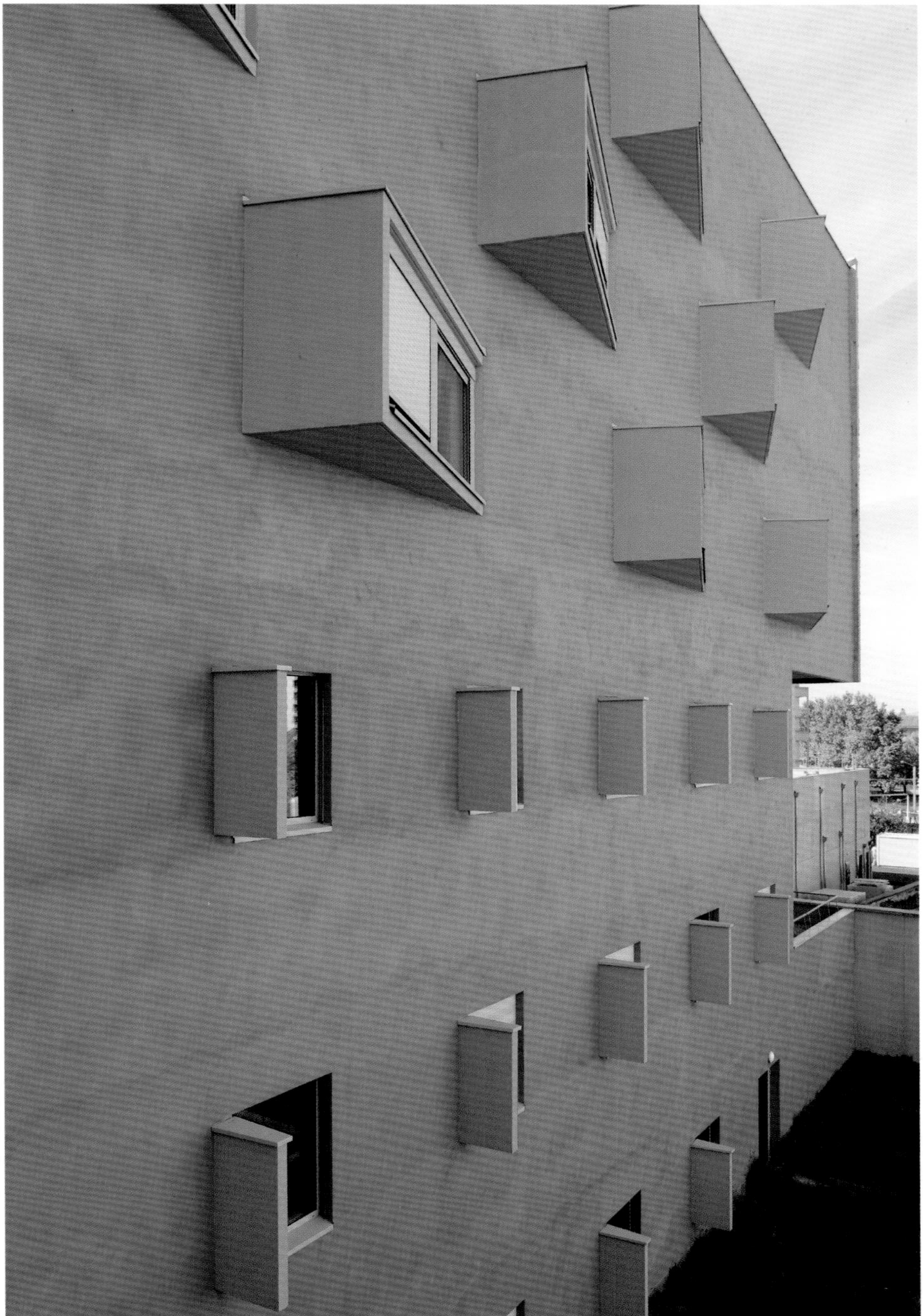

克拉根福医疗中心

项目地点：奥地利克拉根福
建筑设计：法国 Dietmar Feichtinger Architectes 建筑师事务所
建筑面积：145 000 m^2
摄影：Hertha Hurnaus

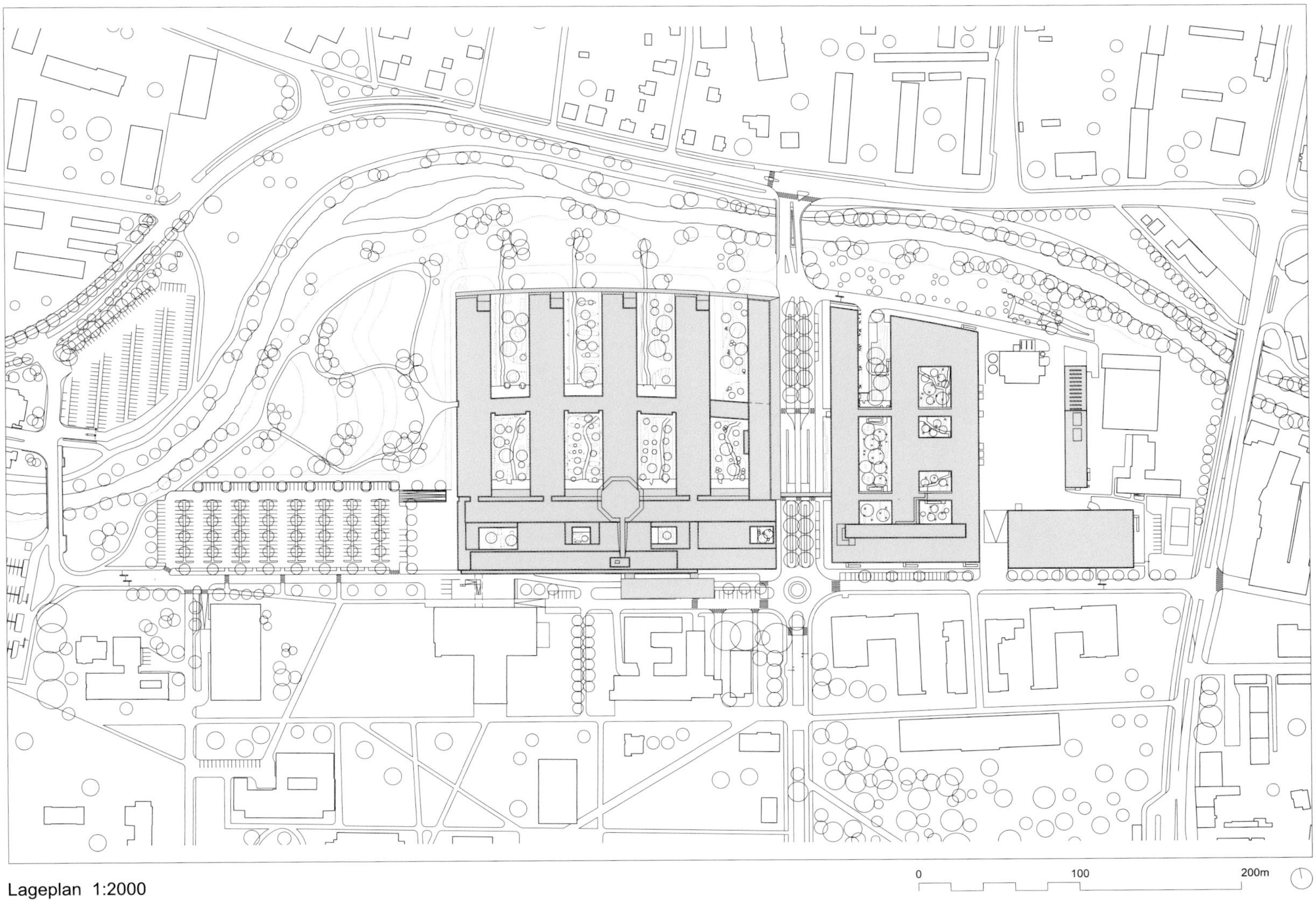

0 100 200m

Lageplan 1:2000

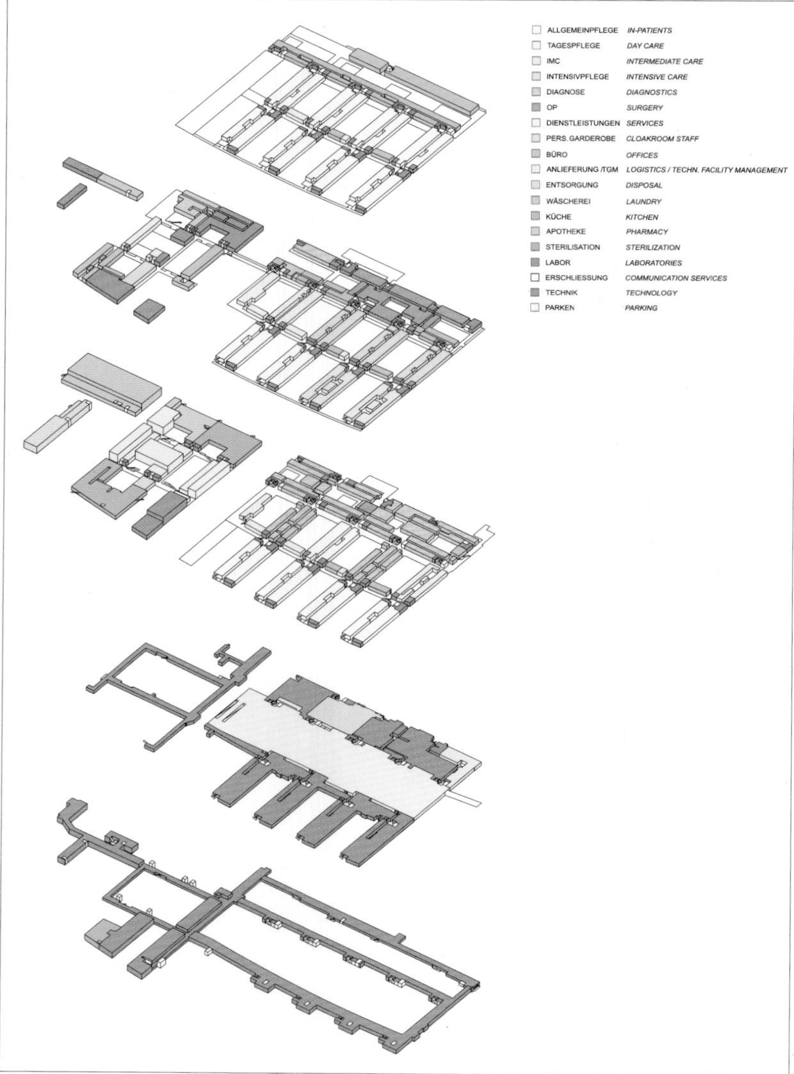

Funktionsschema

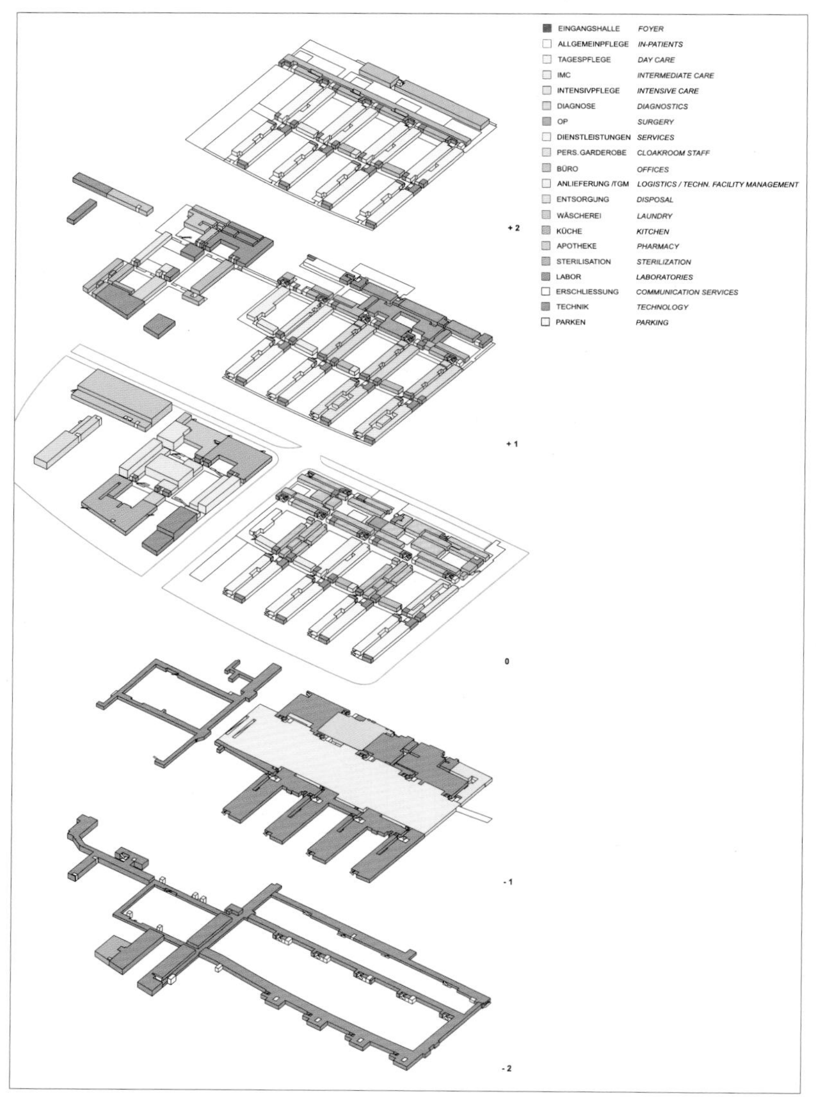

Funktionsschema / *functiondiagram*

最先进的医疗技术和医疗设备（手术室、诊察室、医疗室）奠定了它在欧洲的先驱地位。

建筑概念是设计这座现代医院的重要组成部分。建筑的占地面积由景观庭院决定，景观庭院打开了建筑局面也为使用者营造了更多的私人空间。两条主要的入口通道强化了建筑的水平度：北部弯曲的走廊和与诊察室、医疗区域相连接的笔直走廊。格兰河的泛滥平原位于地块以北，这片景色优美的绿色空间处于城区与医院之间，间接地将两者的关系加以融合渗透。病房、大厅和等候区沐浴在日光下，有益于患者的治疗。与周围环境的切实联系也是该院的组成部分。

均匀的结构：大气的檐棚用于迎接来客并指引他们去向二层高的入口大厅。供给中心咖啡店的玻璃立面照亮了主建筑开阔的东立面。光亮封闭的人行天桥横跨主楼与另外两个单元。公交站点分别位于小道的两边，随主入口引向停车场。救护车有指定的通道，向西部岔开通向紧急病房。一个开阔的为来客准备的停车区域和通向车库的次入口布置在建筑的西侧。通过两个关键的流通区域的简单规划与指引，即笔直的门诊治疗区走廊和北部主要视察通道，设计打造了一个功能一致的组织结构。

医院建筑中 46% 的外墙由玻璃制成，设计跨越几个楼层拉伸点建立起一个直接连接河流的视觉效果。建筑拥有暗灰色的金属皮肤，釉面的外观和包钢部分交替响应外表面的节奏，加上繁复的庭院种植背景，使人感受不到医院的氛围。

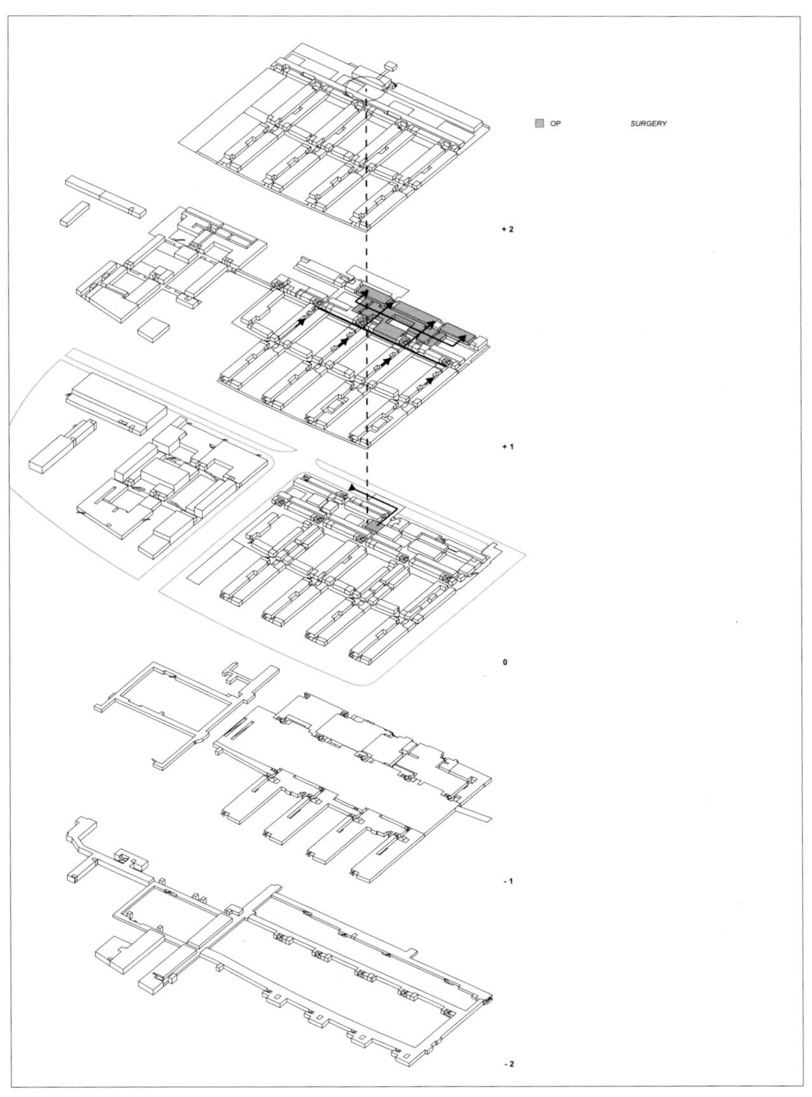

Bewegungsdiagramm / *flowdiagram* **OP / *surgery***

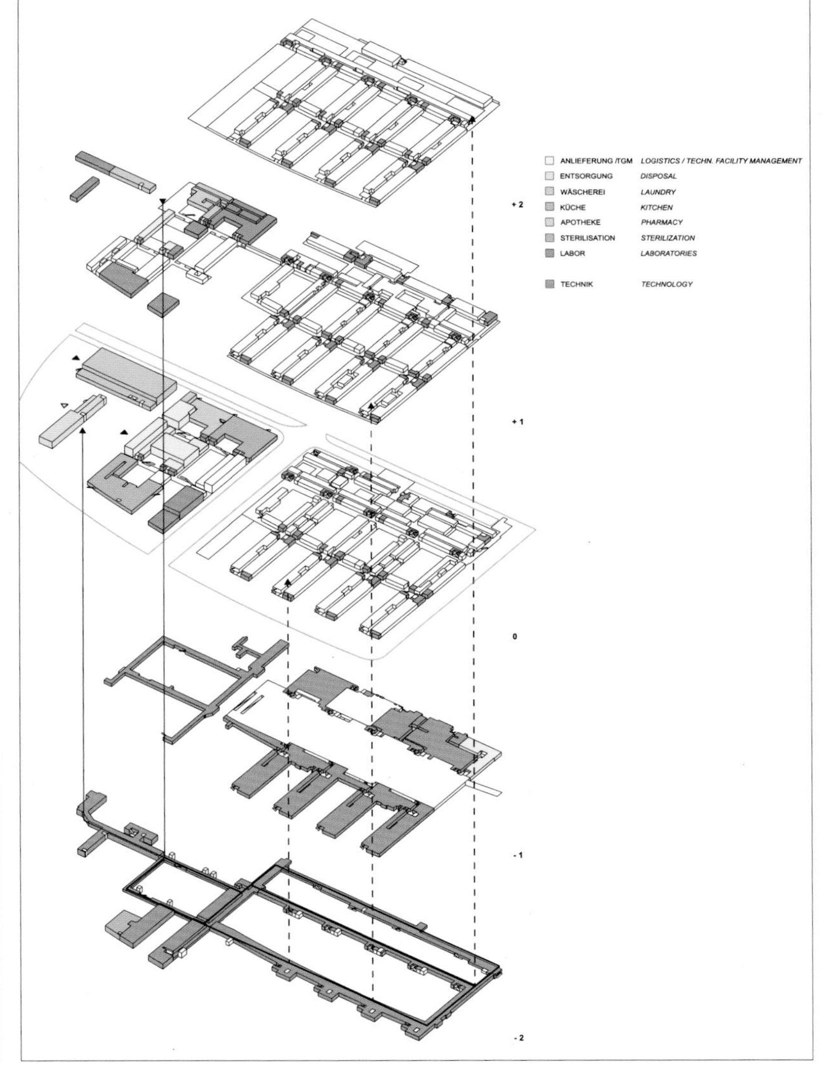

Bewegungsdiagramm / *flowdiagram* **Versorgung / *supply***

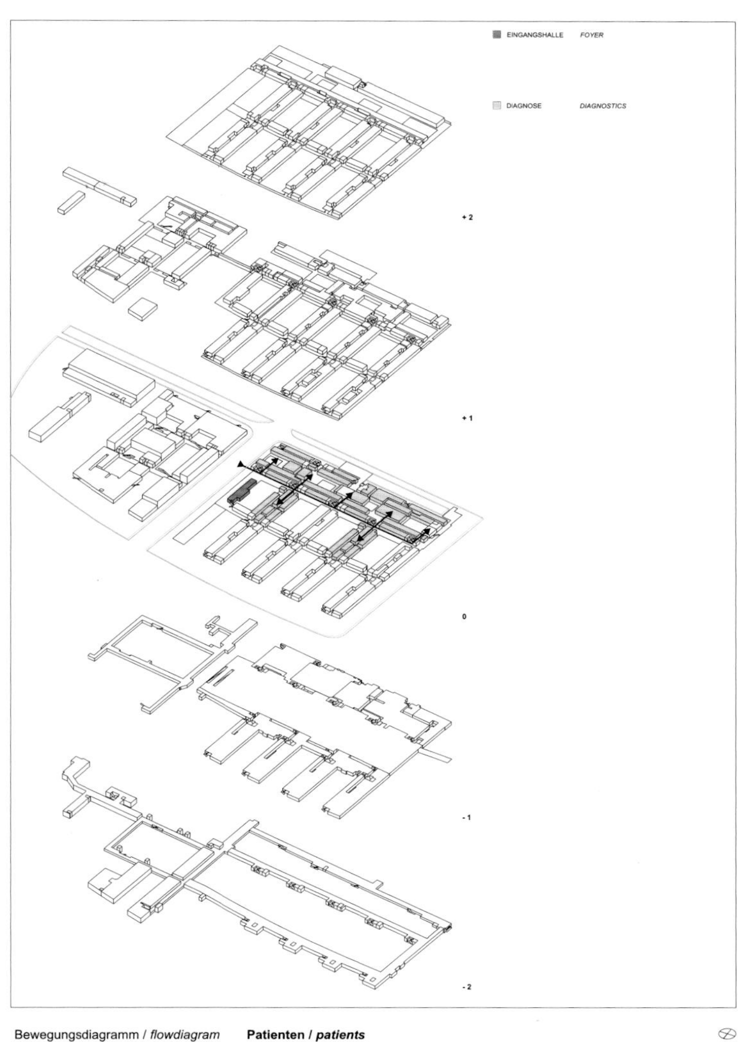

Bewegungsdiagramm / *flowdiagram* **Patienten / *patients***

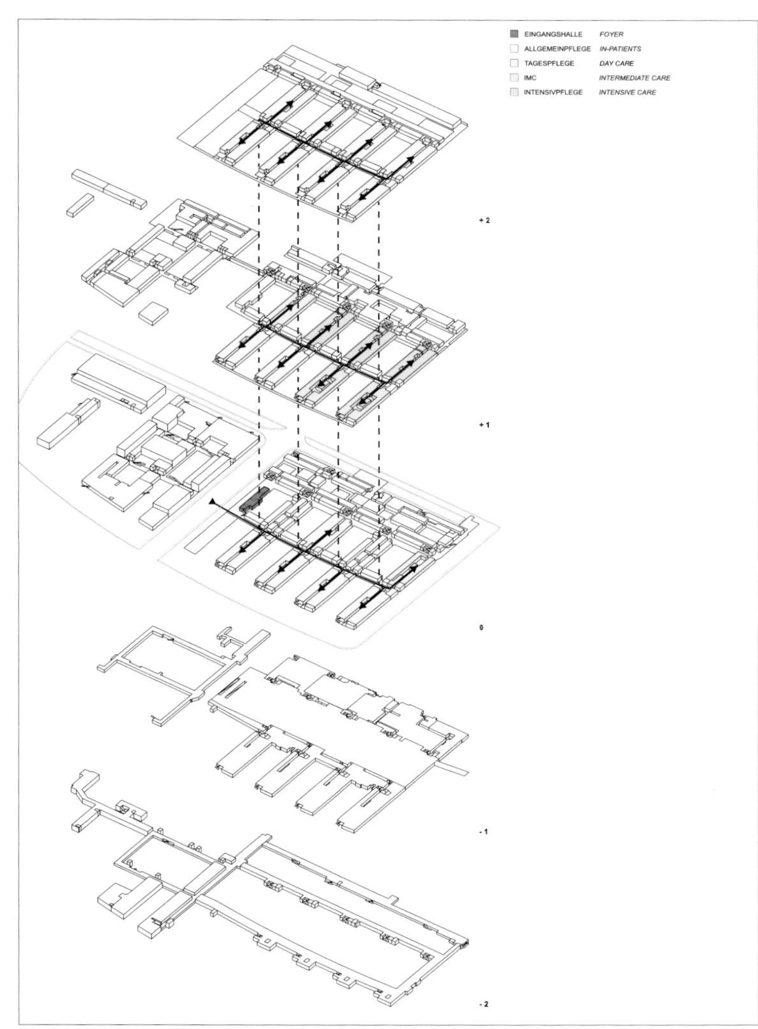

Bewegungsdiagramm / *flowdiagram* **Besucher / *visitors***

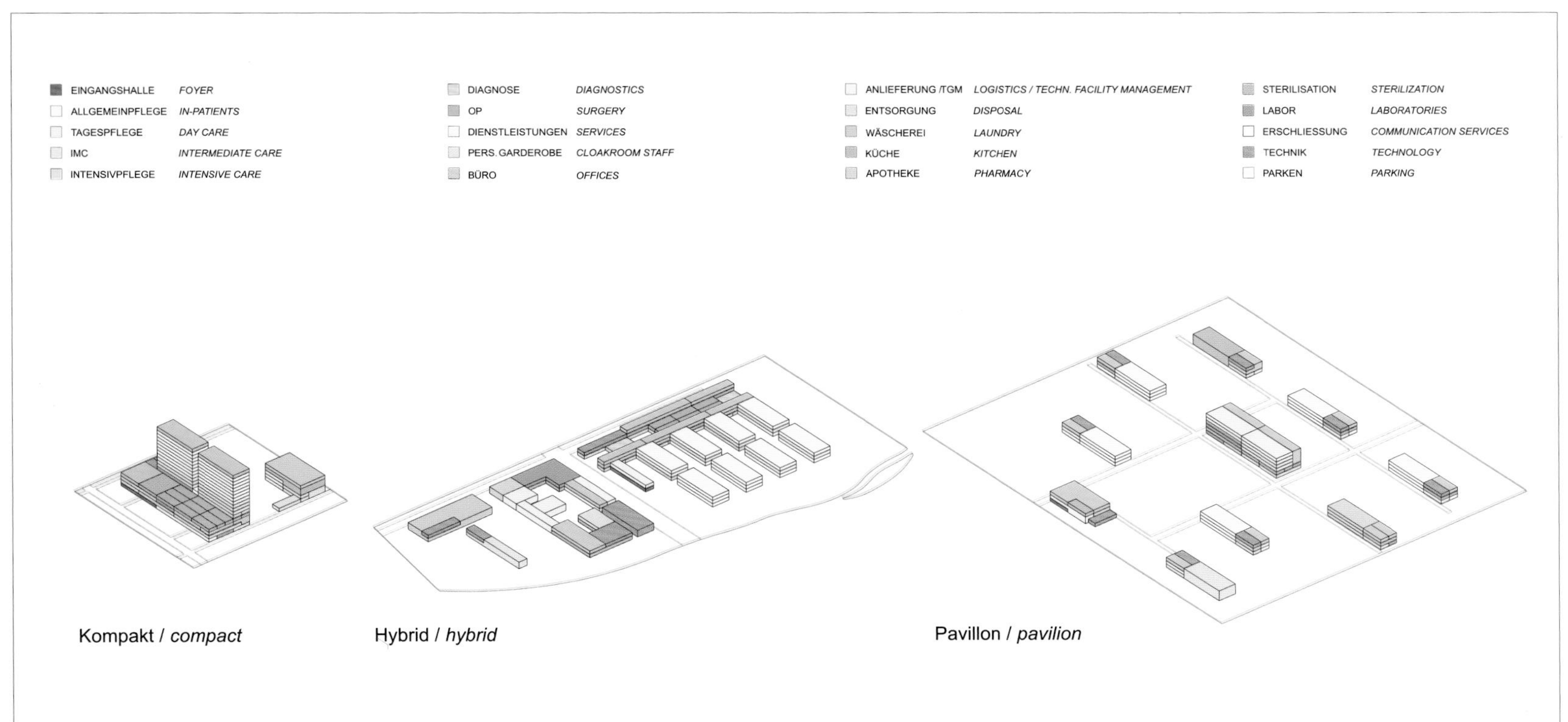

Typologie / *typology*

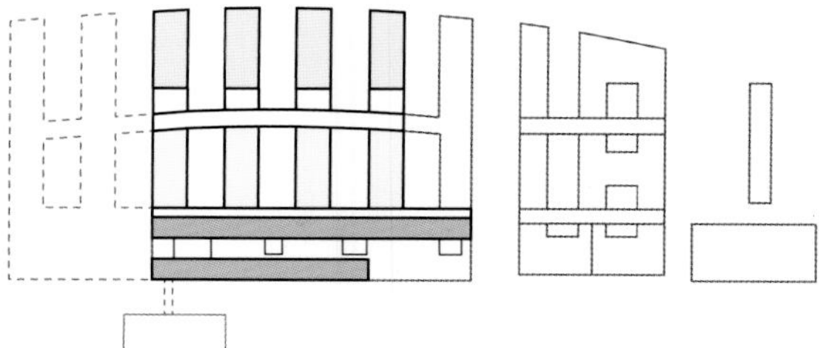

NORMAL STATION	*NORMAL CARE*
SONDERKLASSE	*SPECIAL CLASS*
ÄRZTEDIENST	*MEDICS*

Funktionsschema 2OG / functiondiagram

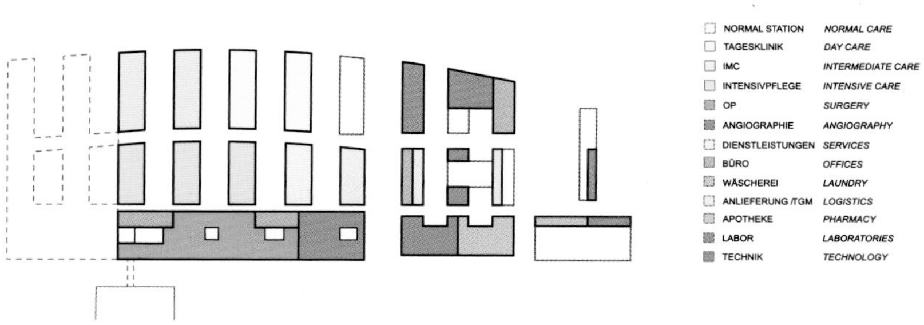

NORMAL STATION	*NORMAL CARE*
TAGESKLINIK	*DAY CARE*
IMC	*INTERMEDIATE CARE*
INTENSIVPFLEGE	*INTENSIVE CARE*
OP	*SURGERY*
ANGIOGRAPHIE	*ANGIOGRAPHY*
DIENSTLEISTUNGEN	*SERVICES*
BÜRO	*OFFICES*
WÄSCHEREI	*LAUNDRY*
ANLIEFERUNG /TGM	*LOGISTICS*
APOTHEKE	*PHARMACY*
LABOR	*LABORATORIES*
TECHNIK	*TECHNOLOGY*

Funktionsschema 1OG / functiondiagram

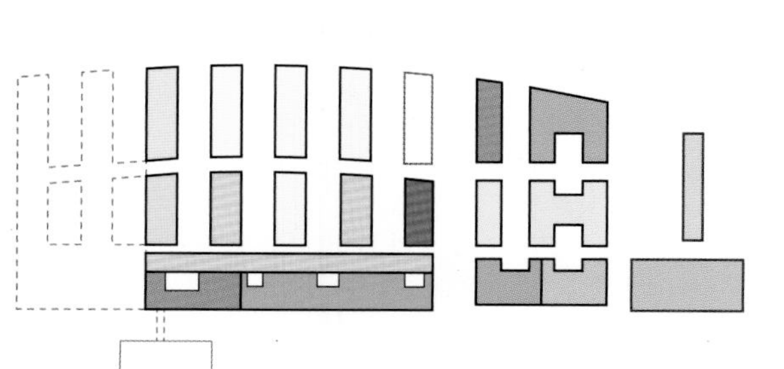

EINGANGSHALLE	*FOYER*
NORMAL STATION	*NORMAL CARE*
ONKOLOGIE	*ONCOLOGY*
DIALYSE	*DIALYSIS*
AMBULANZ	*OUTPATIENT AREA*
NOTFALL	*EMERGENCY*
Radiologie	*RADIOLOGY*
DIENSTLEISTUNGEN	*SERVICES*
ANLIEFERUNG /TGM	*LOGISTICS*
ENTSORGUNG	*DISPOSAL*
WÄSCHEREI	*LAUNDRY*
KÜCHE	*KITCHEN*
APOTHEKE	*PHARMACY*
STERILISATION	*STERILIZATION*
TECHNIK	*TECHNOLOGY*

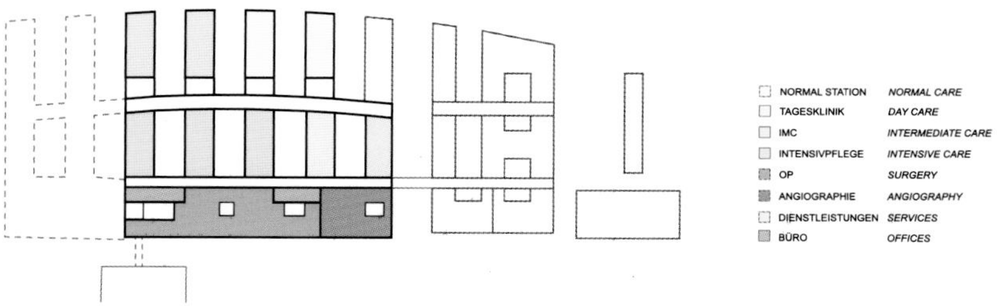

Funktionsschema EG / functiondiagram

NORMAL STATION	*NORMAL CARE*
TAGESKLINIK	*DAY CARE*
IMC	*INTERMEDIATE CARE*
INTENSIVPFLEGE	*INTENSIVE CARE*
OP	*SURGERY*
ANGIOGRAPHIE	*ANGIOGRAPHY*
DIENSTLEISTUNGEN	*SERVICES*
BÜRO	*OFFICES*

Funktionsschema 1OG / functiondiagram

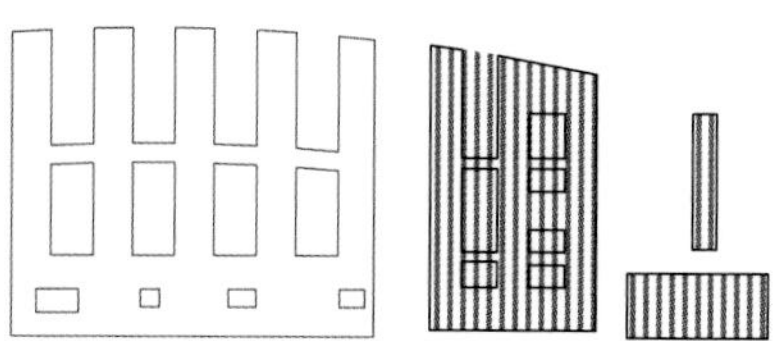

Ver- und Entsorgungszentrum /supply- wast management centre

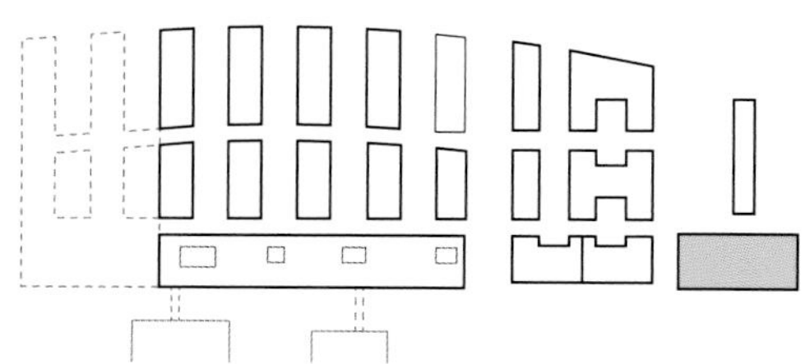

Wäscherei / laundry

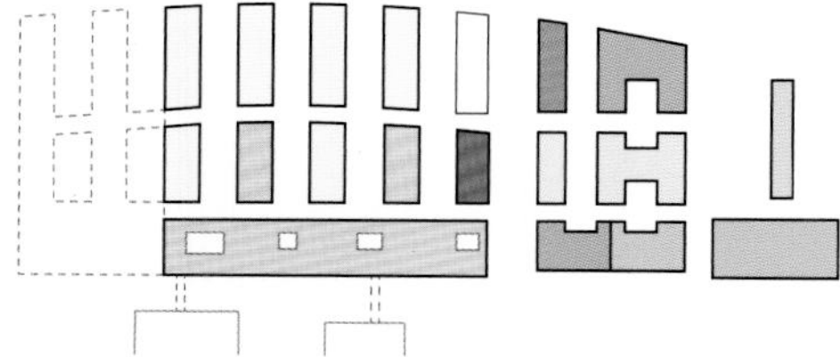

Funktionsschema / functiondiagram

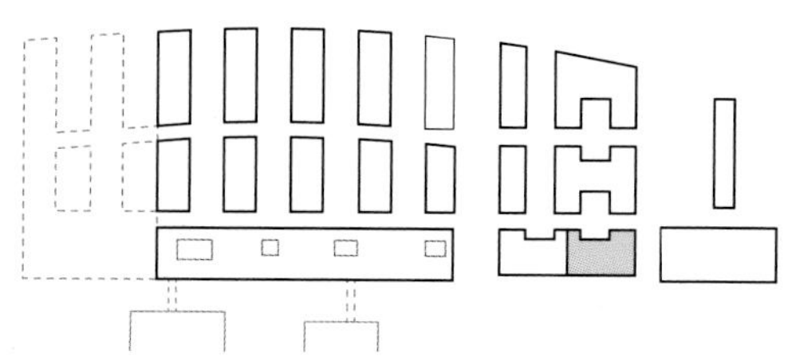

Apotheke / pharmacy

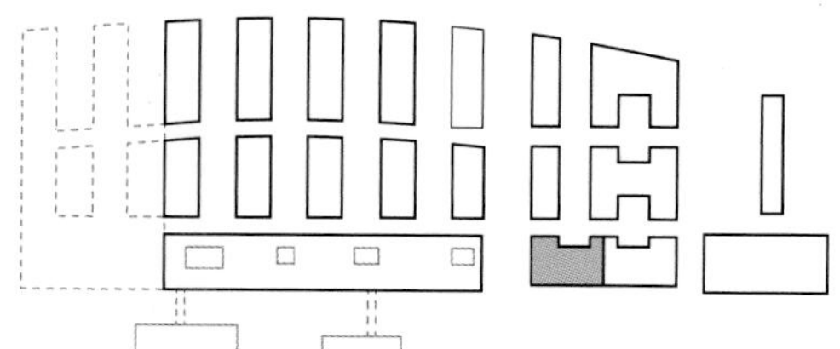

Sterilisation / sterilization

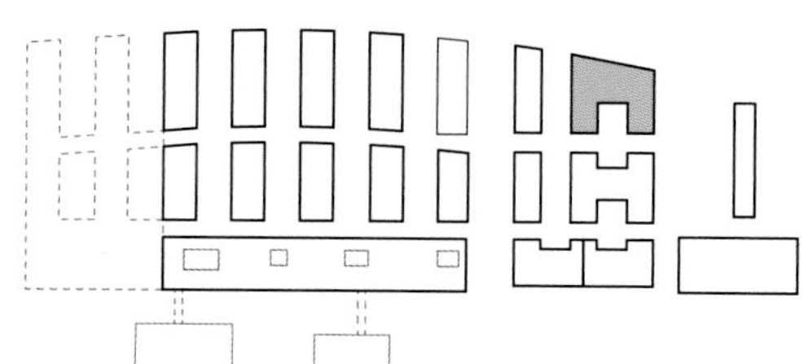

Küche / kitchen

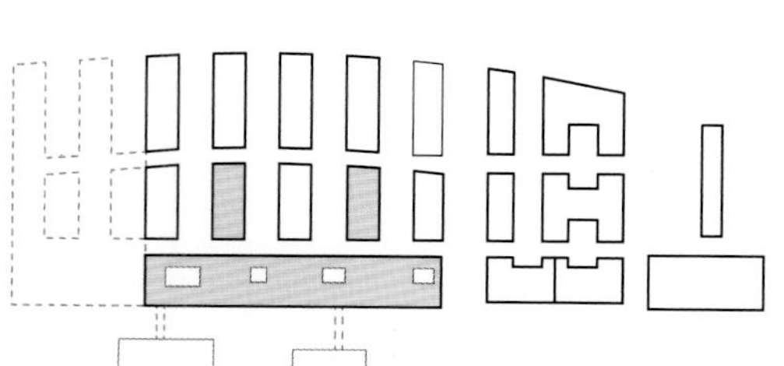

Diagnose / diagnostics

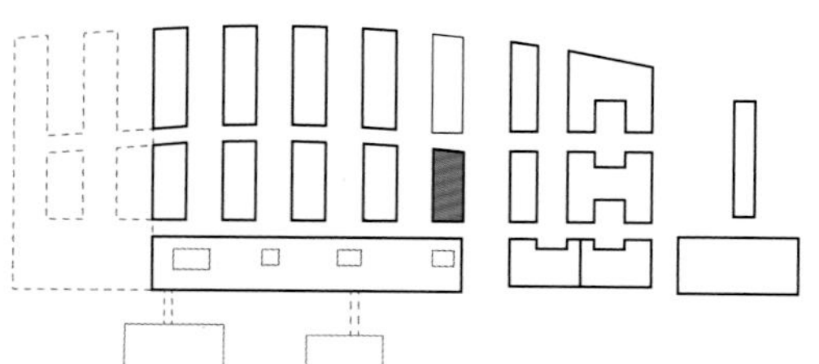

Eingangshalle / foyer

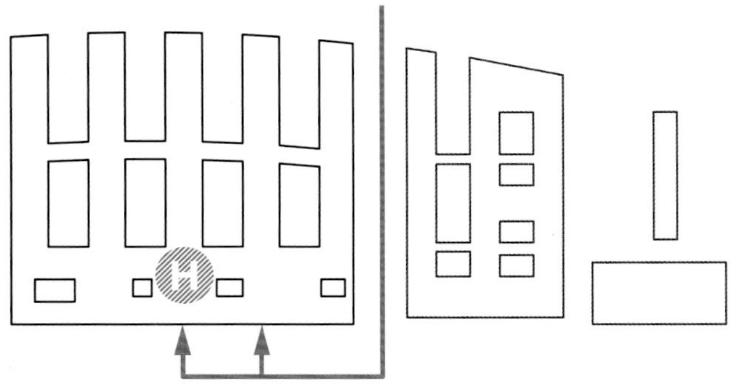

ERSCHLIESSUNG / circulation

FOYER

Besucher / visitors

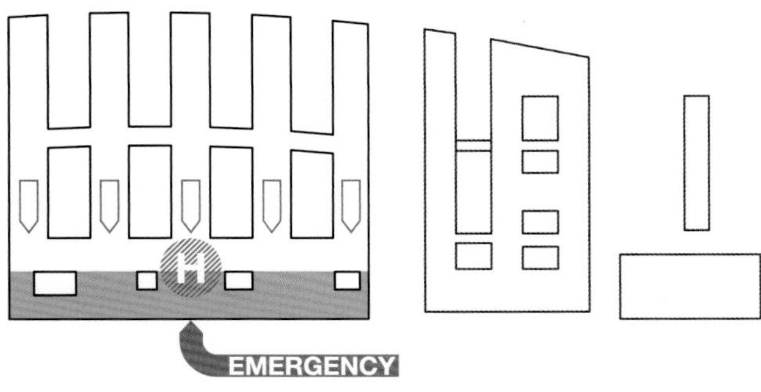

OP / surgery

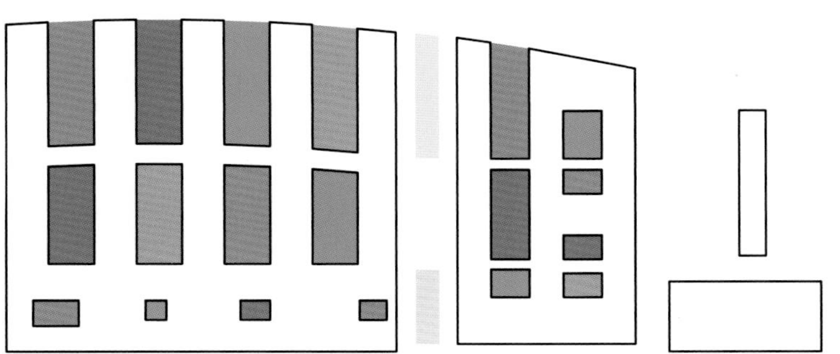

Grüne Innenhöfe / green courtyards

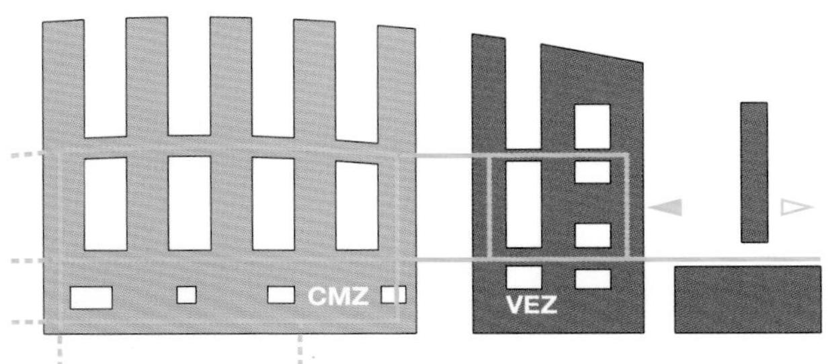

VERSORGUNG / supply

Fahrerloses Transportsystem [FTS] / automated guided vehicle system [AGV]

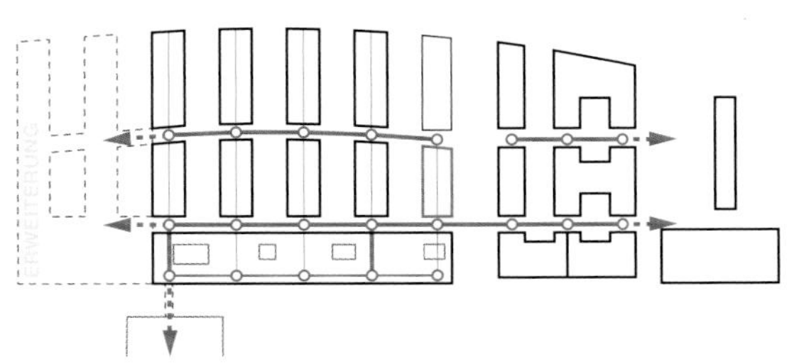

Erschließung / circulation

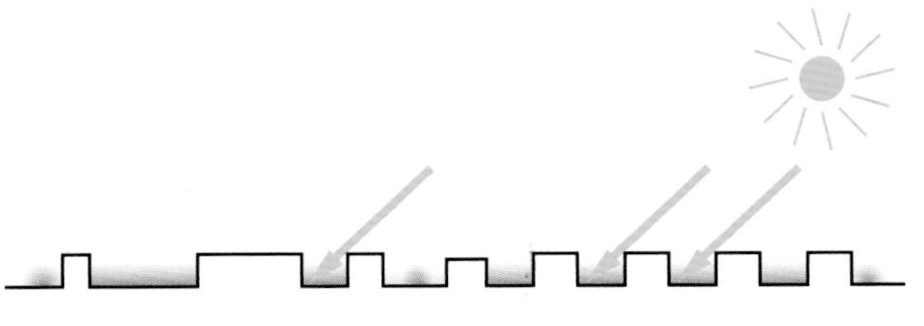

Belichtung / exposure

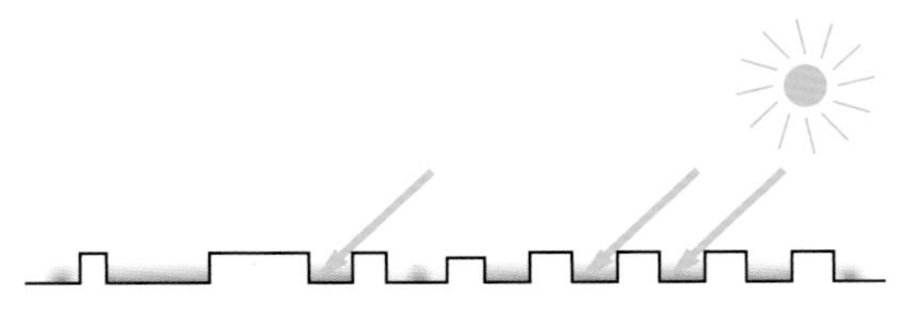

Belichtung / exposure

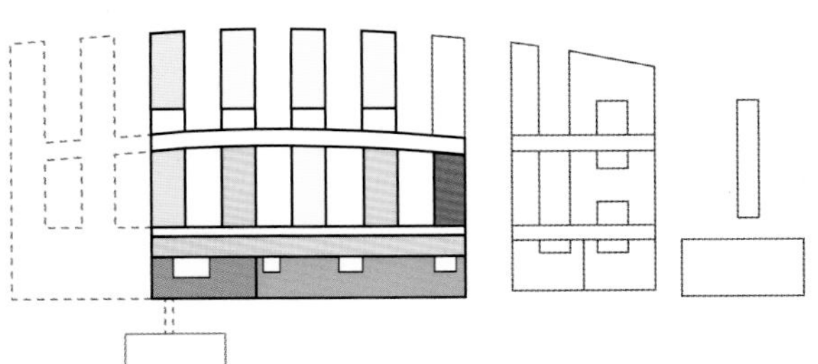

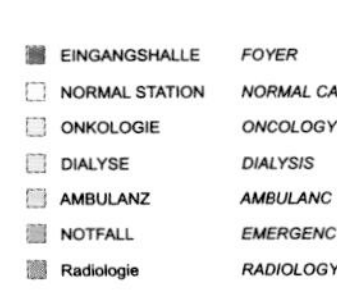

Funktionsschema EG / functiondiagram

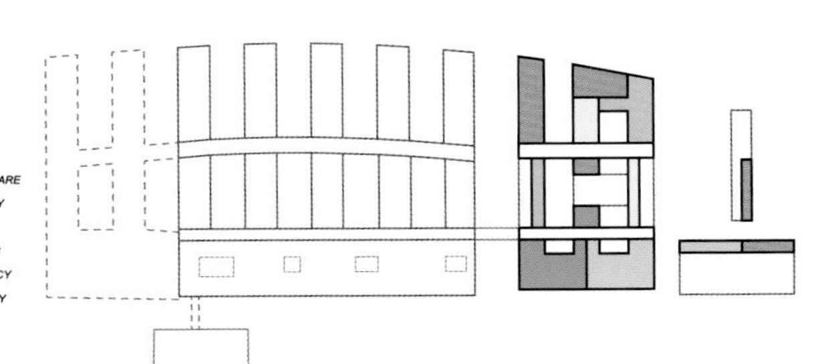

PERSONAL	*STAFF*
BÜRO	*OFFICES*
WÄSCHEREI	*LAUNDRY*
ANLIEFERUNG /TGM	*LOGISTICS*
APOTHEKE	*PHARMACY*
LABOR	*LABORATORIES*
TECHNIK	*TECHNOLOGY*

Funktionsschema 1OG / functiondiagram

Schnitt A-A *Section A-A* 1:200

0 10 20m

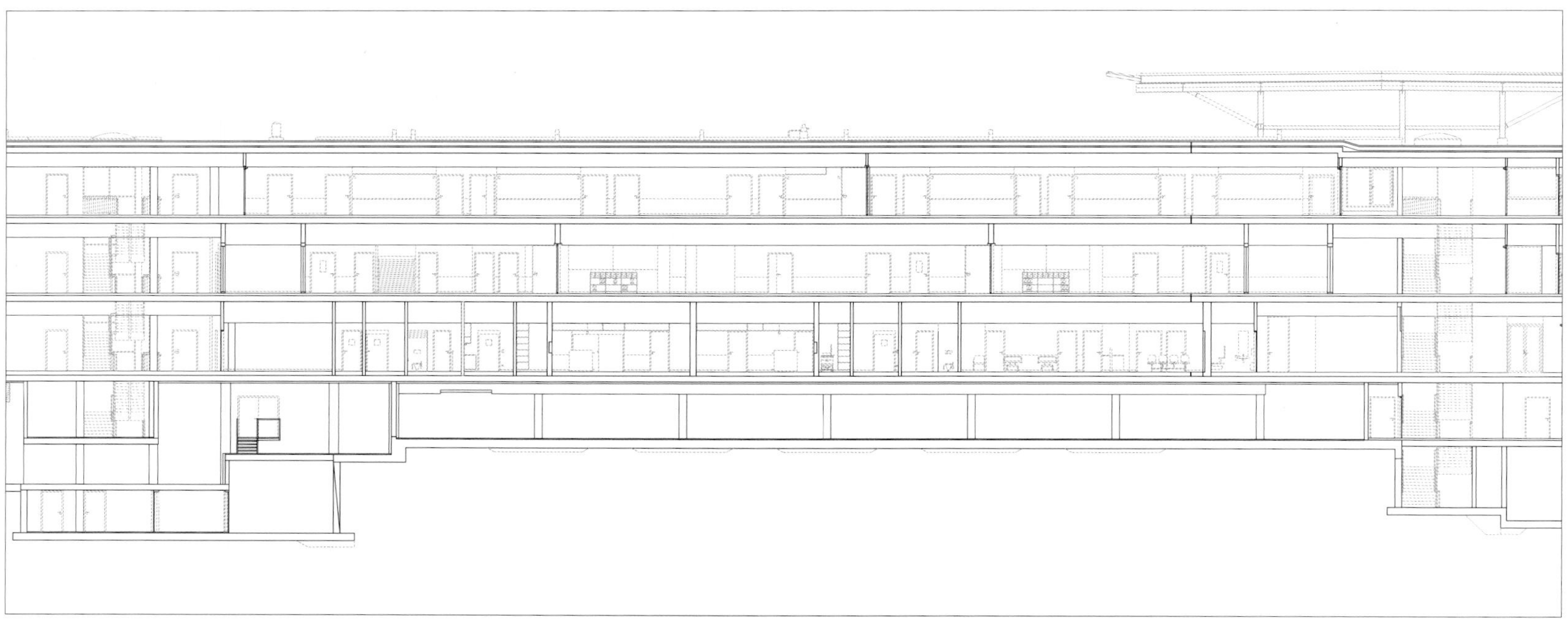

Schnitt 1-1 *Section 1-1* 1:200

0 10 20m

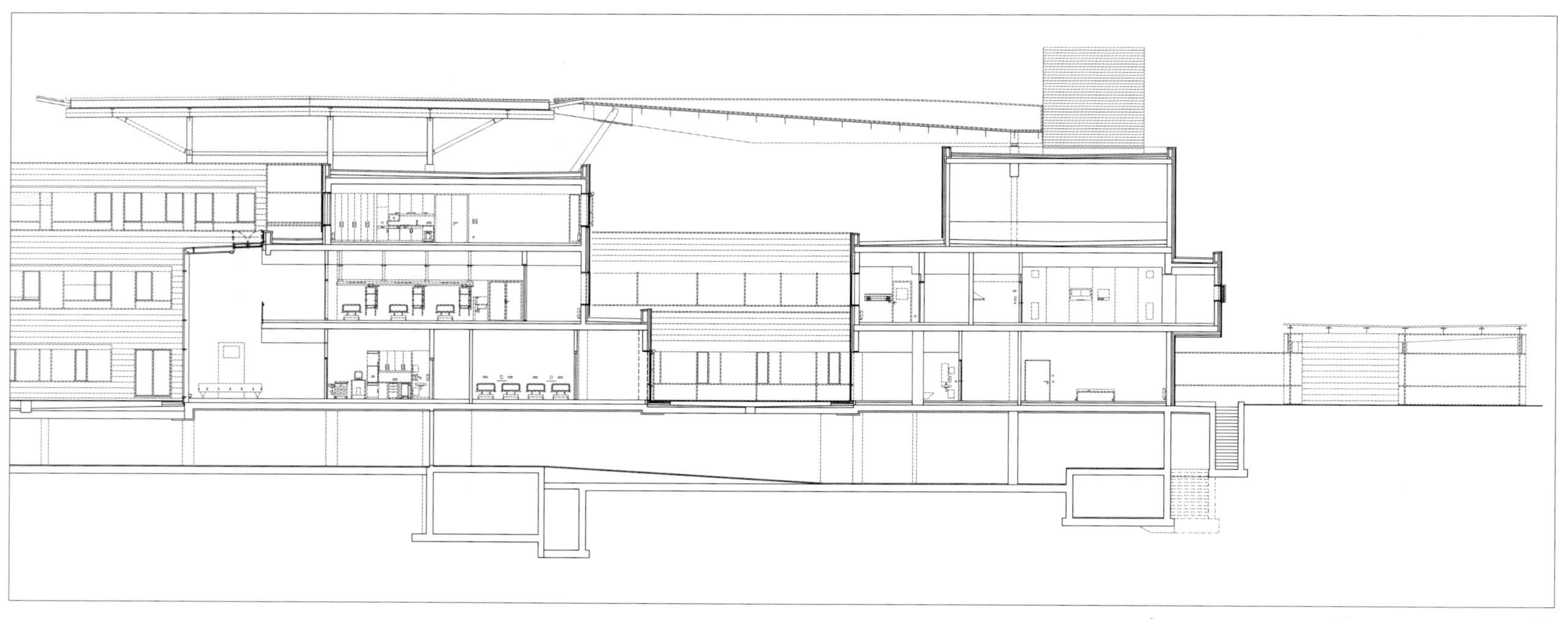

Schnitt 2-2 *Section 2-2* 1:200

0 10 20m

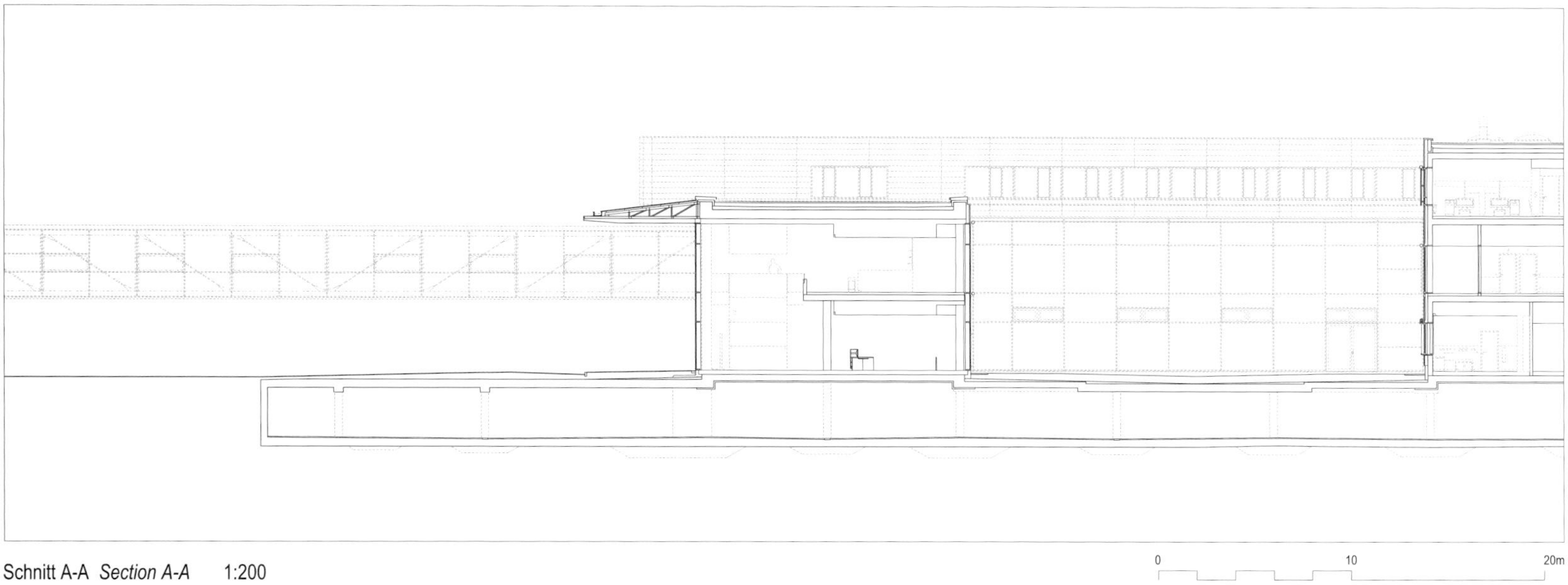

Schnitt A-A *Section A-A* 1:200

0 10 20m

Schnitt 1-1 *Section 1-1* 1:200

0 10 20m

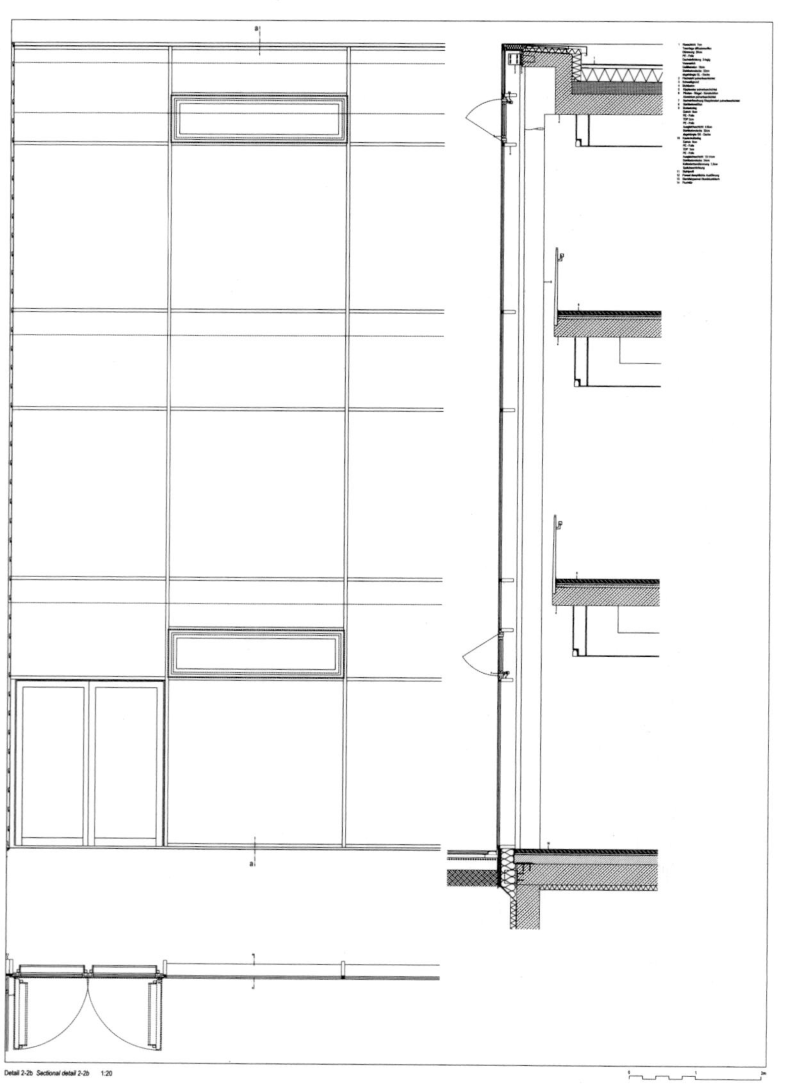

Detail 2-2b *Sectional detail 2-2b* 1:20

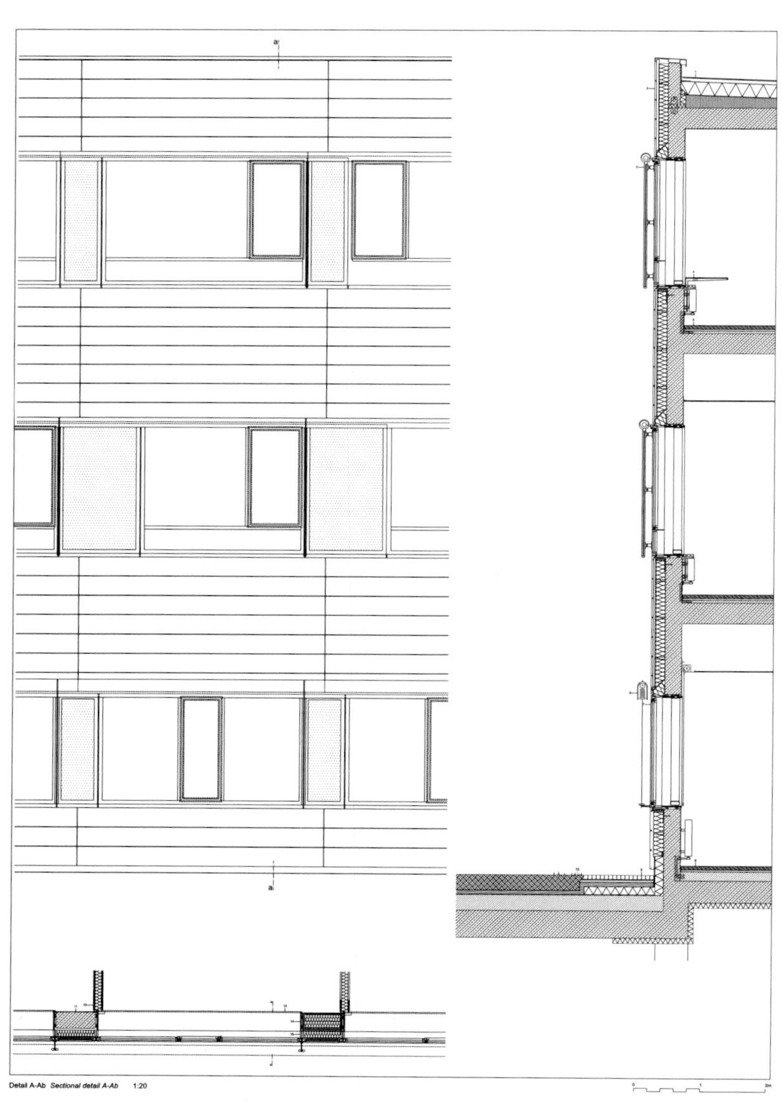

Detail A-Ab *Sectional detail A-Ab* 1:20

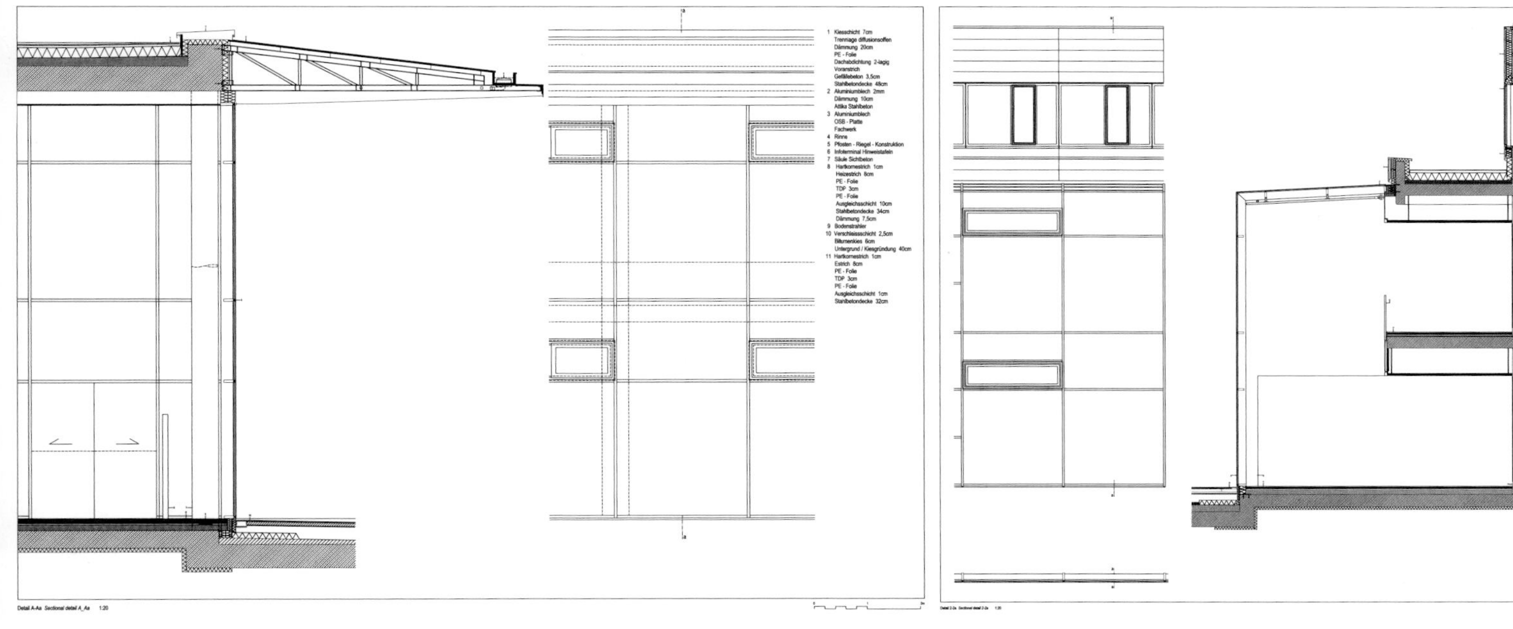

Detail A-Aa *Sectional detail A_Aa* 1:20

Detail 2-2a *Sectional detail 2-2a* 1:20

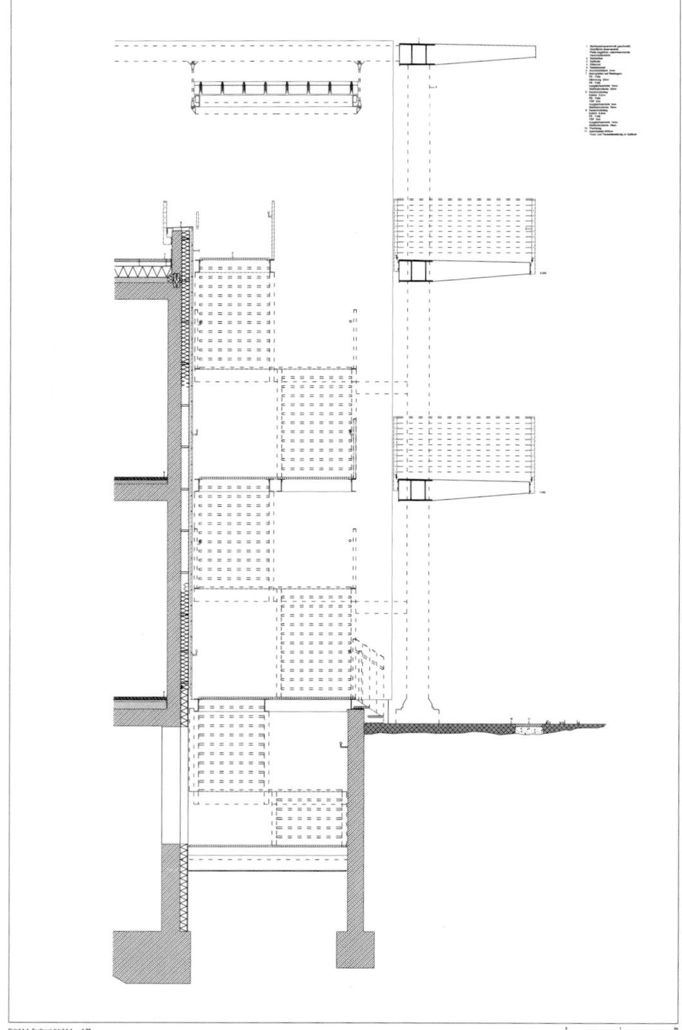

Detail 1-1 *Sectional detail 1-1* 1:20

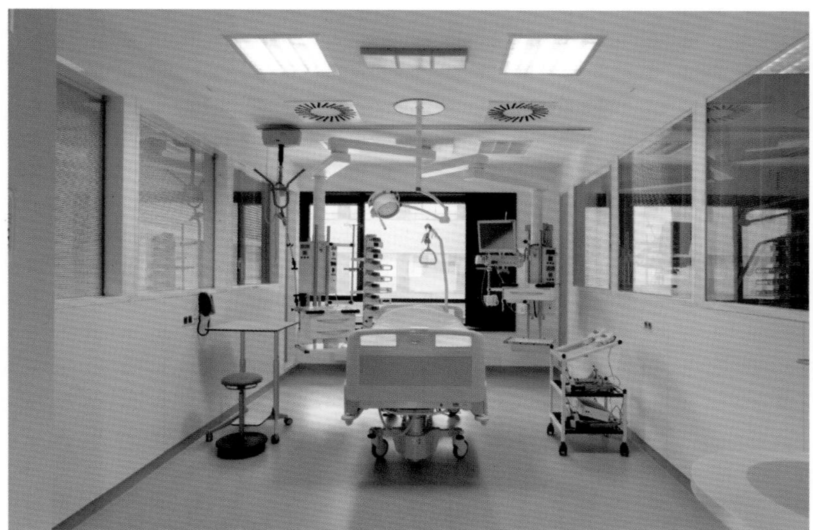

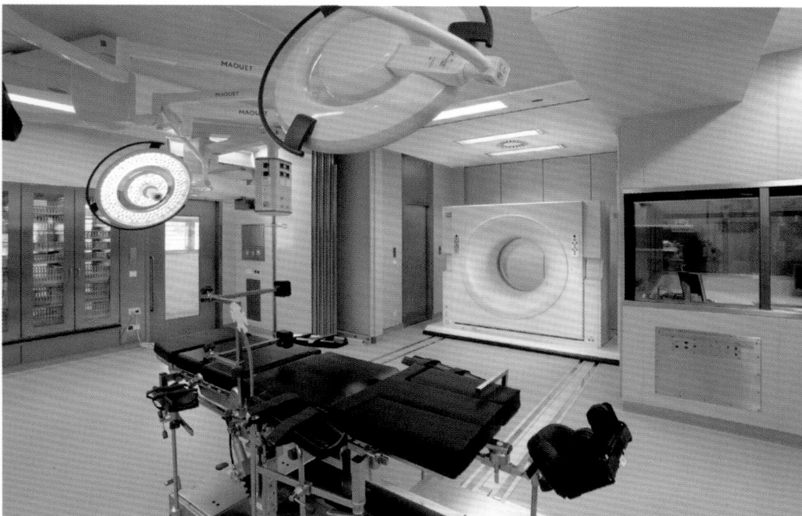

吉马良斯私立医院

项目地点：葡萄牙吉马良斯
建筑面积：14 087m²
摄影：Luis Ferreira Alves &Arquivo Pitagoras Arquitectos

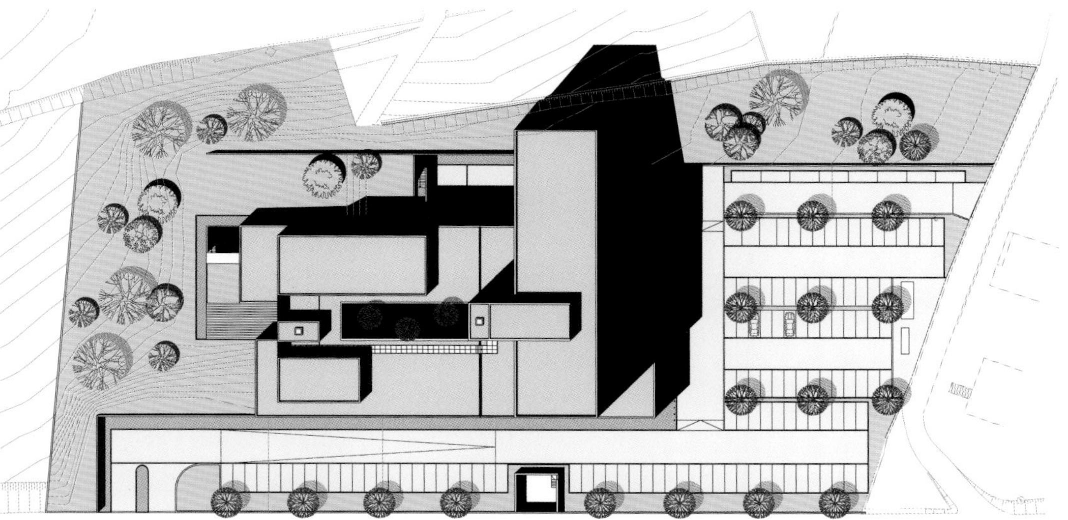

吉马良斯私立医院位于吉马良斯市城郊，附近为吉马良斯市政发展规划区——田径运动跑道以及游泳池项目所在地，此外，附近还有一所小学以及一所初中。该医院矗立在一片空旷的草地上，草地与斜坡的地形是该项目的主要地形特征。

场地的特殊性决定了建筑规模以及建筑模块的划分。项目分为两大清晰可见的建筑模块，建筑模块从天井处便与水平垂直的行人流通道路联合，使公共流通区域的位置方便自然采光。医院内部的综合服务区的设置主要采用人工采光原理。

建筑需考虑建筑语汇、规模以及风格，这三个要素对公众来说尤其重要，因此建筑必须独特而又易于被公众接受。该项目设计中将紧凑的建筑转换成清晰的建筑组块。建筑材料以及建筑立面使吉马良斯私立医院成为独一无二的医疗建筑，也成为该市的地标性建筑之一。

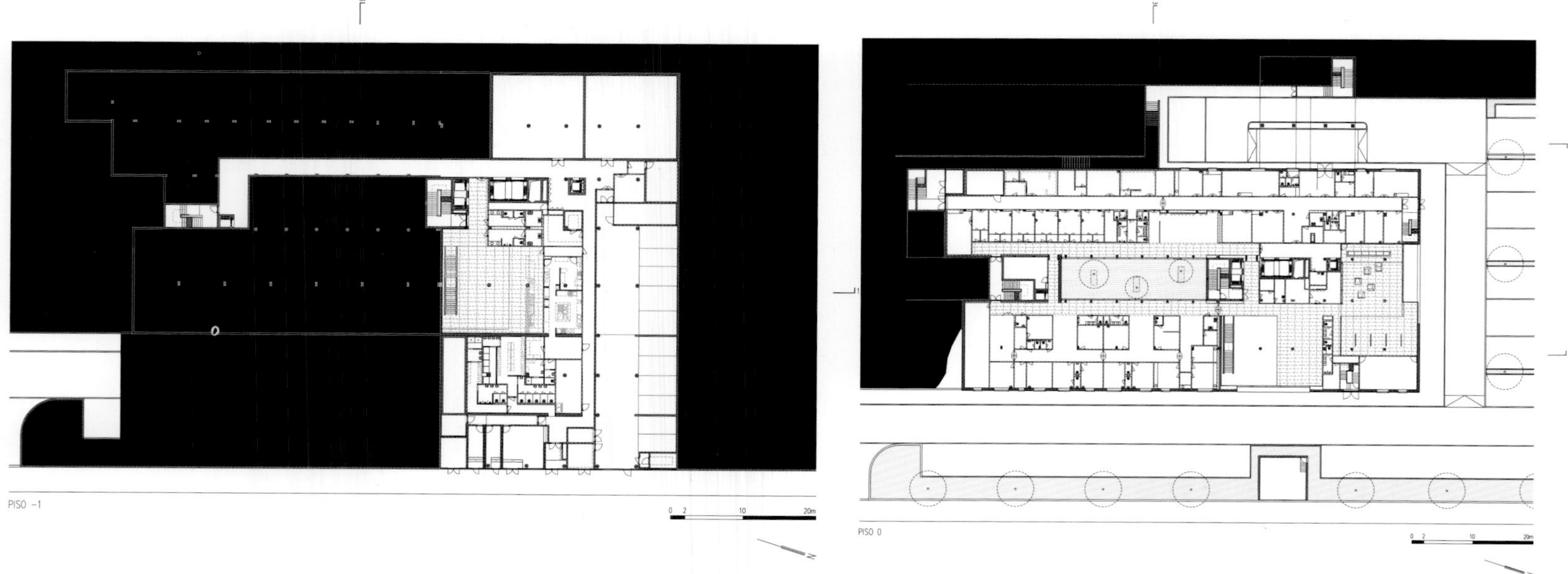
PISO -1
0 2 10 20m
PISO 0
0 2 10 20m

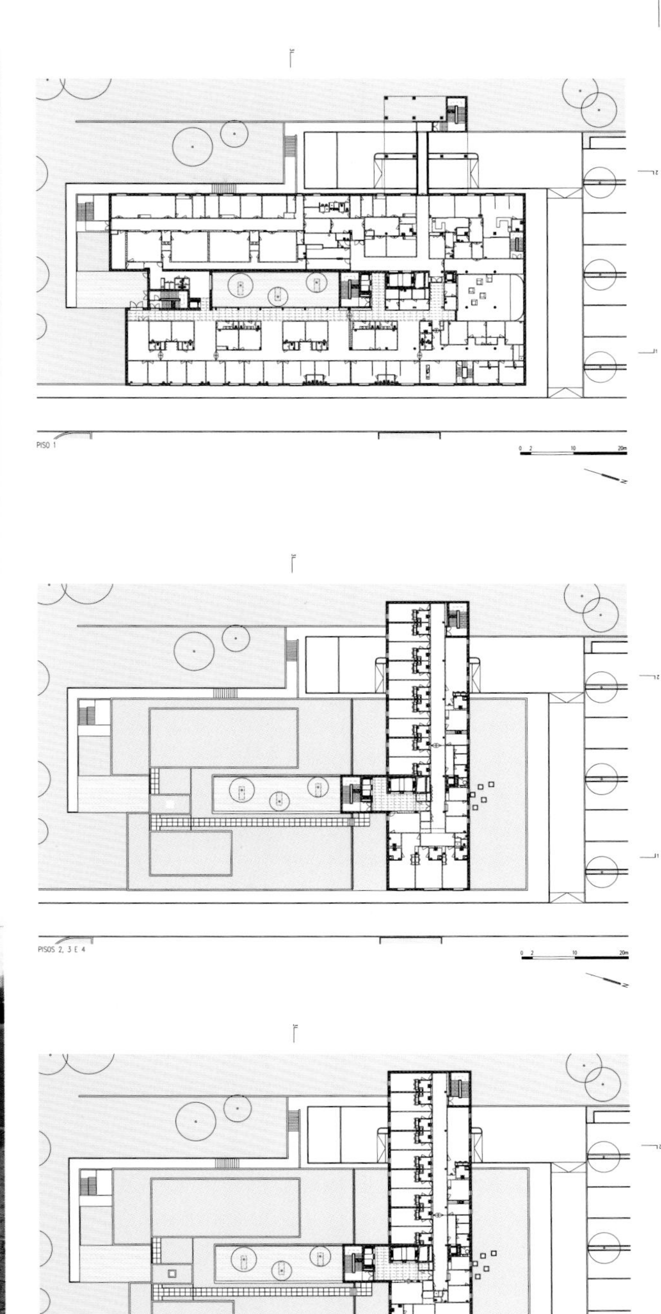
PISO 1
0 2 10 20m
PISOS 2, 3 E 4
0 2 10 20m
PISO 5
0 2 10 20m

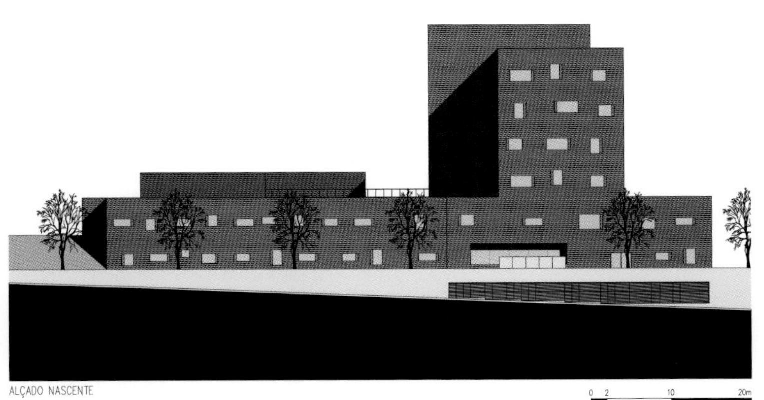
ALÇADO NASCENTE
0 2 10 20m

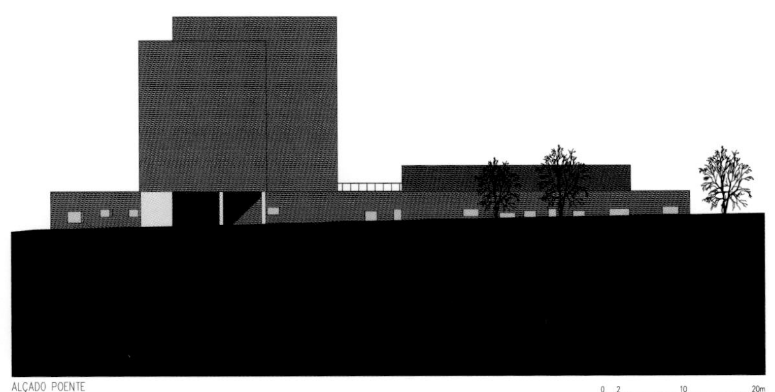
ALÇADO POENTE
0 2 10 20m

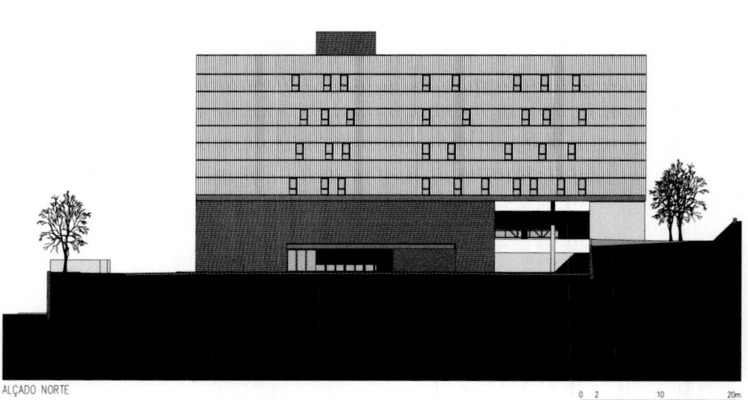
ALÇADO NORTE

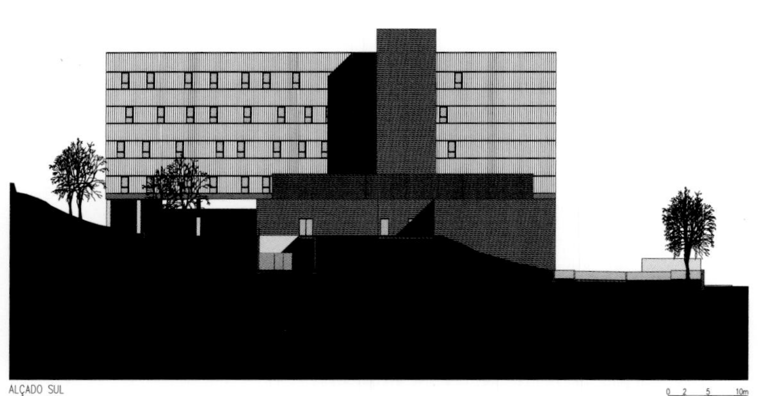
ALÇADO SUL

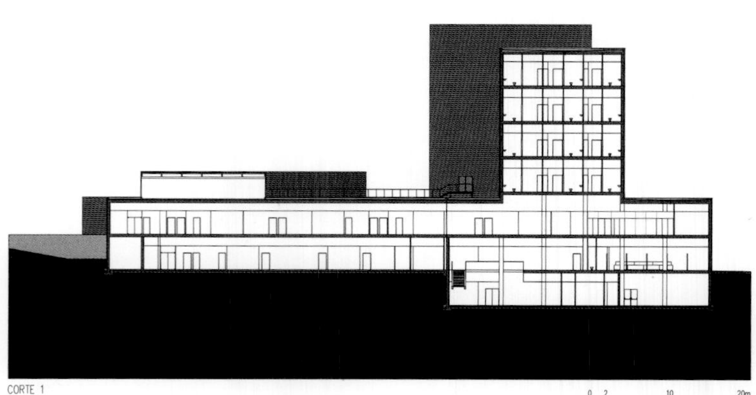
CORTE 1

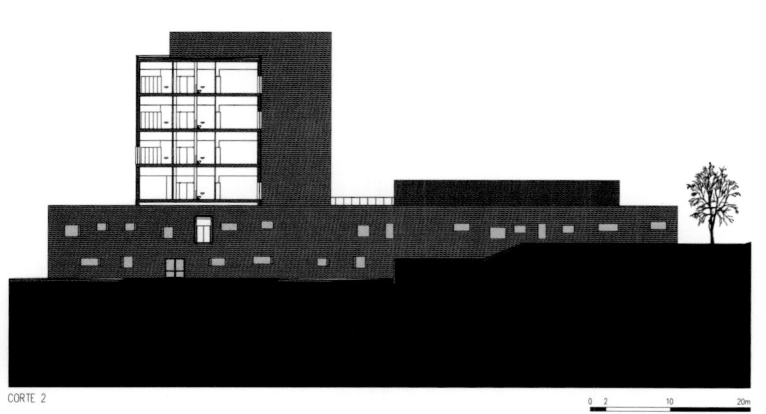
CORTE 2

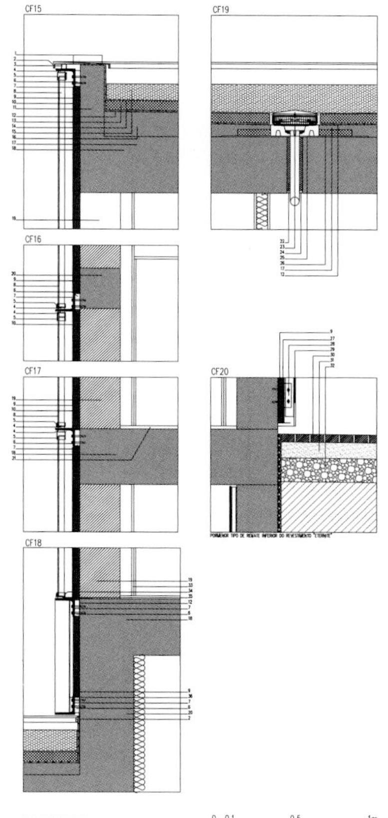

CORTE CONSTRUTIVO

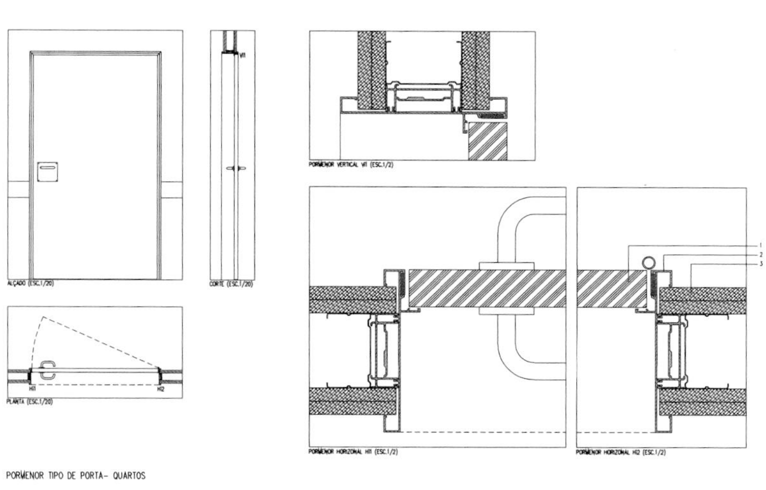

PORMENOR TIPO DE PORTA- QUARTOS

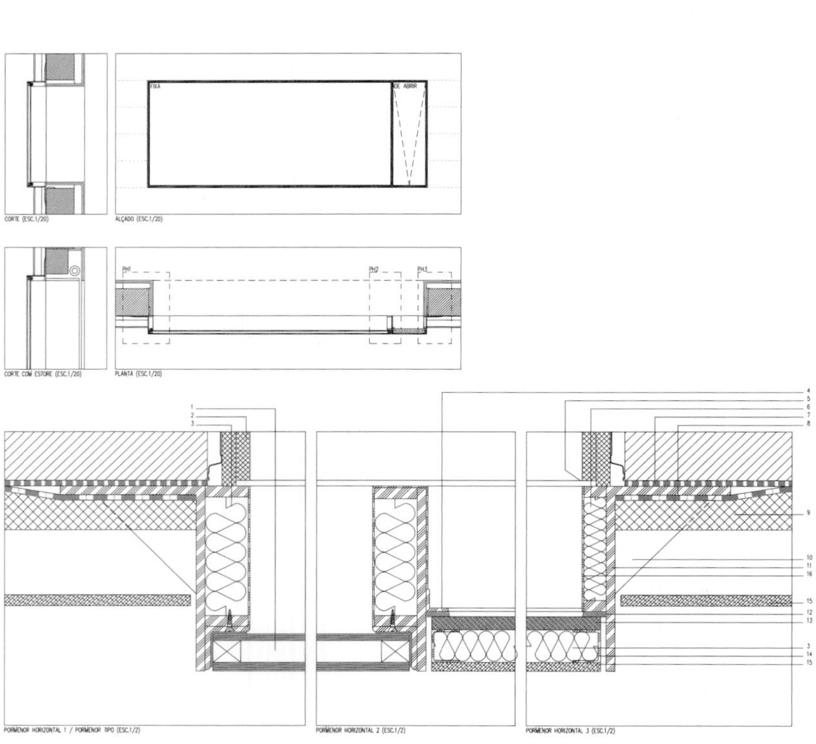

PORMENOR TIPO DE JANELA- T1

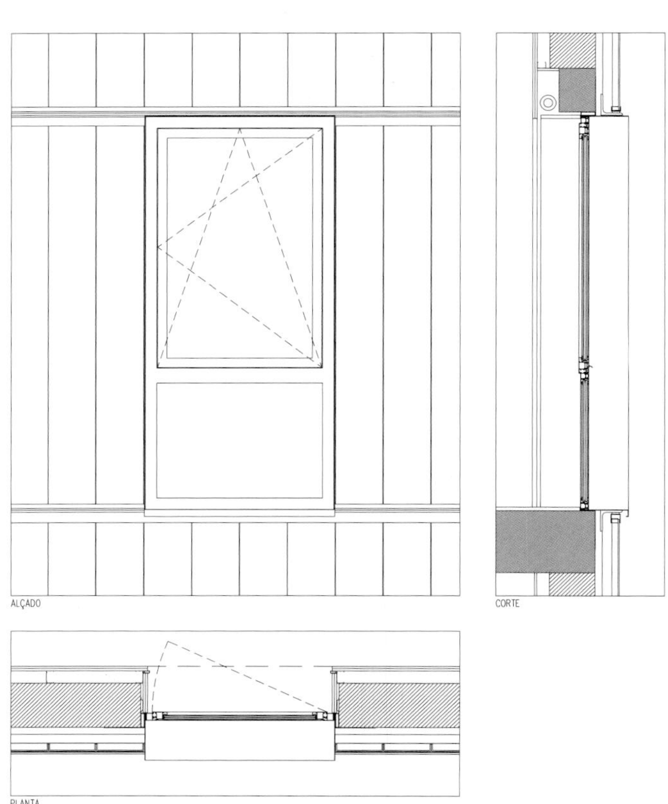

POMENOR TIPO DE JANELA- T2

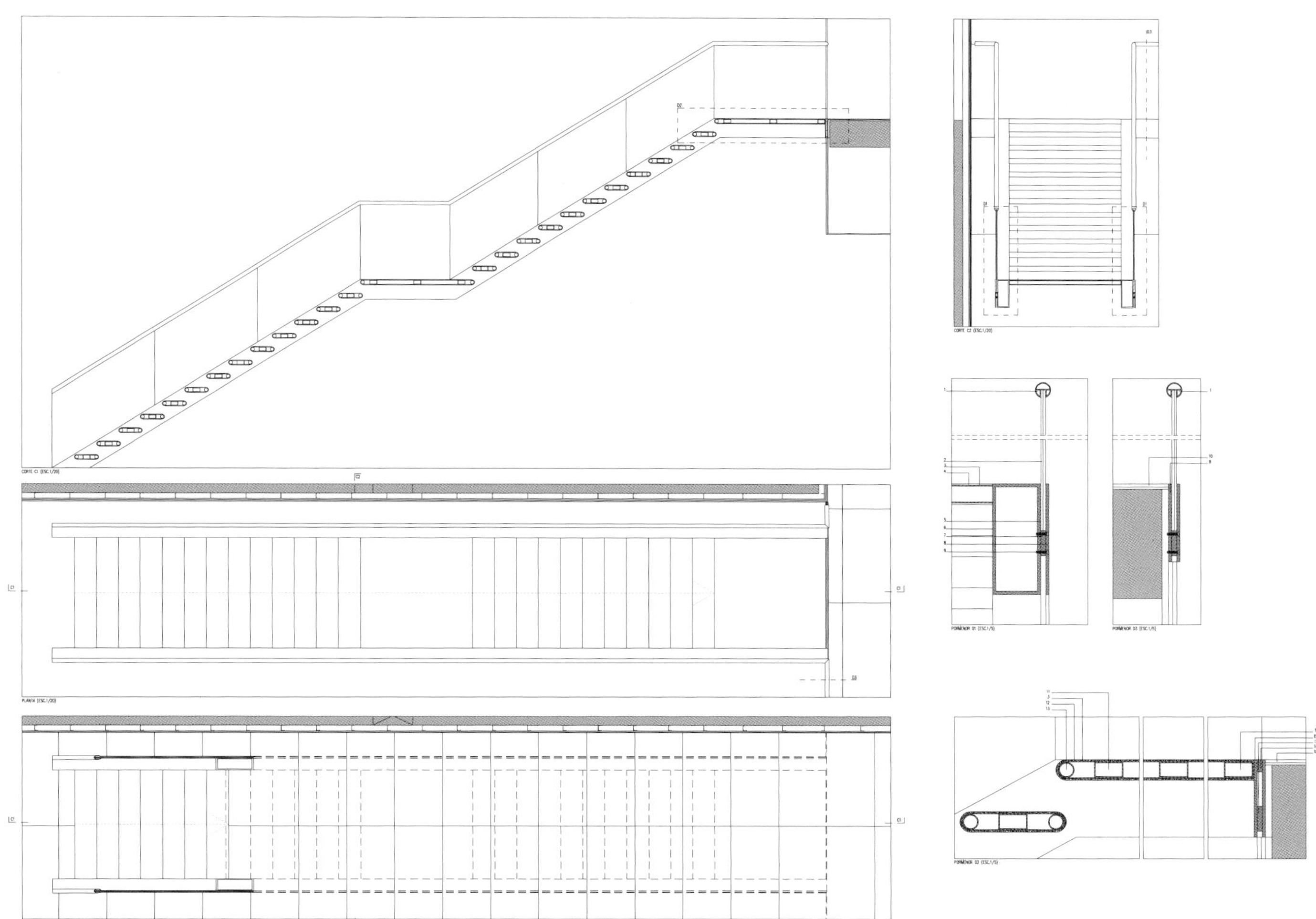

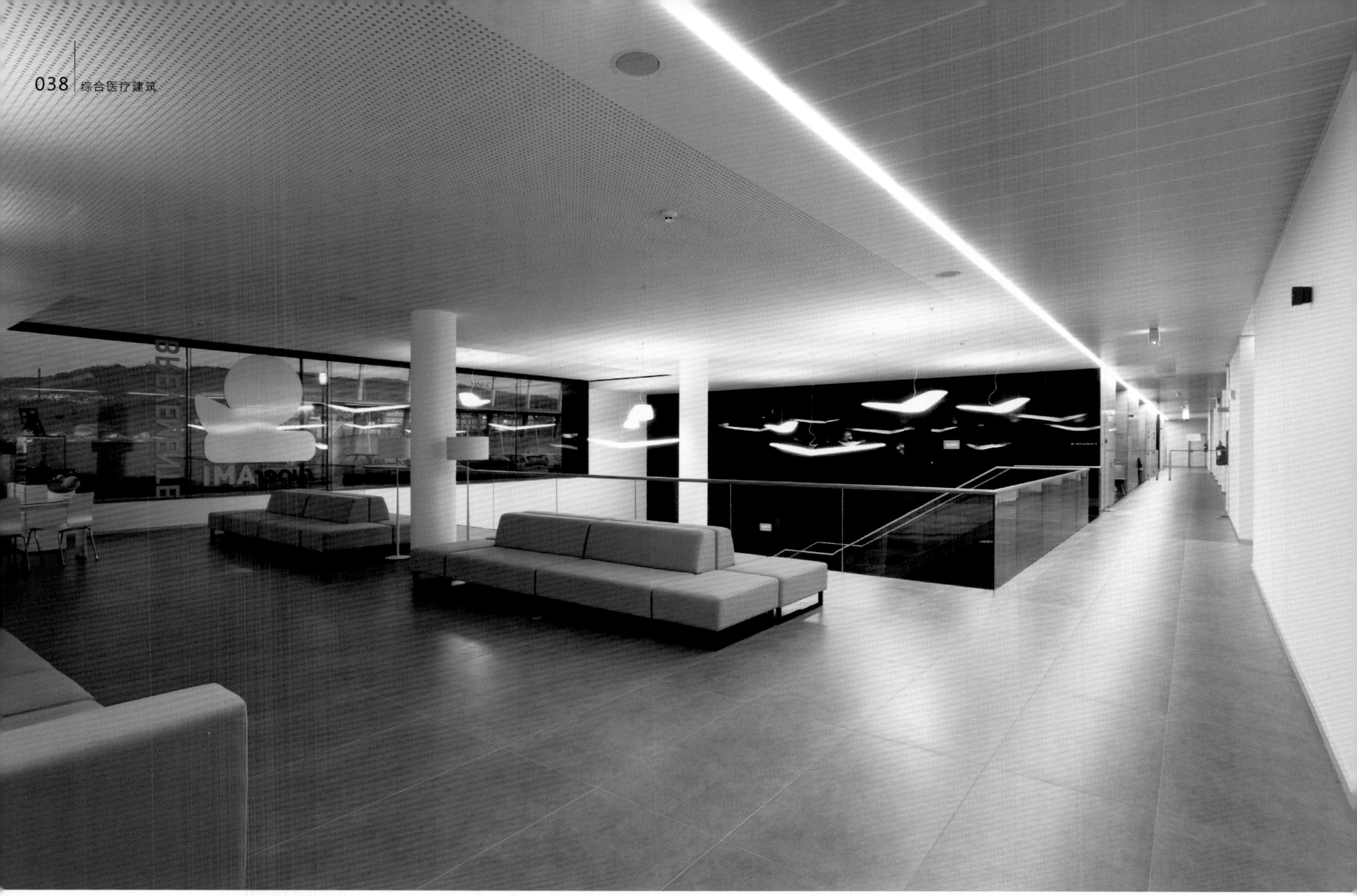

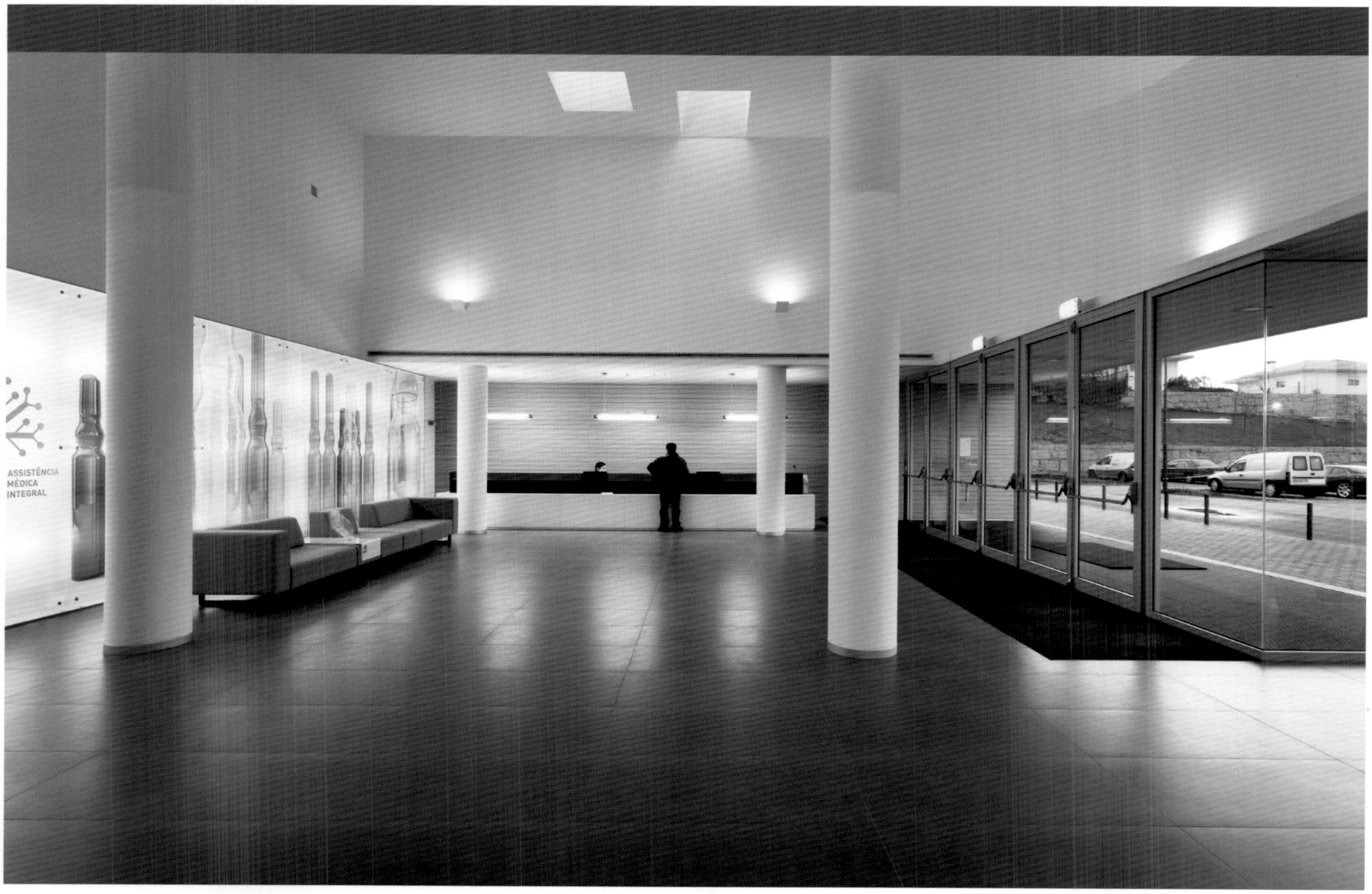
ASSISTÊNCIA
MÉDICA
INTEGRAL

西班牙 Sant Joan Desp í 医院

项目地点：西班牙巴塞罗那
开发商：Consorci Sanitari integral
建筑设计：Brullet-De Luna Arquitectes + Pinearq
首席设计师：Manuel Brullet Tenas y Albert de Pineda Alvarez
合作设计：Javier Llambrich, Alfonso de Luna, Patricio Martinez, Silva Saluena, Albert Vitaller, Pau Calleja
占地表面积：35 700 m^2
建筑表面积：26 949 m^2

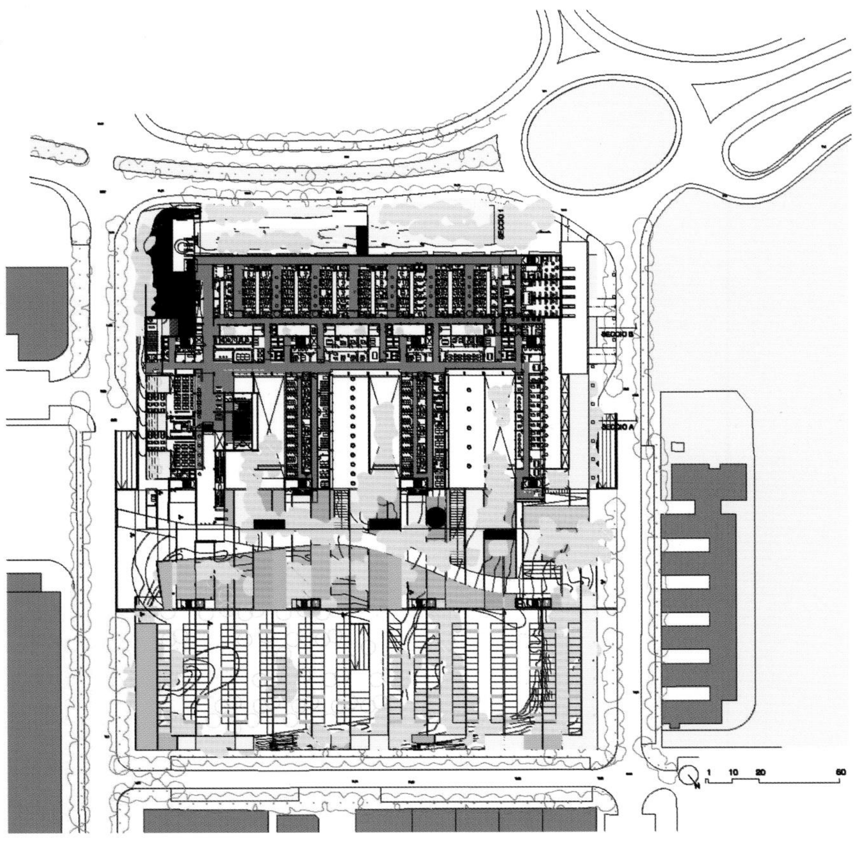

Sant Joan Despí 医院是一个新建的医疗建筑，旨在为 Baix Llobregat 300 000 人口的居民提供服务。医院的组织规划取决于医院的入口设置、建筑的朝向以及基地地形条件。

医院和城市通过一个大型公园连接在一起，公园的特点和氛围都根据医院的需要而设定。医院内部庭院的绿色空间和树木向外延伸，将医院和公园连接起来。在面向 Avingudadel Baix Llobregat 的建筑立面，设计师根据地形条件规划了一条绿带，隔绝了大道的交通噪音，使门诊区和医院免受其干扰。医院的主要入口位于项目地块的最高点，通过绿带可以到达。

健康咨询区设置了独立主入口，位于建筑北面，靠近公共交通站点（有轨电车和公车）。急诊室入口则设立在最低层，位于项目场地的东北端。另外，设计师在项目规划设计中也考虑到自然光线的影响和材料的选择，力求建立一个具有明媚的阳光和优美的风景，服务于民的医院。

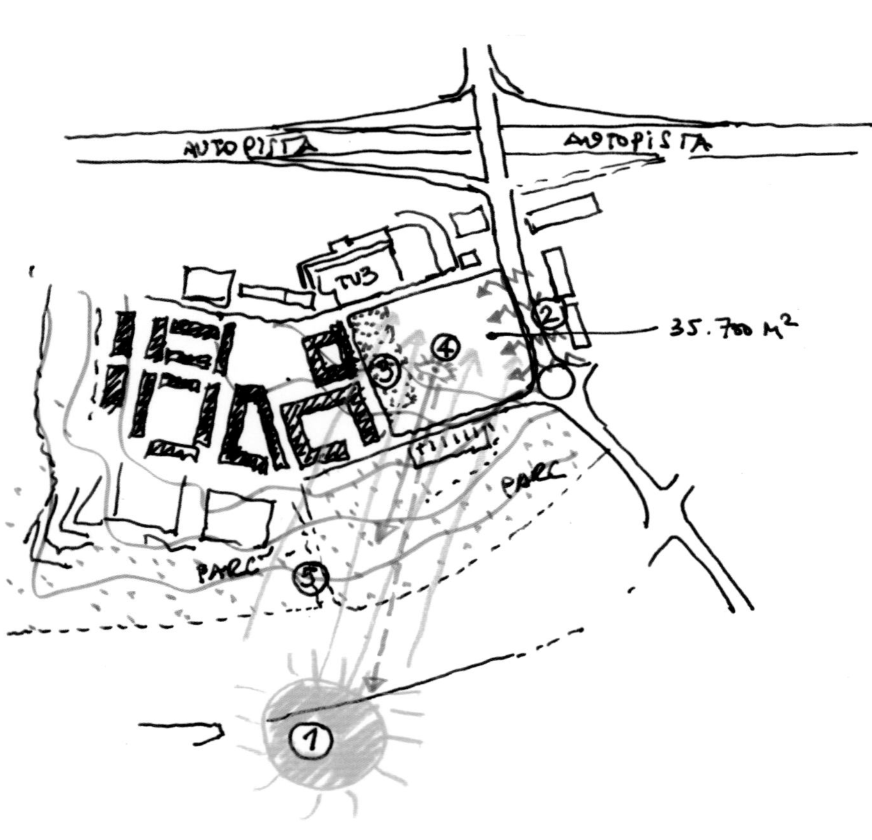
AUTOPISTA
AUTOPISTA
TUB
35.700 M²
PARC
PARC
1
2
3
4
5

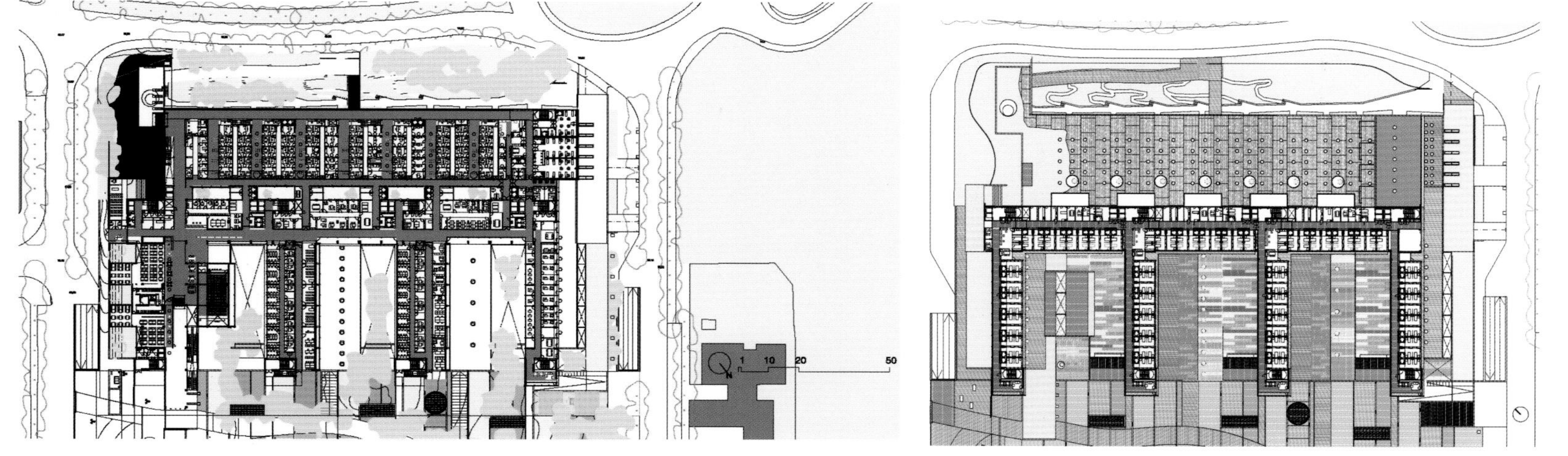
1 10 20 50

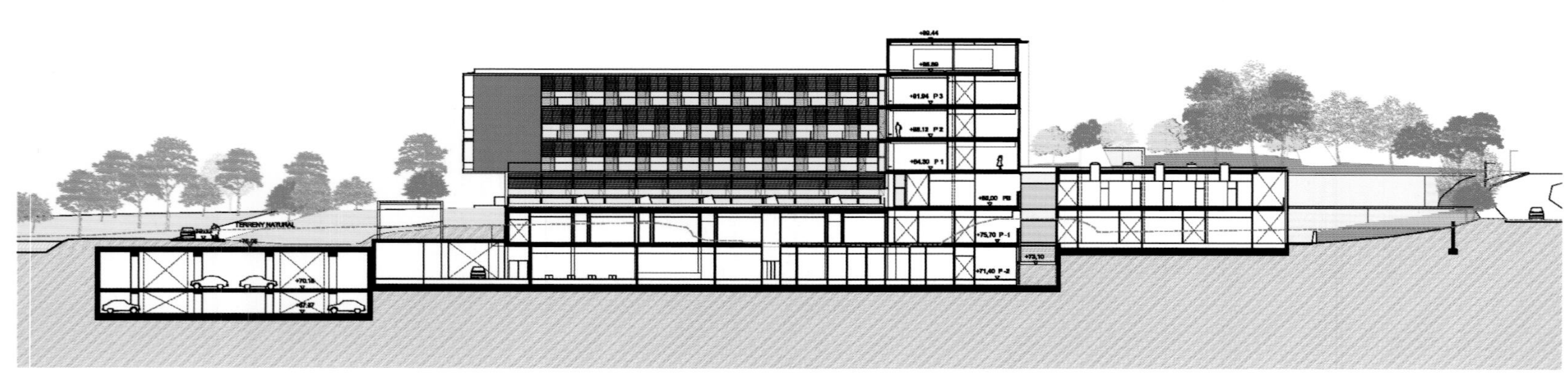

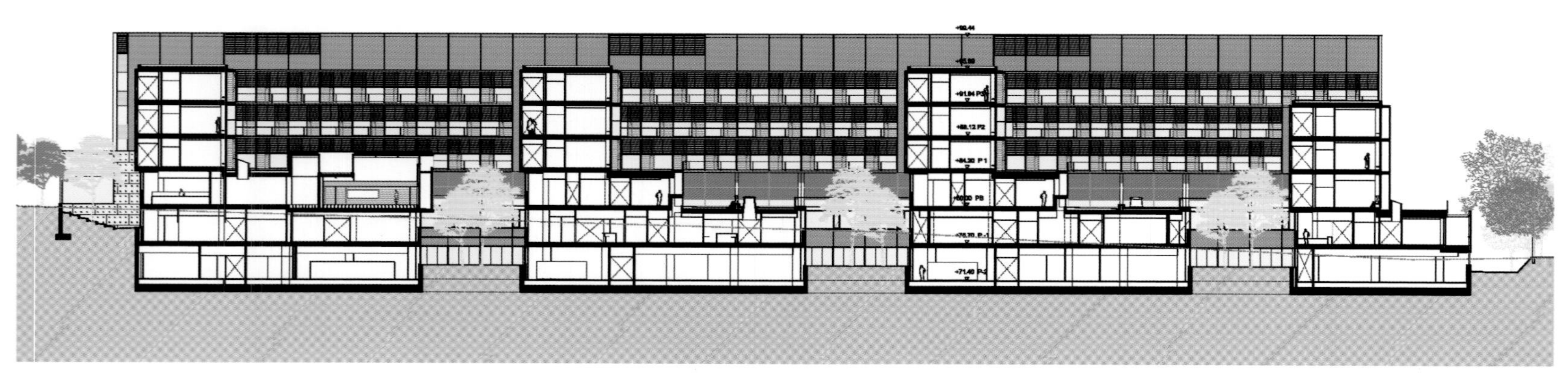

NOVOTEL

广东东莞人民医院

项目地点：中国广东省东莞市
建筑设计：东南大学建筑设计研究院深圳分院
合作设计：美国 CMC 建筑与规划设计事务所 / 上海励翔建筑设计事务所
总建筑面积：183 000 m²

广东省东莞市人民医院的新院工程是一座具有先进设施设备、管理系统、室内外环境，集医疗、教学、科研、预防和康复等为一体的功能化、人文化、智能化、园林化的市级大型现代化绿色环保医疗基地。地块面积 318 000 m²，总建筑面积 183 000 m²，拥有 1 500 个床位，日门诊 3 500 人次。

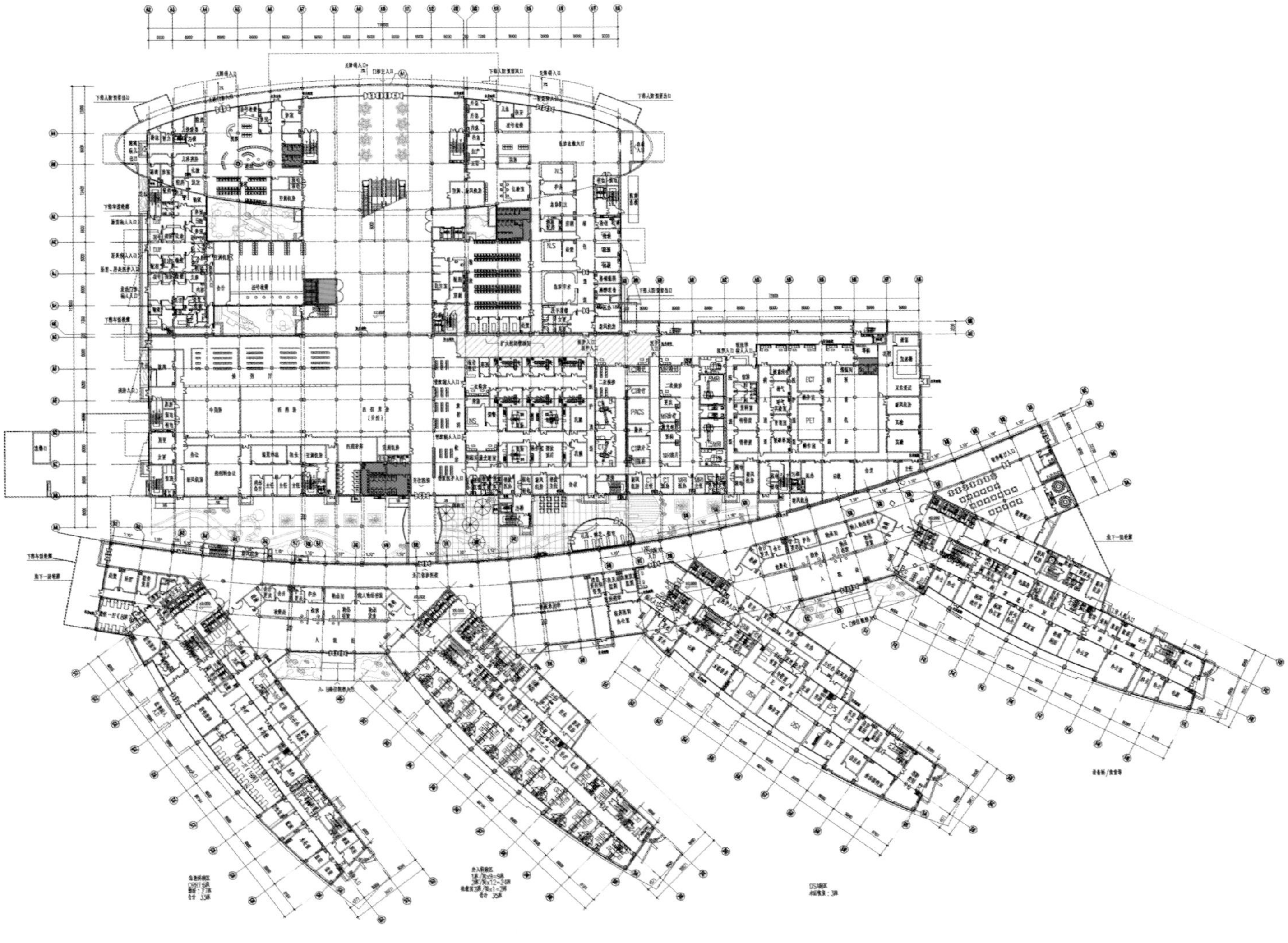

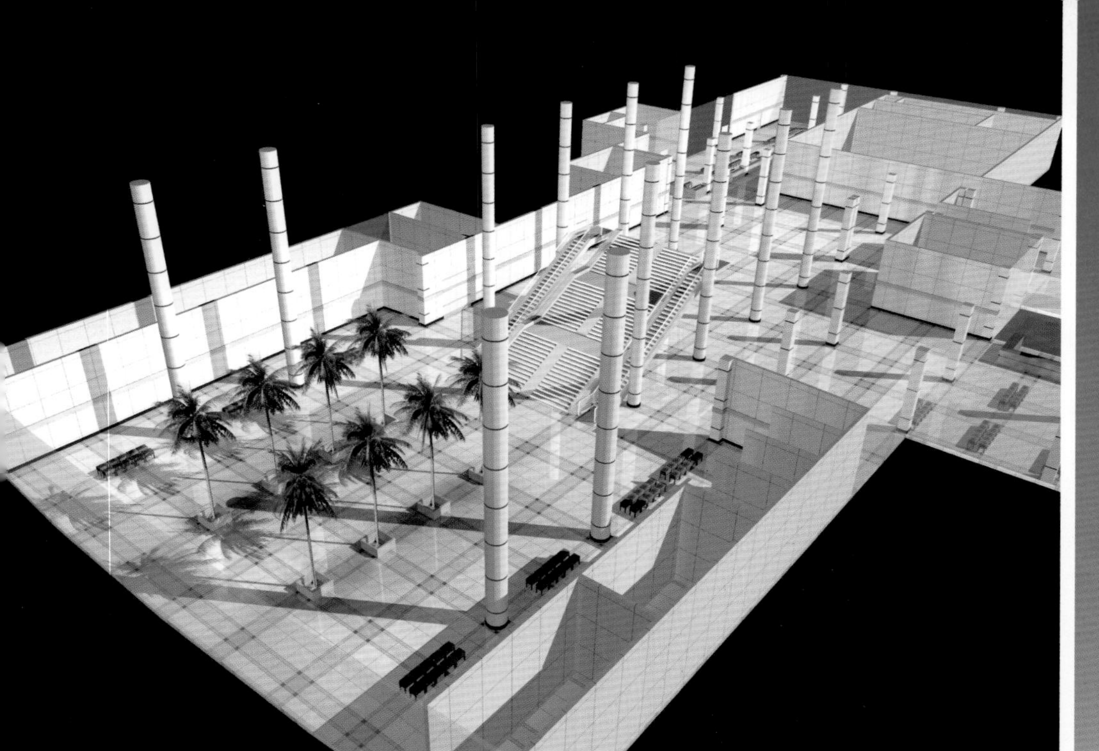

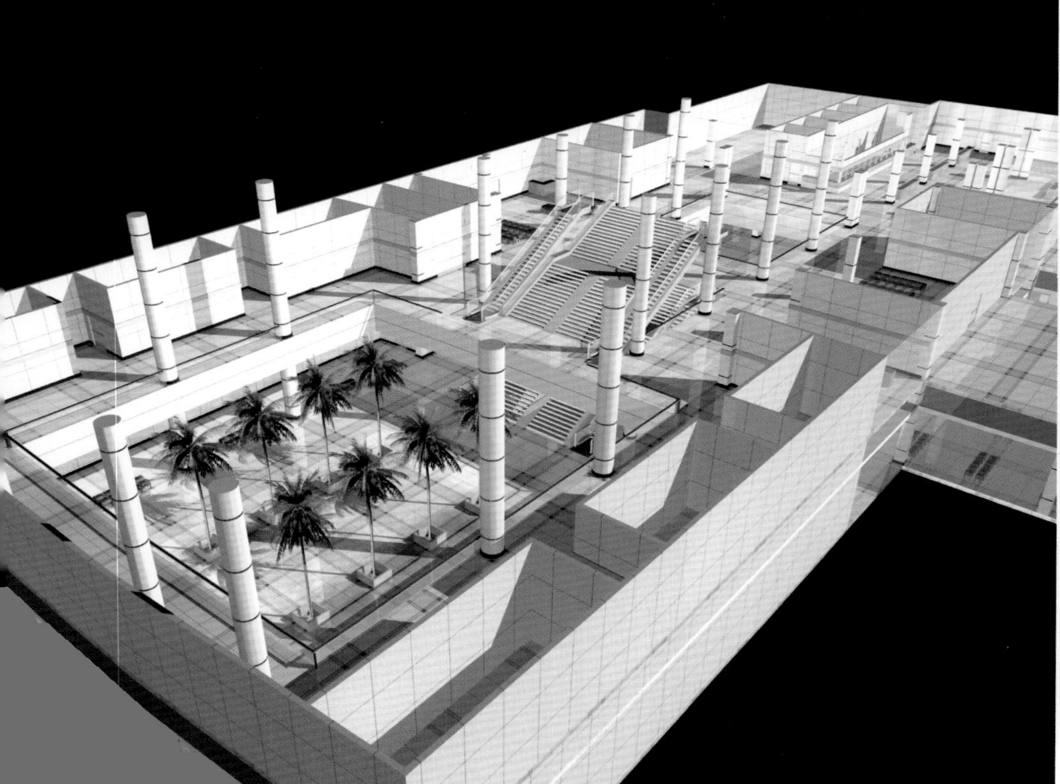
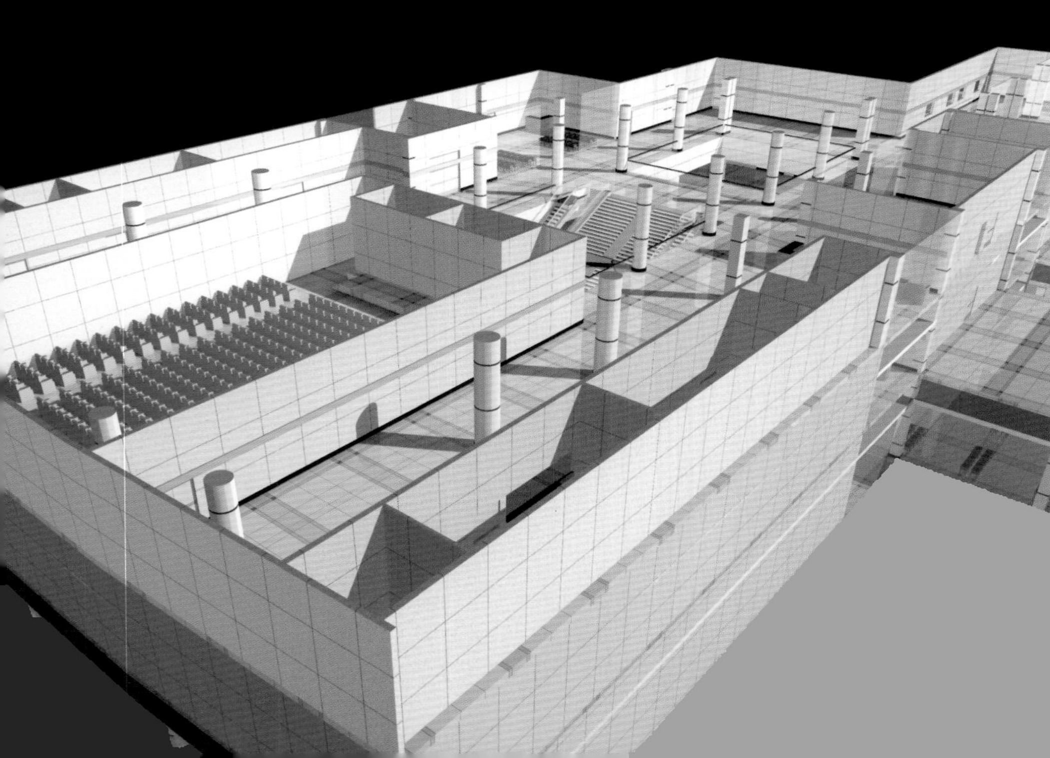

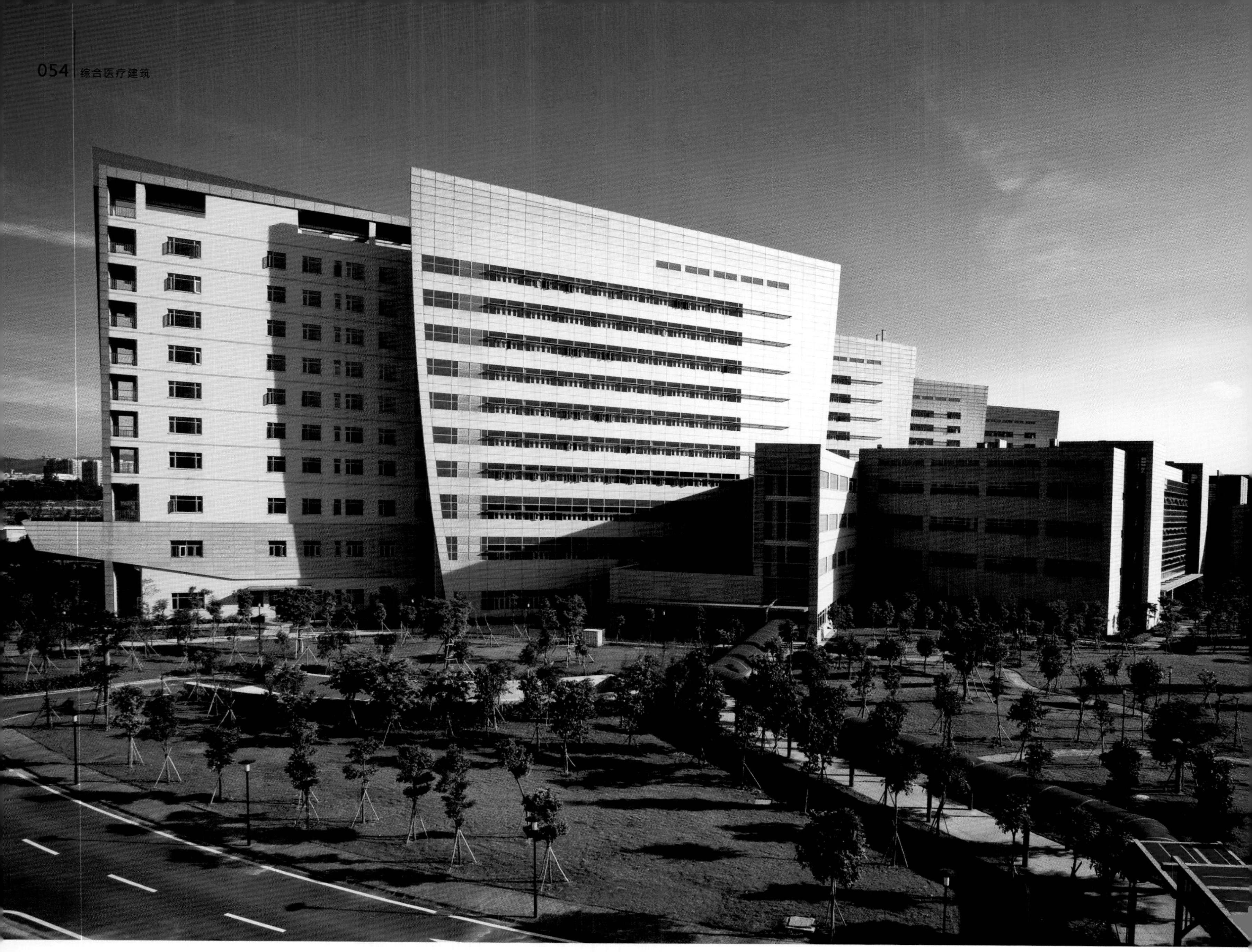

手术室净化机房
护士长
主任办
入口大厅
走廊
上部采光天窗

东立面图

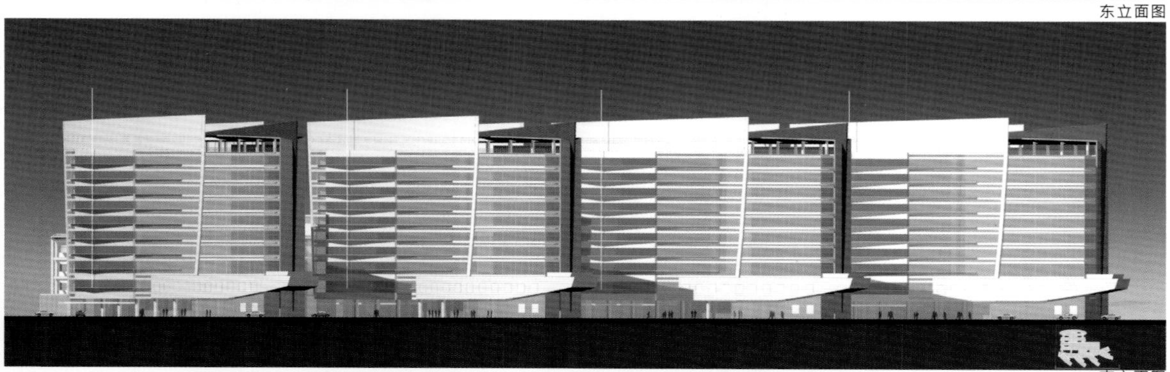

南立面图

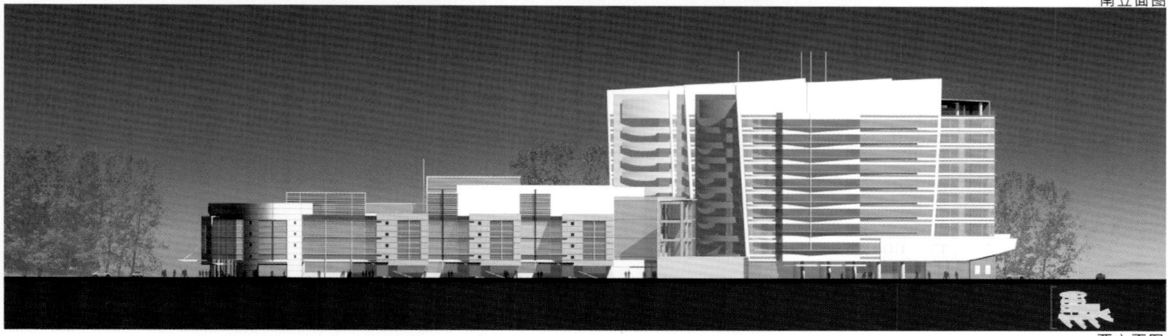

西立面图

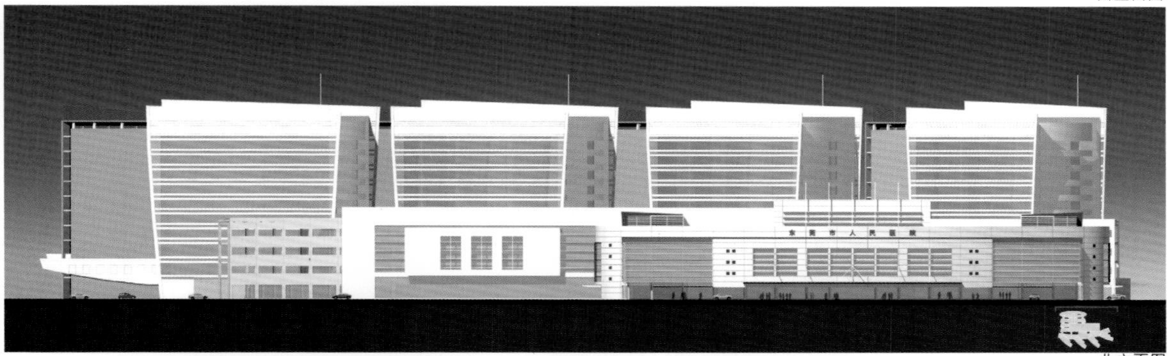

北立面图

A-A 剖面图

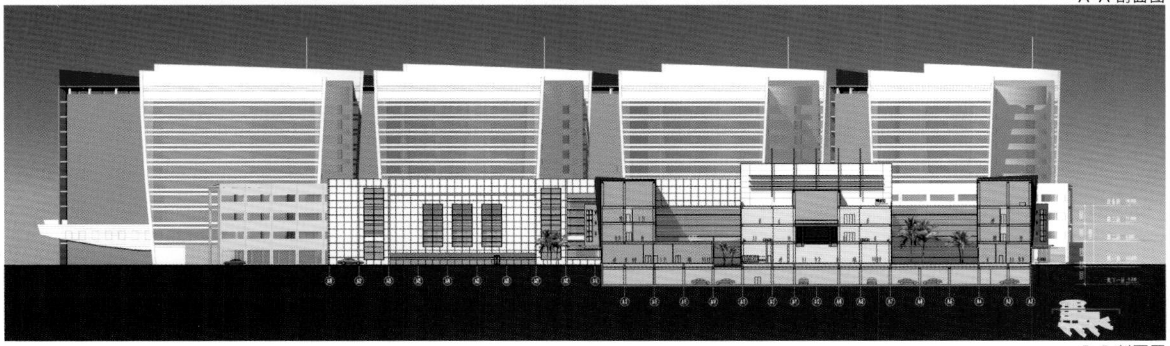

B-B 剖面图

急诊科
Emergency Department

Dronning Ingrids 医院（第一期）

项目地点：格陵兰努克
客户：格陵兰卫生局，The A.P. Møller and Chastine Mc-Kinney Møller 基金会
建筑／景观设计：C. F. Møller Architects
面积：1 500 m^2

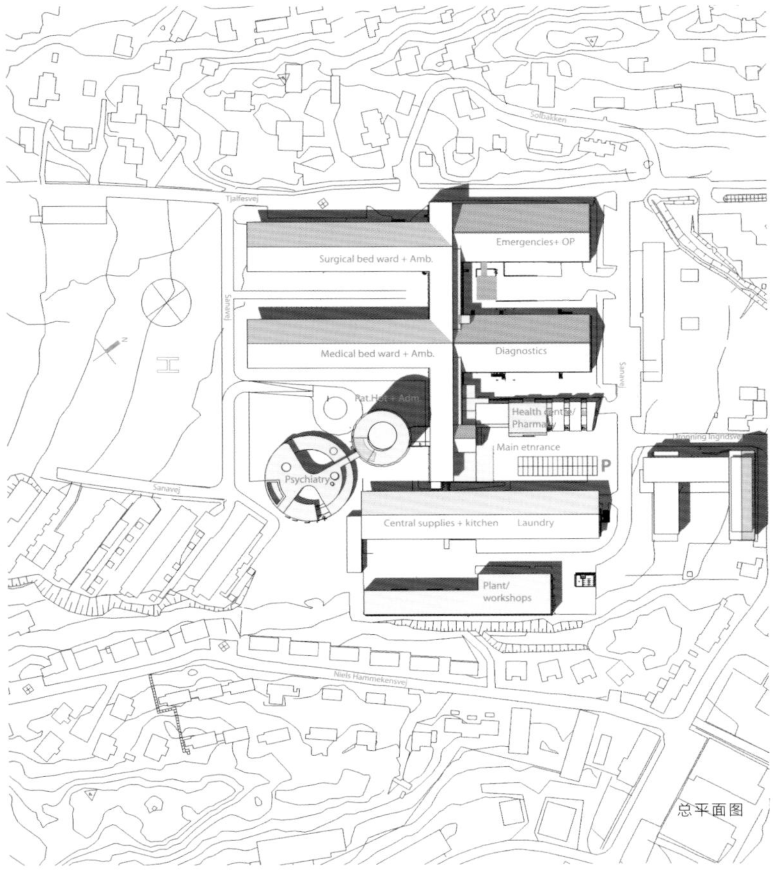

总平面图

Dronning Ingrids 医院建于 1980 年，此次规划旨在通过新建和翻修的结合来改进医院的后勤，整合领域内最新型的器械，使这里成为能面向未来的新建筑。规划中涉及到一个新的接待急诊病人的方式，即通过外科翼楼、回收中心和重症诊断病房的急诊部来确保及时诊断和治疗计划的实施。另外还包括一个新的精神科、一个新的国家药店和一个新的全科诊所。原有病房的空置空间将会用来建立一座供病人入住的酒店，采用独特圆形设计，让病人和工作人员都可以欣赏到周边包括 Sana Bay 和峡湾在内的自然美景。

作为项目规划的第一期，Dronning Ingrids 医院已经开设了新的健康中心——英格丽女王健康中心，以及一个新的国家药房。整个建筑犹如搭建在一个冰块上，设计也受到窗外周边自然景色的启发：漂浮在 Godthåbs 峡湾的浮冰，格陵兰岛最高山的视野以及树立在城镇后面的 Sermitsiaq 塔。

建筑的镀铜屋顶和外墙体现了建筑的统一感，就像冰块或高山之巅。统一的镀铜表皮搭配上建筑的倾斜体设计，将其打造成一个威风高贵的公共建筑。镀铜表层的采用出自多重考量：其自身坚固度并不会因格陵兰岛的极端气候而降低，但这并不是最主要的原因，其特殊纹理和光泽才是项目设计决定采用镀铜表层的重要参考。凭借引人注目的雕塑形式，建筑直接向城镇和使用者开放，突出了医院的新主要入口，引导来访者到达医院的新建筑。

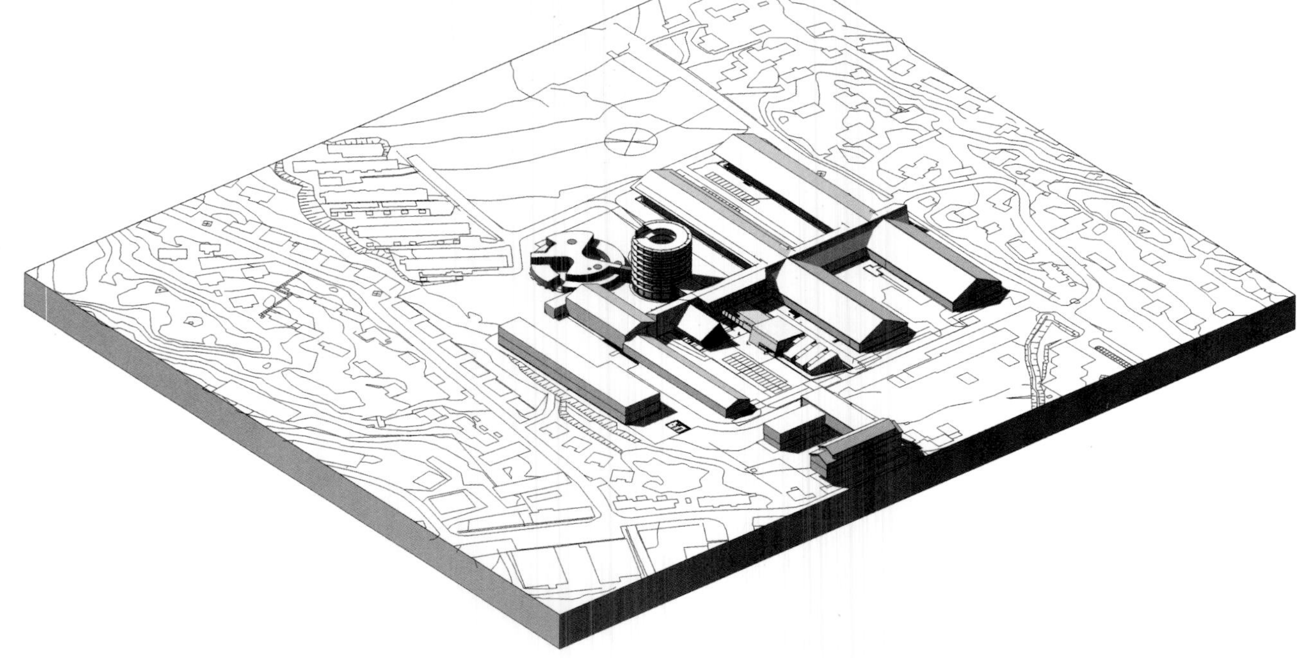

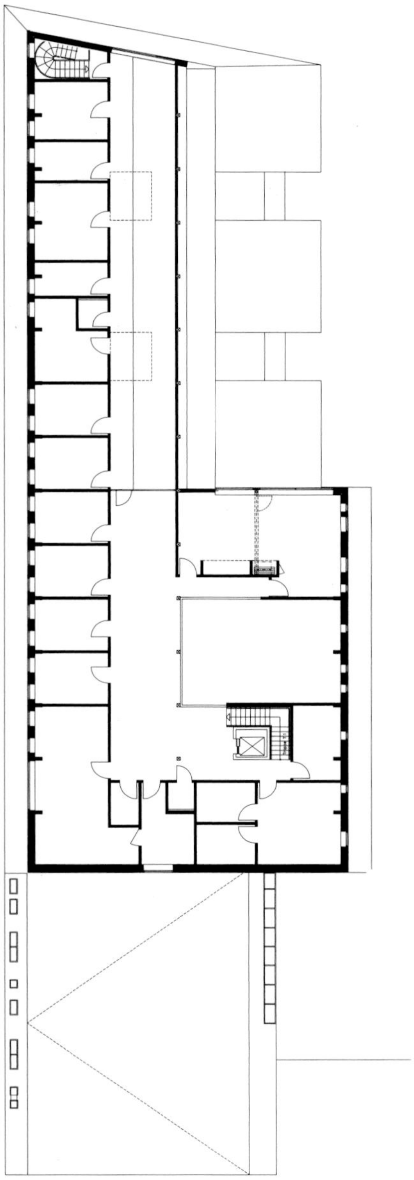

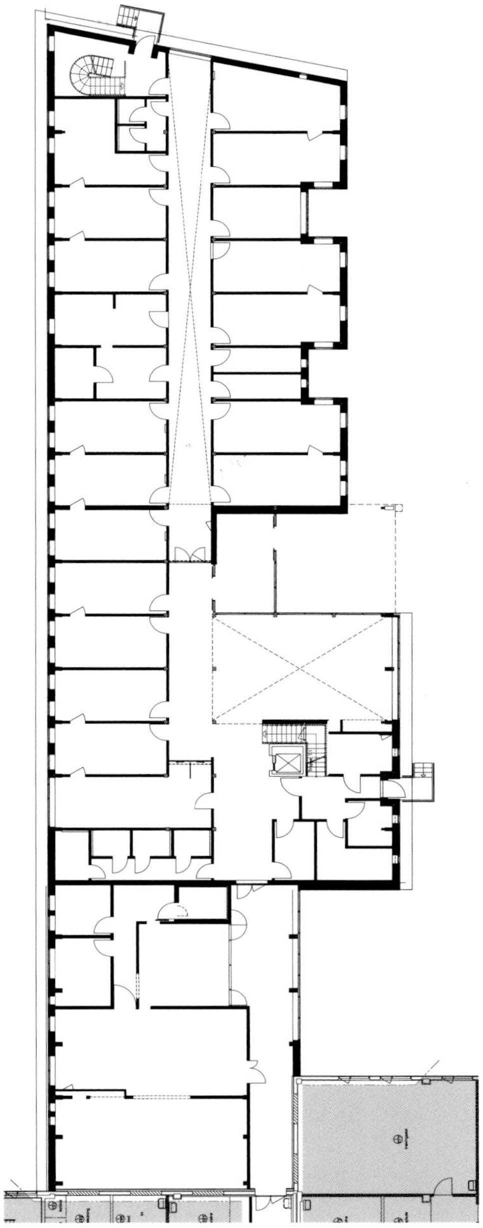

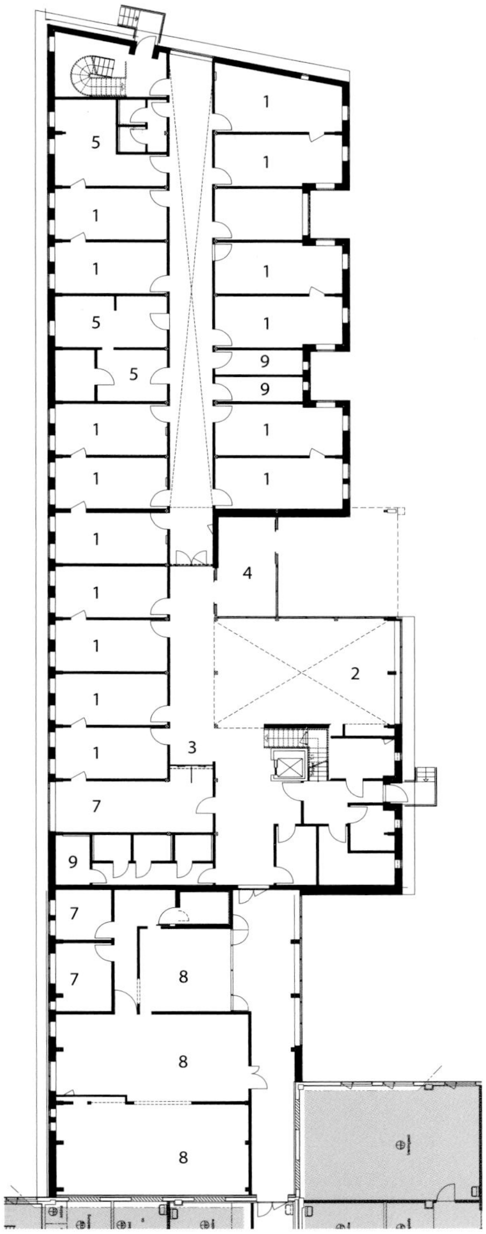

1. medical consultation
2. foyer/waiting room
3. reception
4. entrance
5. storage
6. plant
7. office
8. pharmacy
9. wc

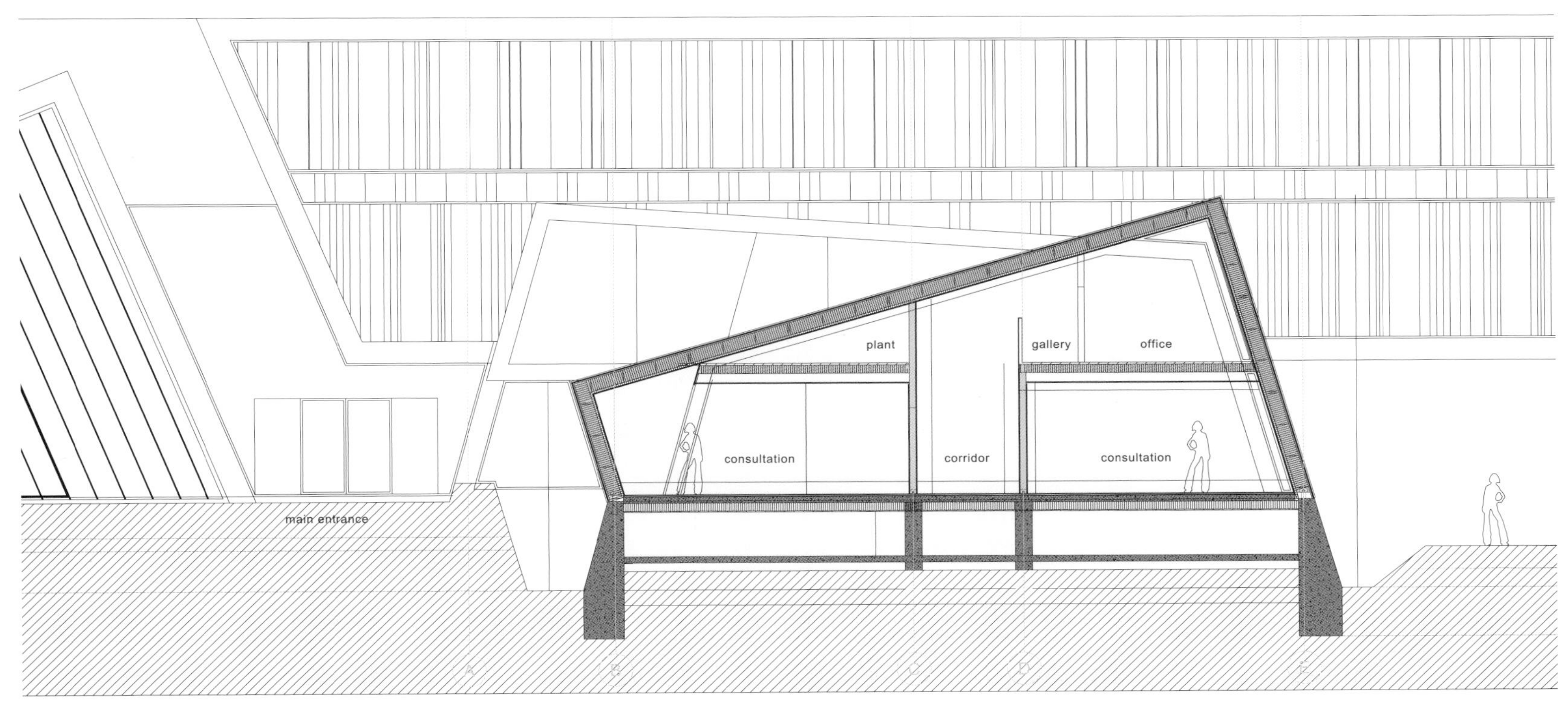
plant
gallery
office
consultation
corridor
consultation
main entrance

Assuta 医疗中心

项目地点：以色列特拉维夫市
建筑设计：蔡得勒建筑设计事务所
建筑面积：600 000 m²
摄影：Tom Arban

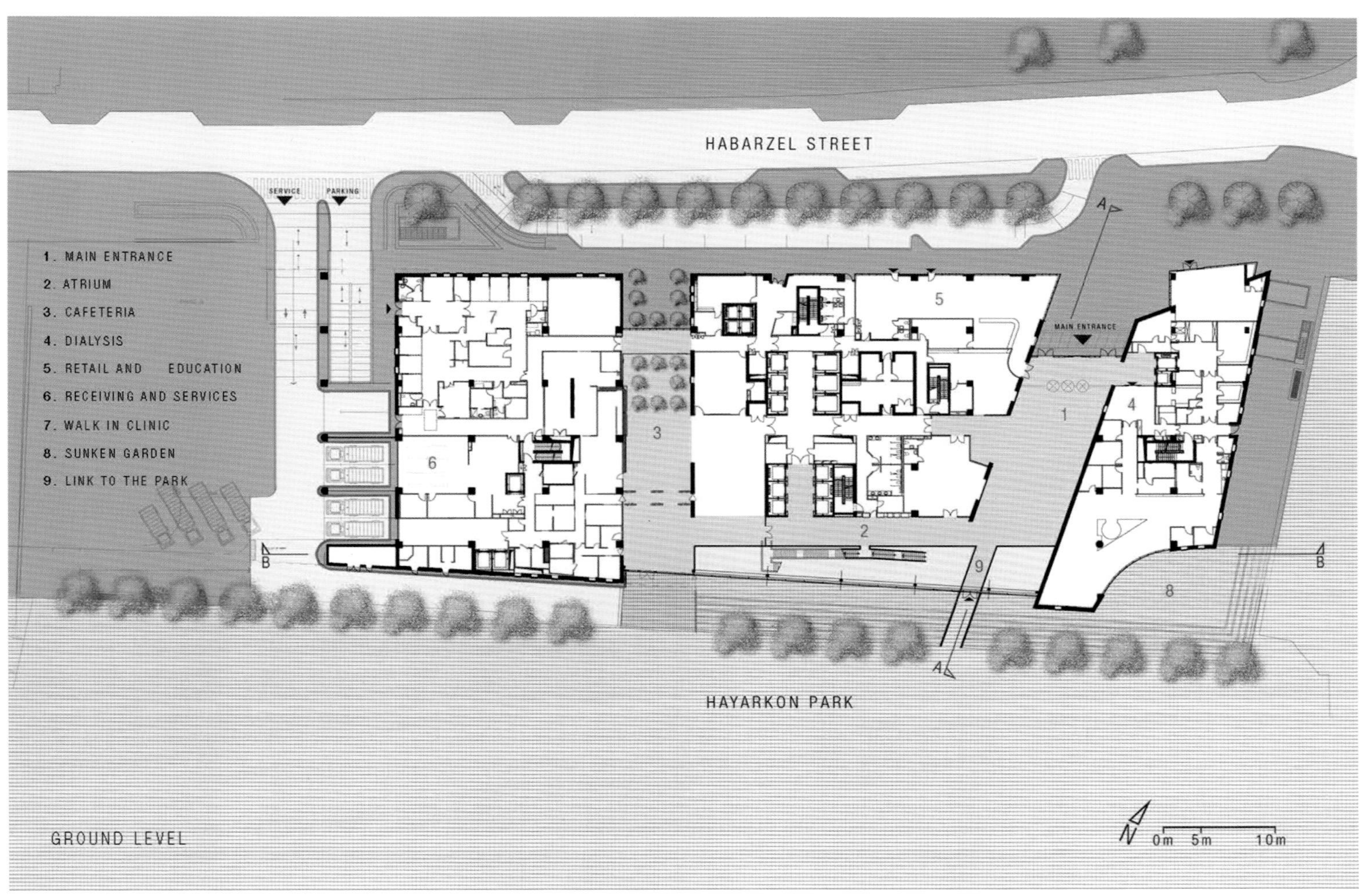

Assuta医疗中心位于以色列特拉维夫市，建筑面积达600 000 m²，拥有400张病床。设计这一新医院的关键挑战在于将南边公园与北边的哈巴泽尔街联系起来。设计师们通过切断医院南北轴线使医院两端垂直于公园以达到这一连接效果，并在两端设置了宽敞的广场，使公共空间与医院内康复中心的空间以及外部空间都产生联系并形成中心主通道引领访客以及病人穿行。这一中心地带由于切除建筑群底部的边角而被加强，从而使东部广场到建筑入口的通道清晰明朗。悬臂式的建筑模块不仅为人们走到正门入口提供指引还给人们提供遮阳避雨的庇护所。

医院设计的另一个挑战在于该场地最初计划发展为商业综合用地，并且已经将地基按照办公建筑的造型挖好。在现存的地基上设计医院项目并且要考虑到客户的目标，最终导致这独一无二的设计。

设计一项国际性医疗建筑必须懂得当地的地势以及当地文化以便把握项目的本质。Assuta医疗中心因地制宜，结合当地文化以及医疗系统的特色，成功地实现其作为医疗设施的目标。医疗中心的宗旨在于为以色列人民提供前所未有的新标准的医疗服务同时还考虑到医疗中心未来的可持续发展。

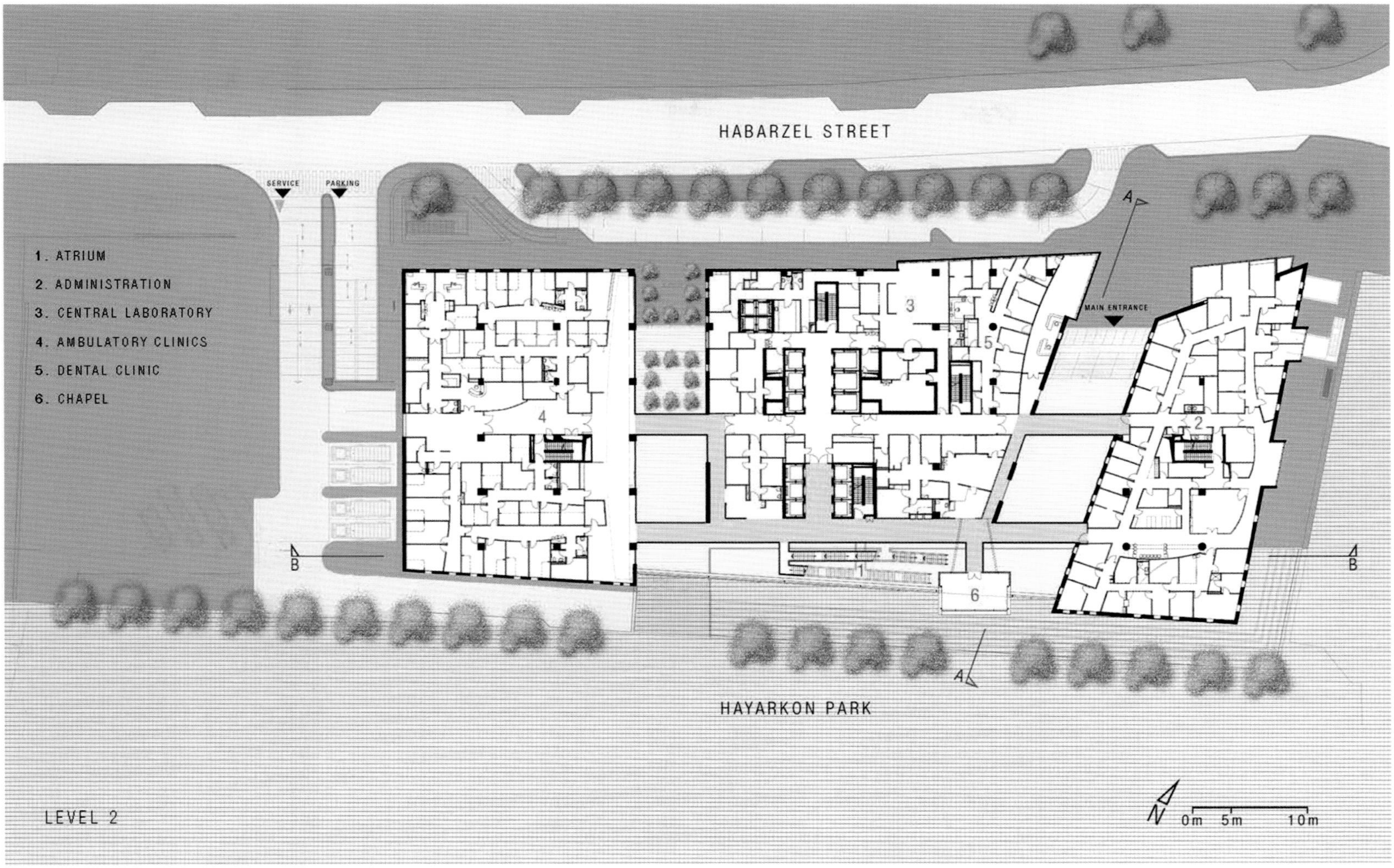

HABARZEL STREET

SERVICE
PARKING

1. ATRIUM
2. ADMINISTRATION
3. CENTRAL LABORATORY
4. AMBULATORY CLINICS
5. DENTAL CLINIC
6. CHAPEL

MAIN ENTRANCE

HAYARKON PARK

LEVEL 2

0m 5m 10m

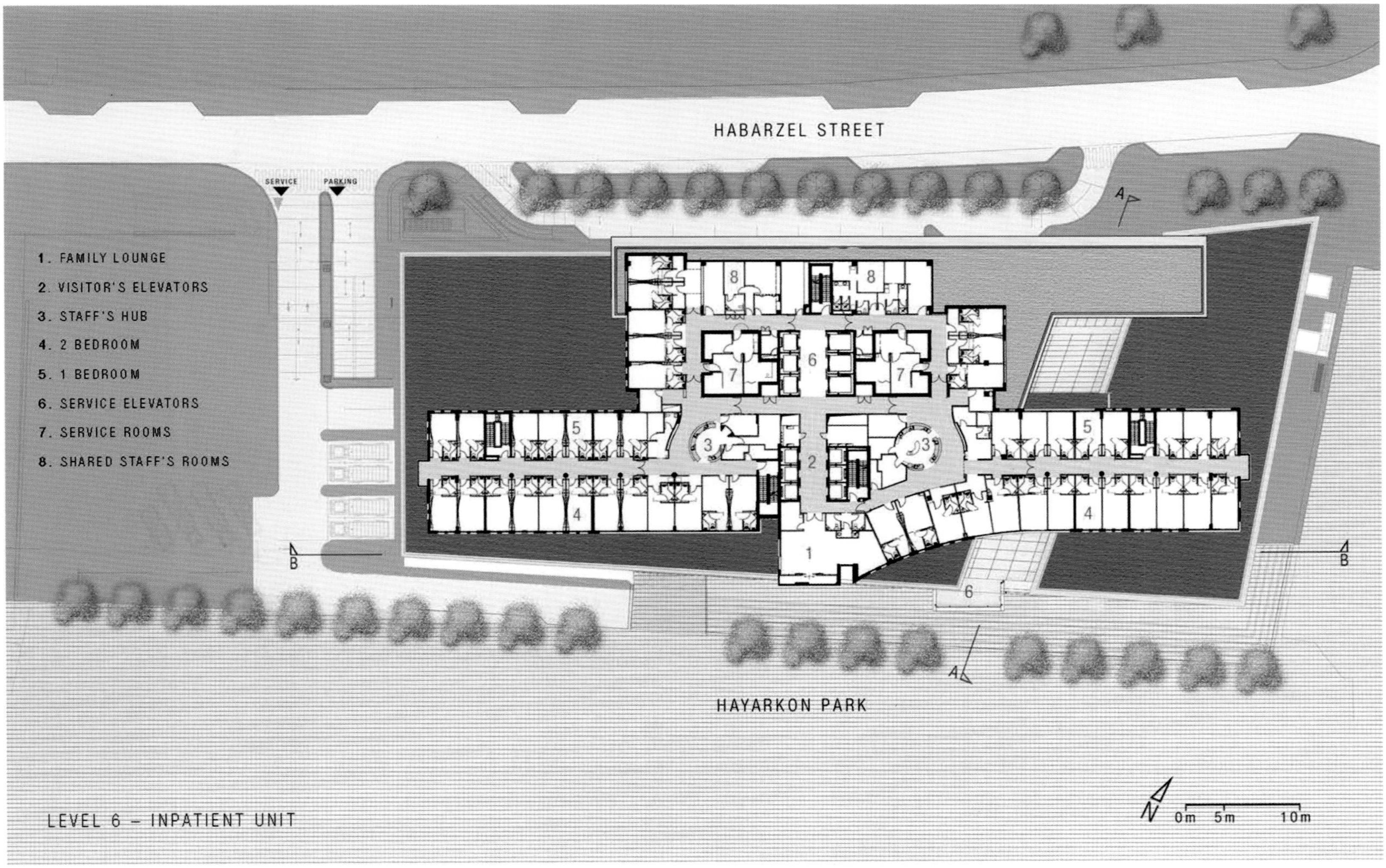

HABARZEL STREET

SERVICE
PARKING

1. FAMILY LOUNGE
2. VISITOR'S ELEVATORS
3. STAFF'S HUB
4. 2 BEDROOM
5. 1 BEDROOM
6. SERVICE ELEVATORS
7. SERVICE ROOMS
8. SHARED STAFF'S ROOMS

HAYARKON PARK

LEVEL 6 – INPATIENT UNIT

0m 5m 10m

1. ATRIUM
2. UNDERGROUND PARKING
3. BASE BUILDING
4. INTERSTITIAL MECHANICAL SPACE
5. INPATIENT WING
SECTION B
0m 5m 10m

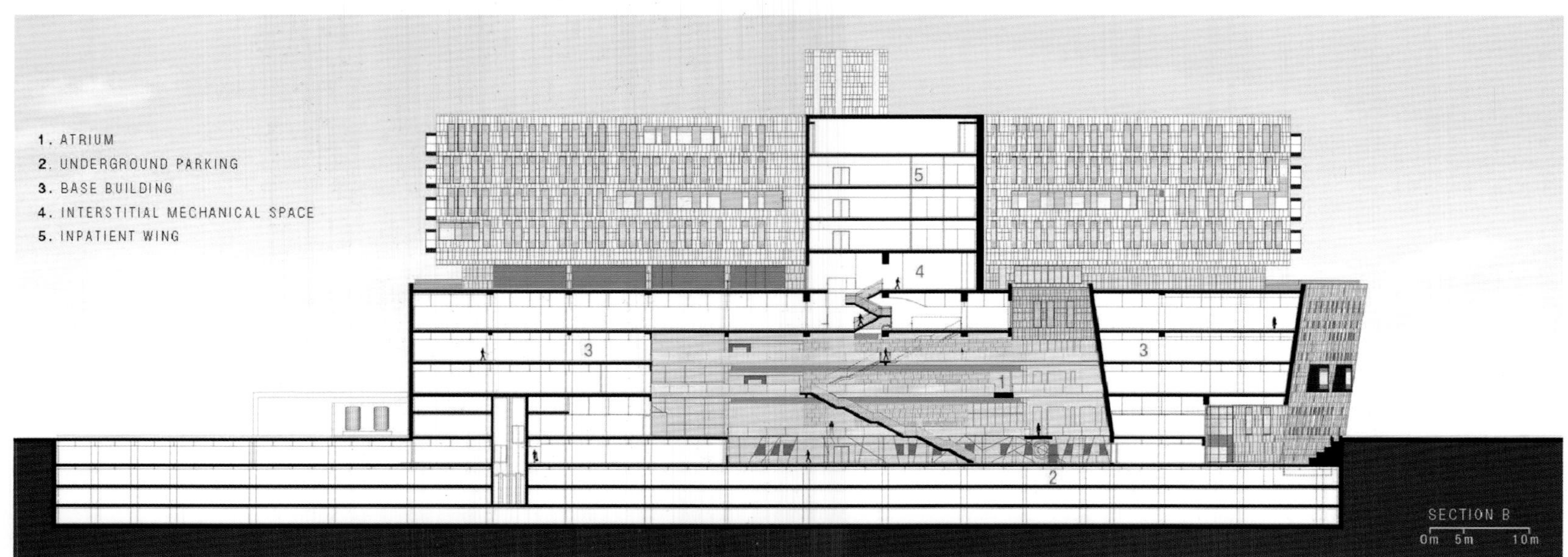

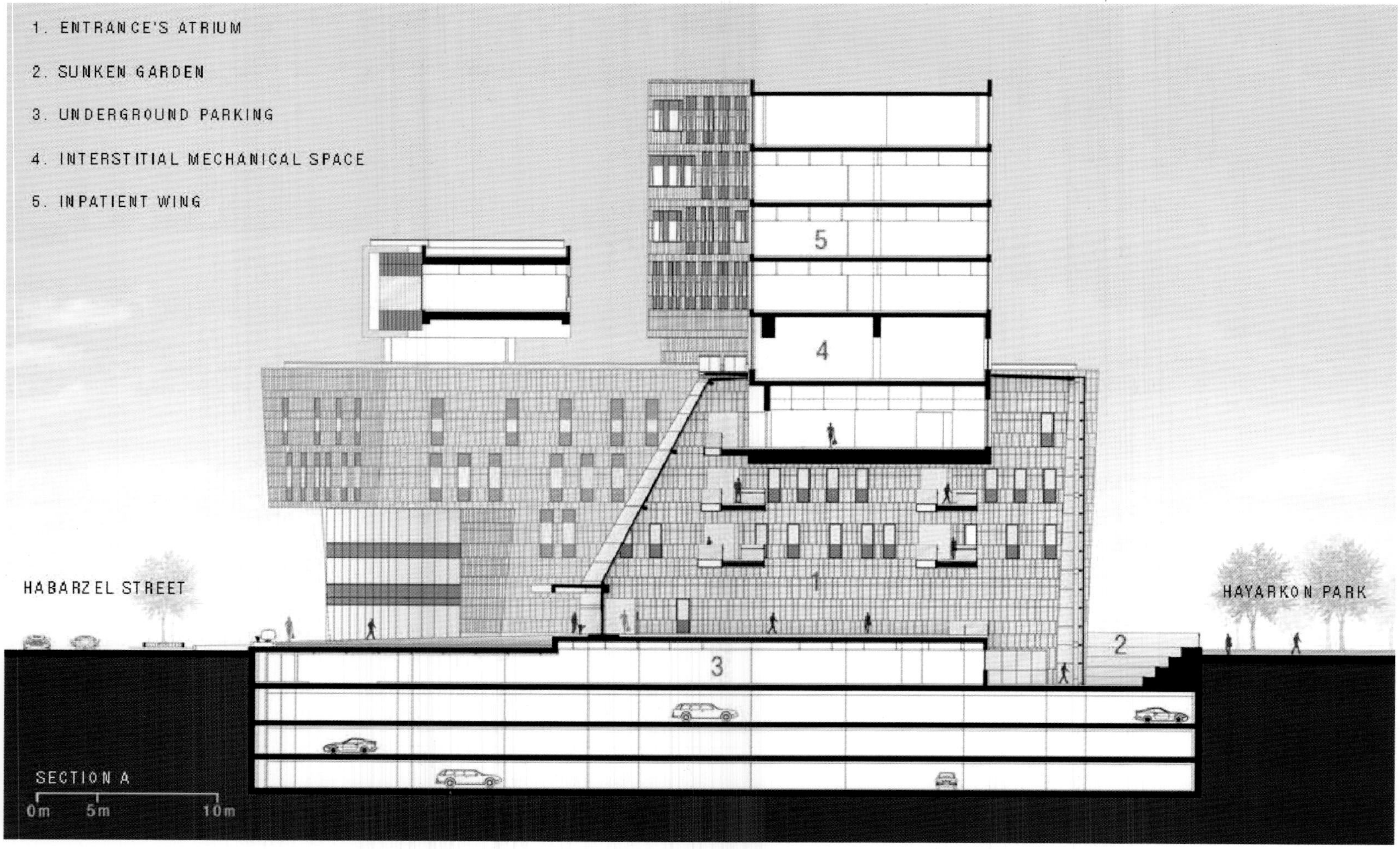

1. ENTRANCE'S ATRIUM
2. SUNKEN GARDEN
3. UNDERGROUND PARKING
4. INTERSTITIAL MECHANICAL SPACE
5. INPATIENT WING
HABARZEL STREET
HAYARKON PARK
SECTION A
0m 5m 10m

בית קפה
COFFEE SHOP

胡安卡洛斯国王医院

项目地点：西班牙马德里
建筑设计：Rafael De La-Hoz Castanys
设计师：Hugo Berenguer, Francisco Arévalo, Miguel Maíza, Jacobo Ordás, Carolina Fernández, Encarna Sánchez, Gonzalo Robles, Javier Gómez, Ignacio Jaso
摄影：Duccio Malagamba, O.H.L (Obrascon-Huarte-Lain), Aitor Ortiz
建筑面积：94 705.49 m^2

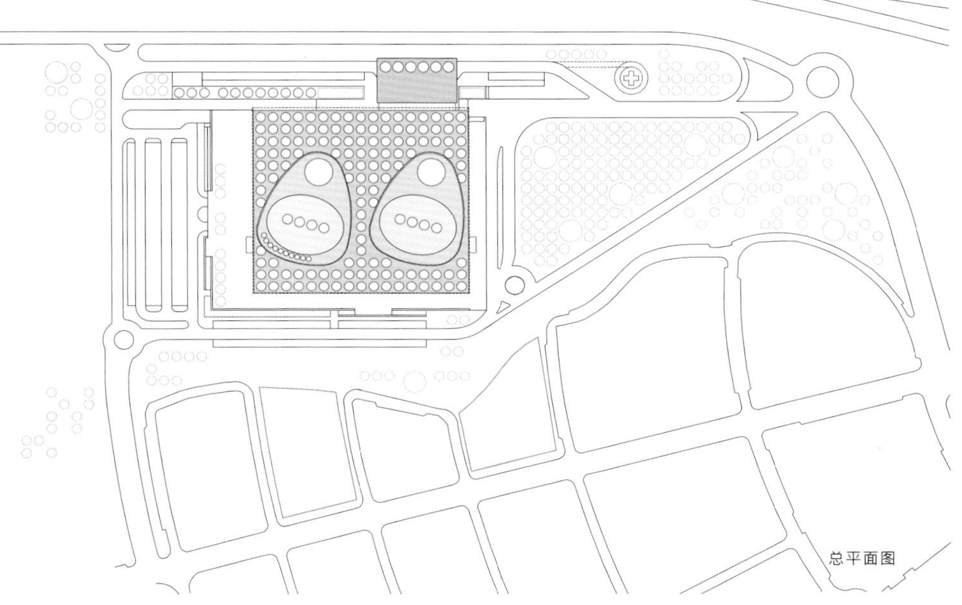

总平面图

这是由 Rafael De La-Hoz 事务所设计的胡安卡洛斯国王医院项目，项目包含三个基本的元素：高效、明亮和安静。该项目是目前最佳的医院建筑，同时也是最佳的住宅建筑。从概念上讲，这一新的医院是基于赋予该建筑足够的医护单元、门诊诊断和治疗空间设计而成。医院通过三个模塑结构或者平行的建筑群建造而成，反映出了最佳医院所特有的主要结构：灵活性、易于扩建、功能透明性以及良好的水平流通空间。

这个医院的住院部被安置在两个椭圆形的冠状结构中，该结构拥有平缓流畅的曲线，避免了压抑氛围的出现，同时为病人提供多角度的视野。走廊里的照明工具分布合理，对噪声的处理、流通空间、采光以及打造安静环境都围绕中庭展开。椭圆塔楼连同裙房形成一个新类型的医疗建筑，在这里接受治疗的人们可以享受着自然光和安静。

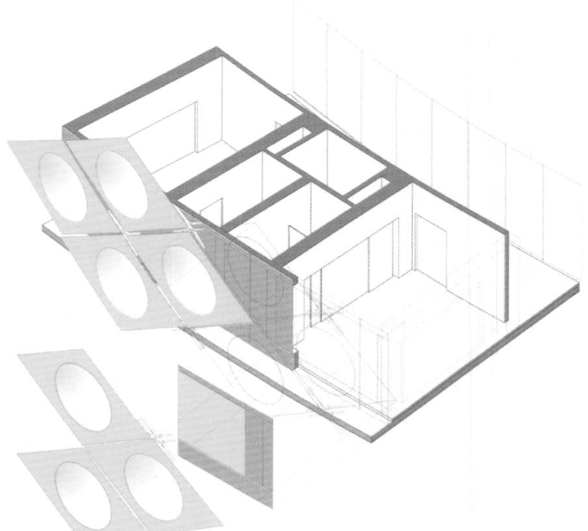

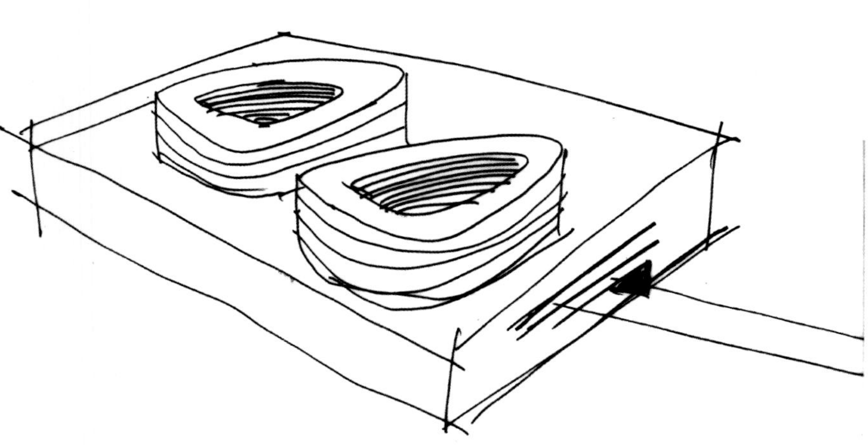

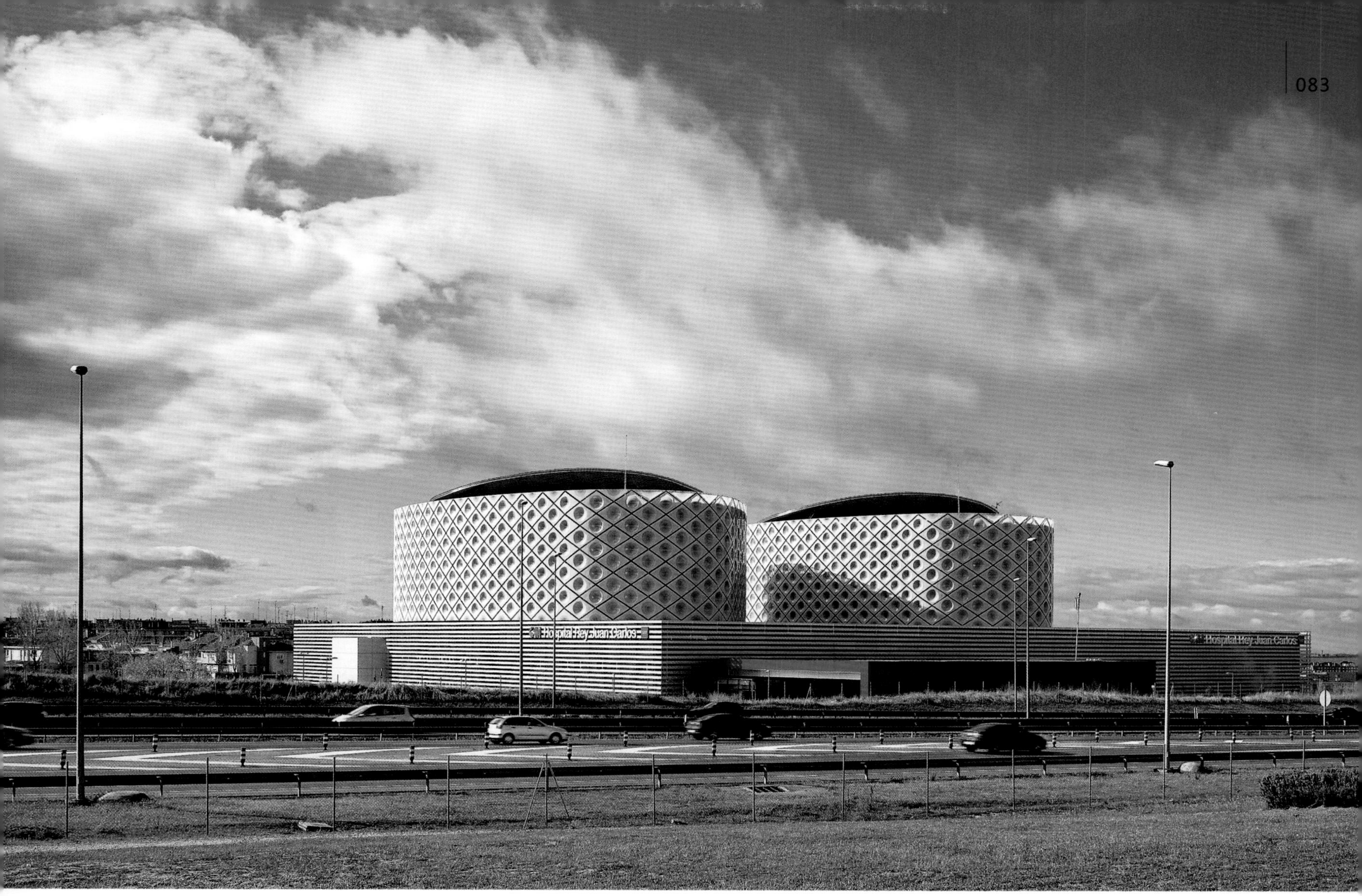
Hospital Rey Juan Carlos
Hospital Rey Juan Carlos

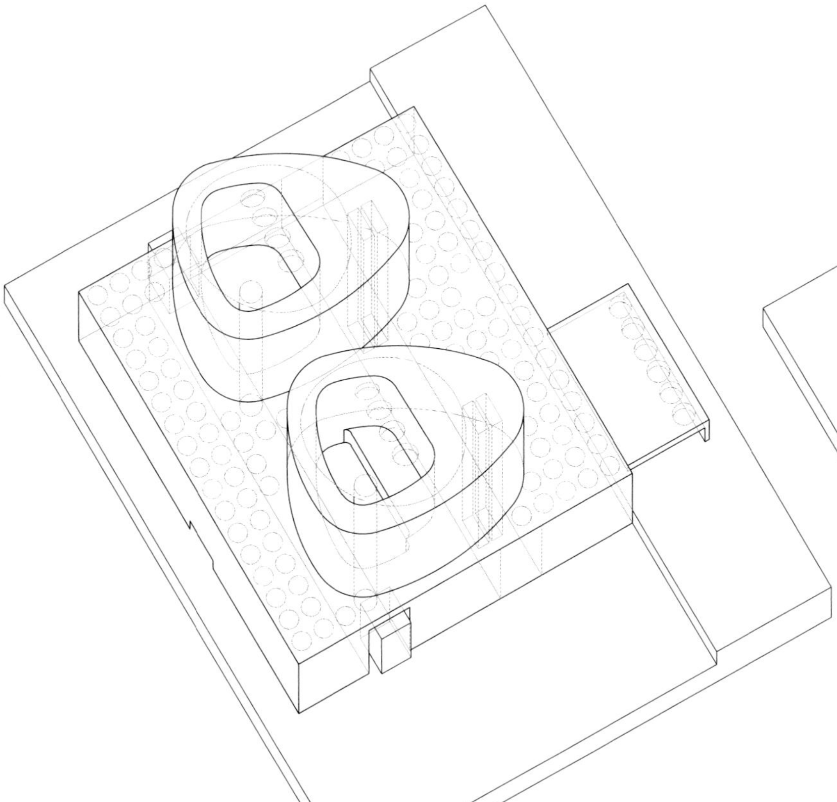

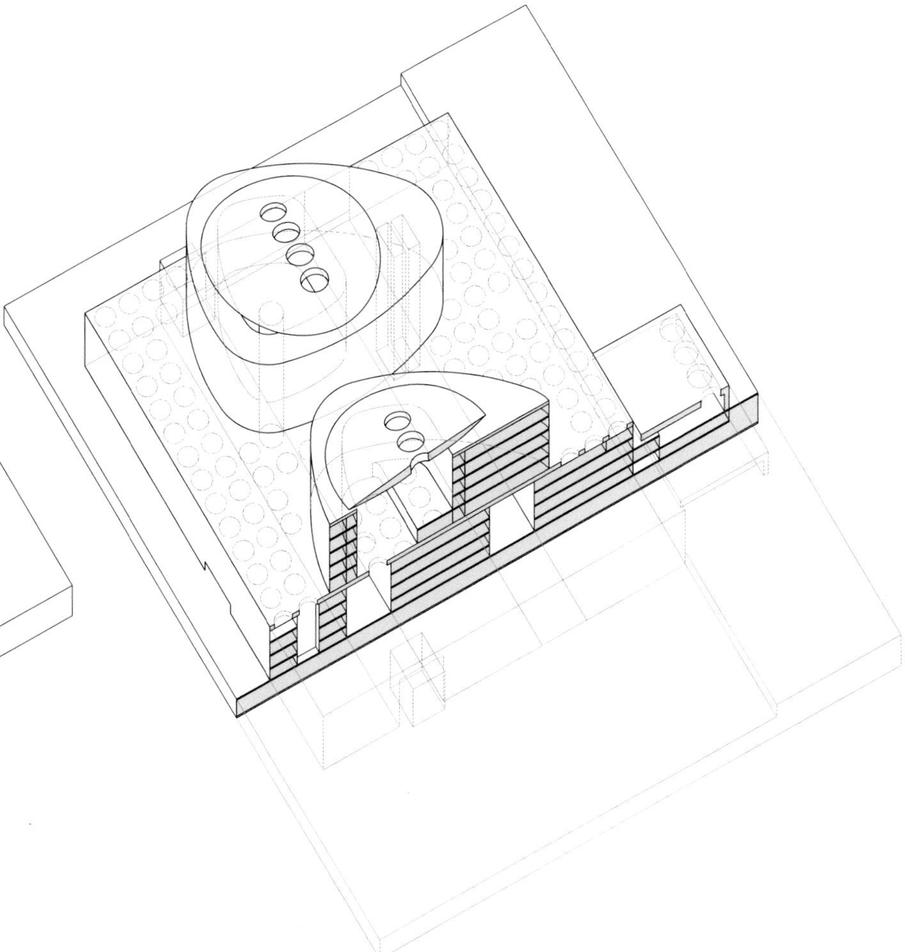

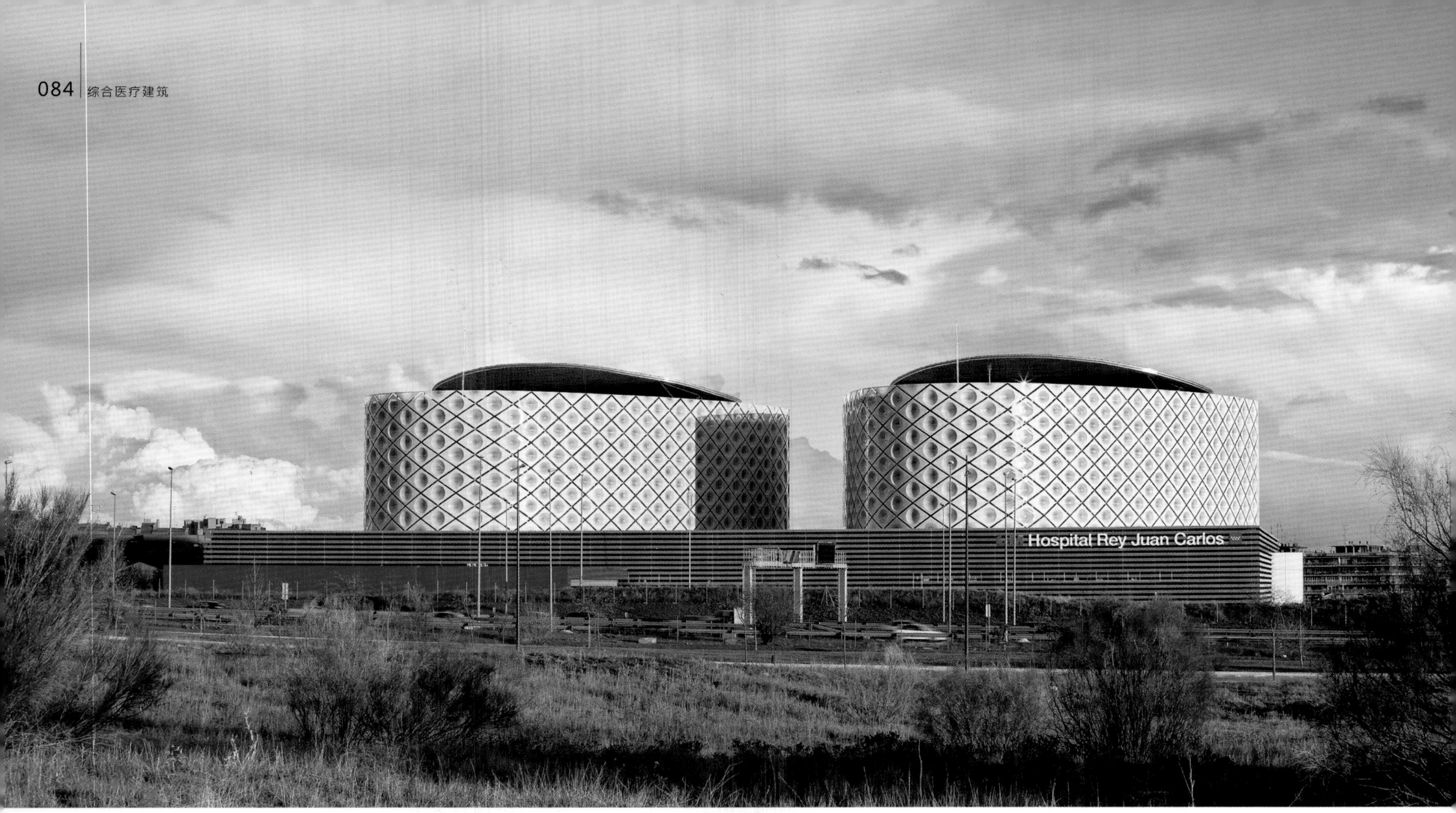
Hospital Rey Juan Carlos

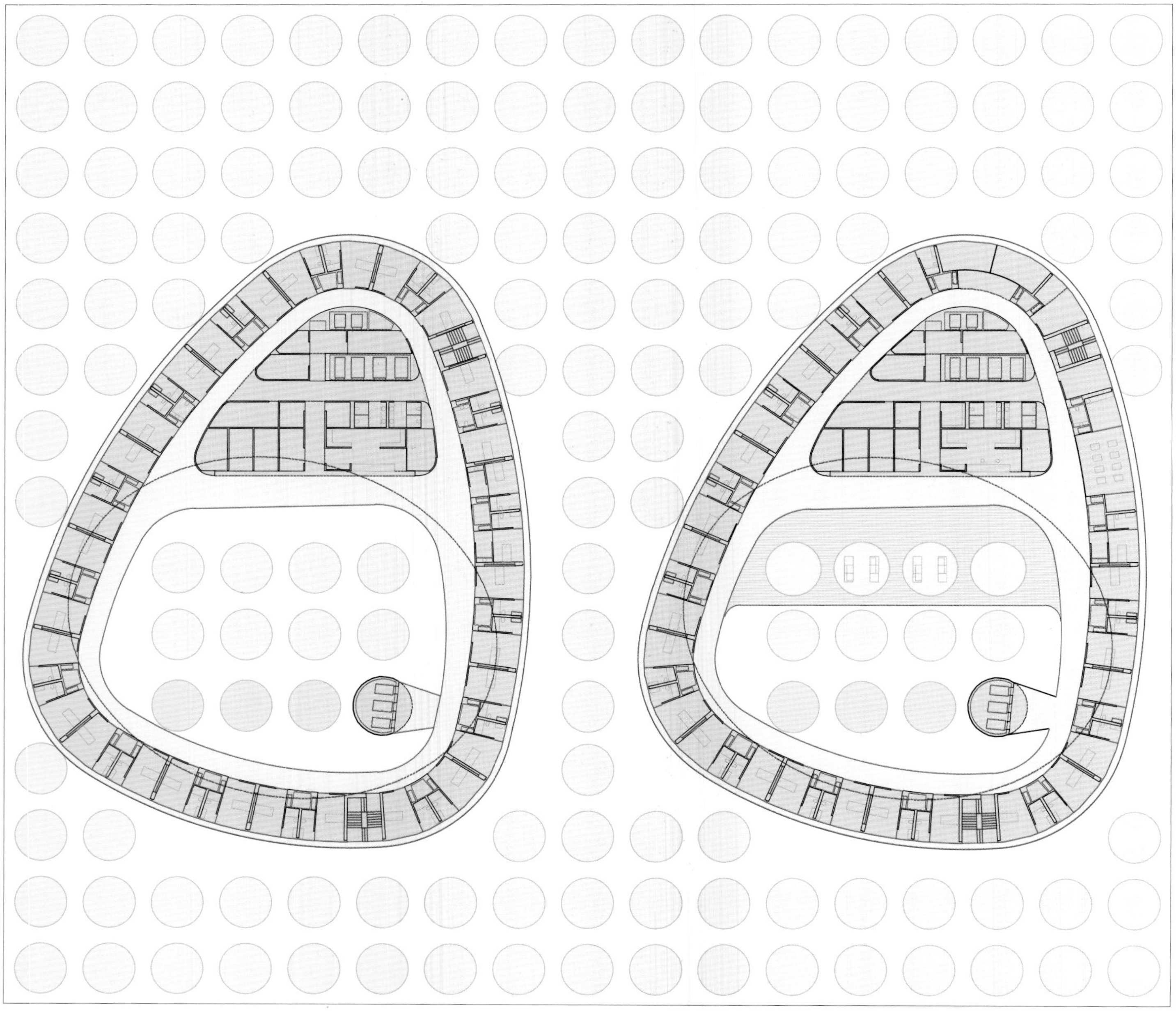

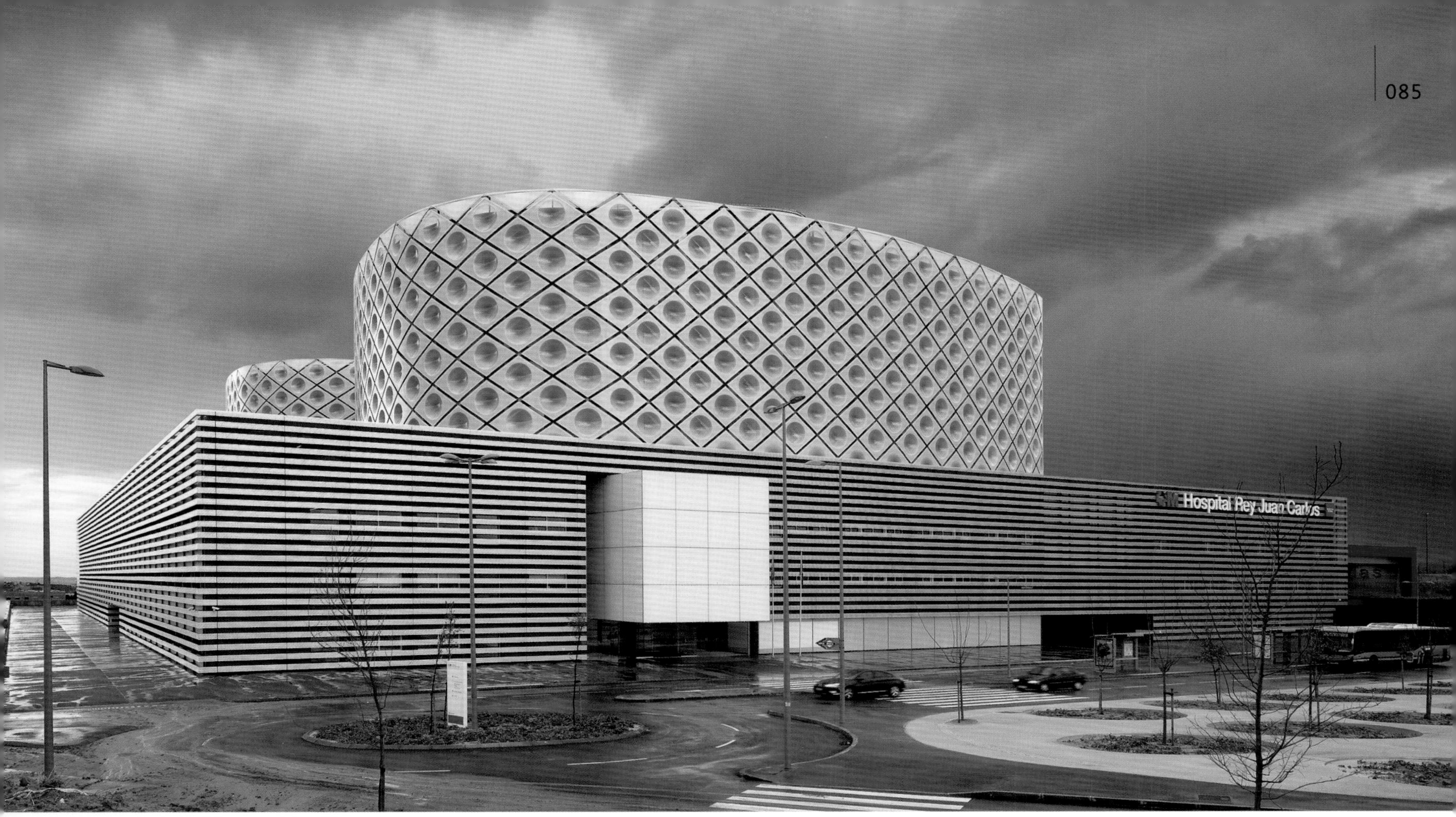
Hospital Rey Juan Carlos

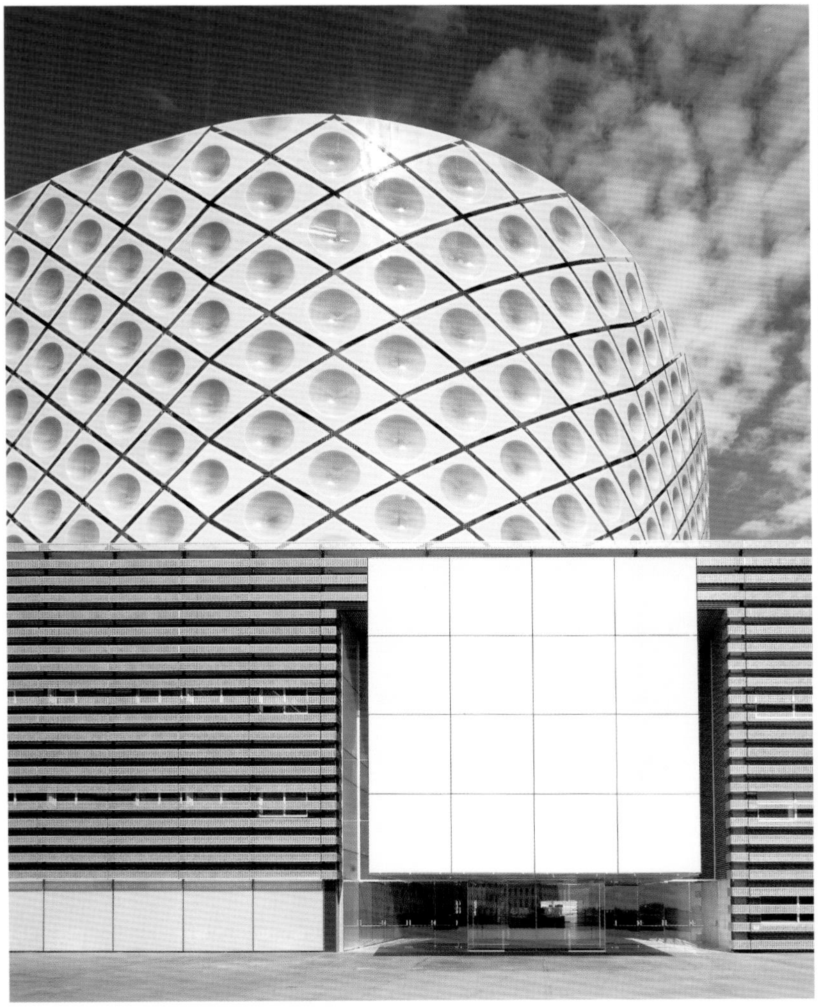

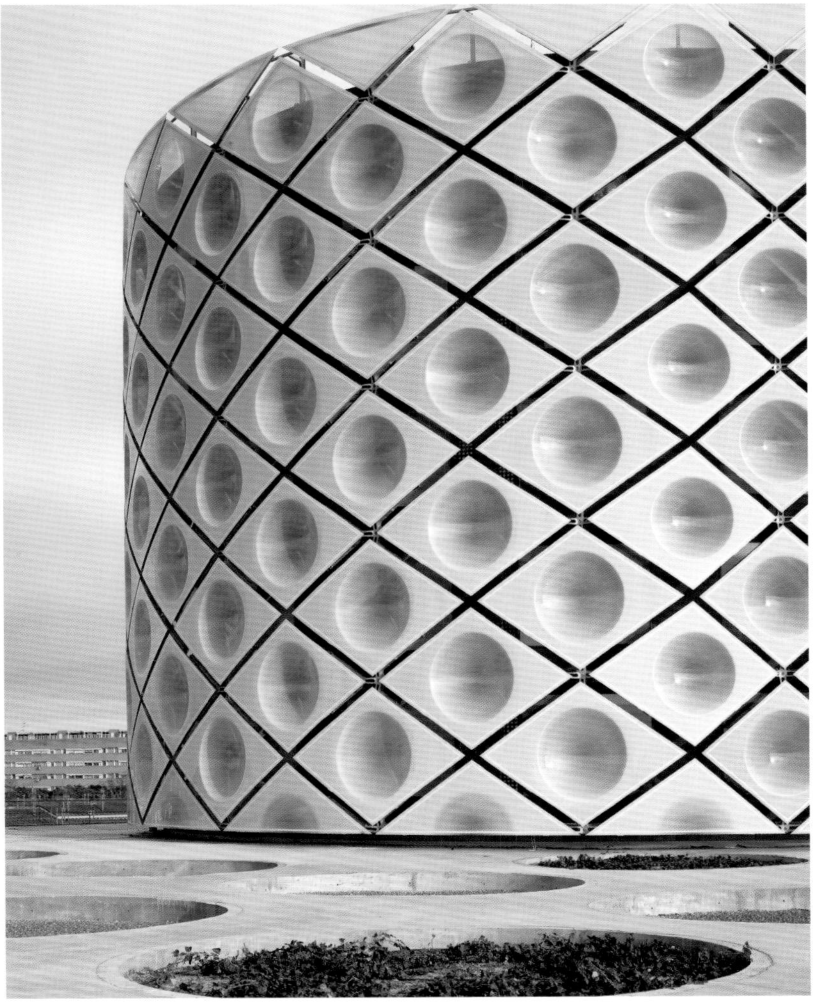

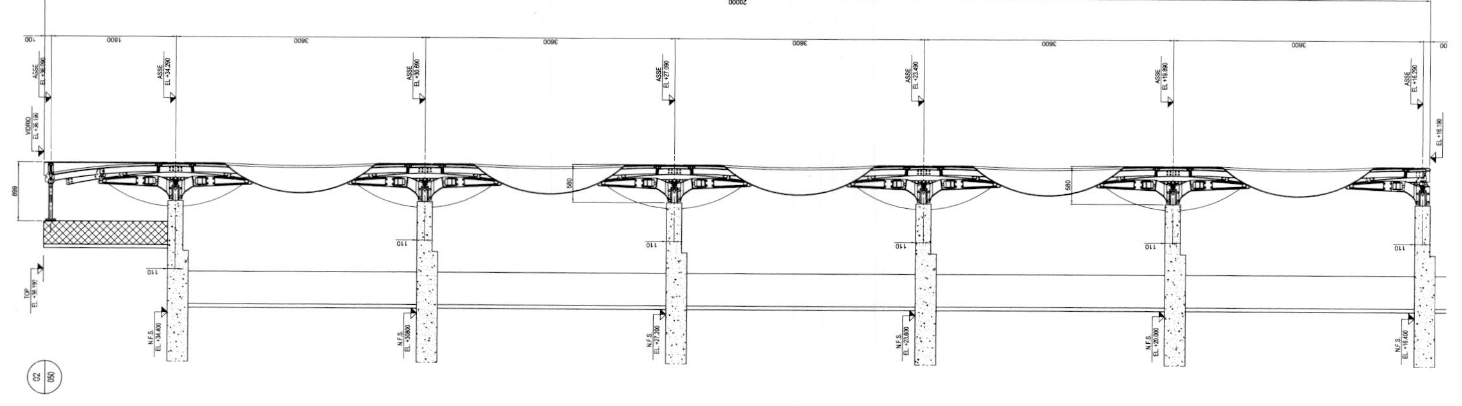

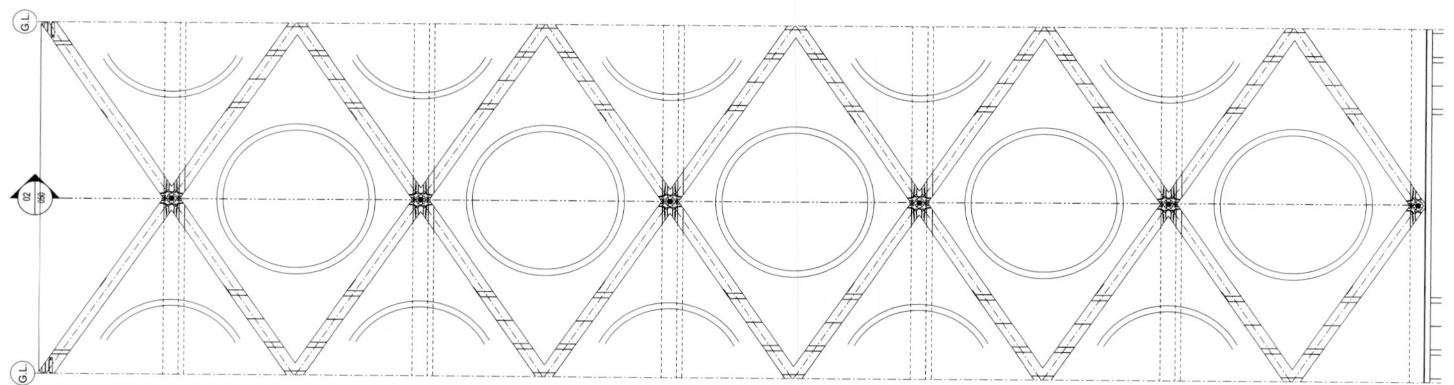

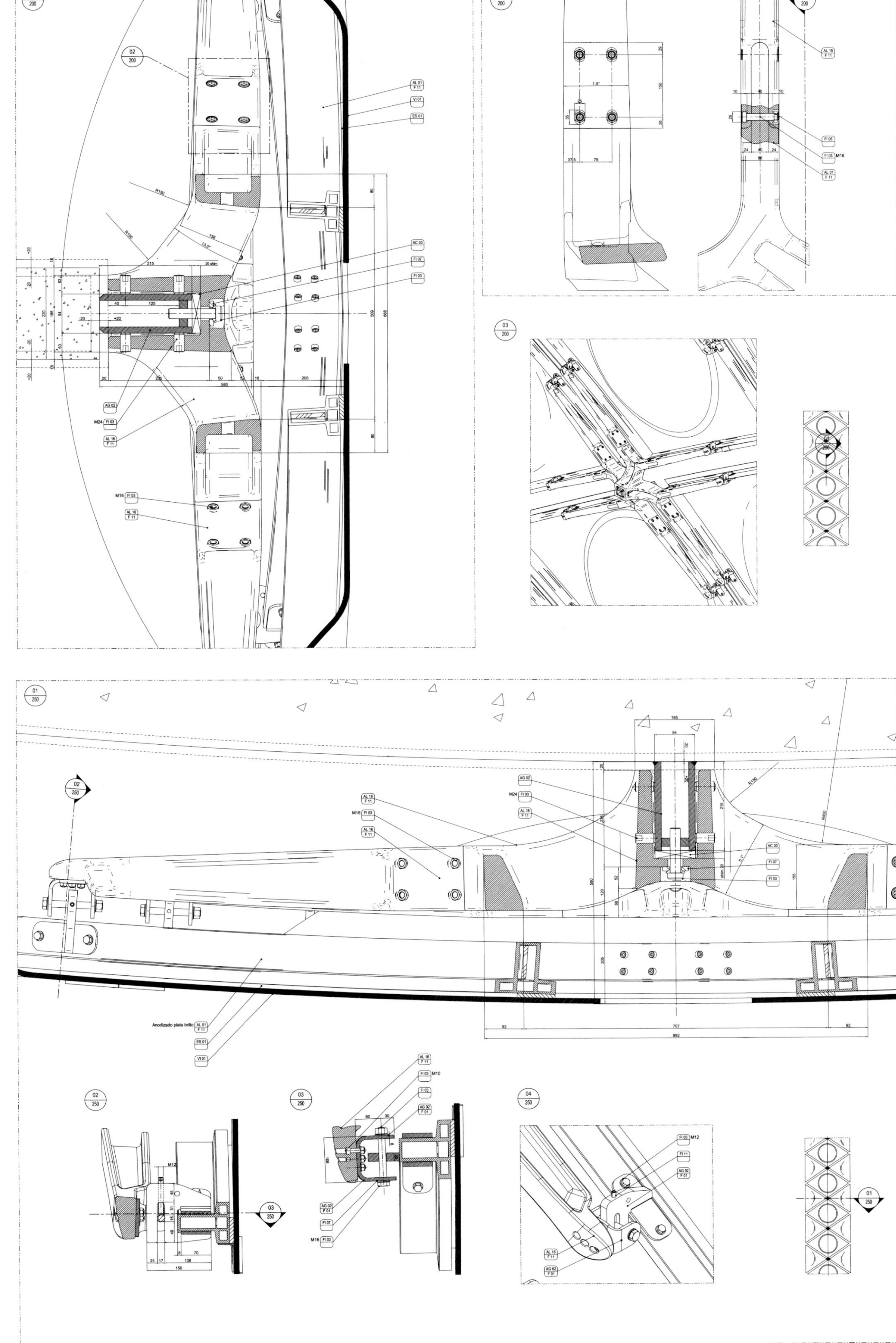

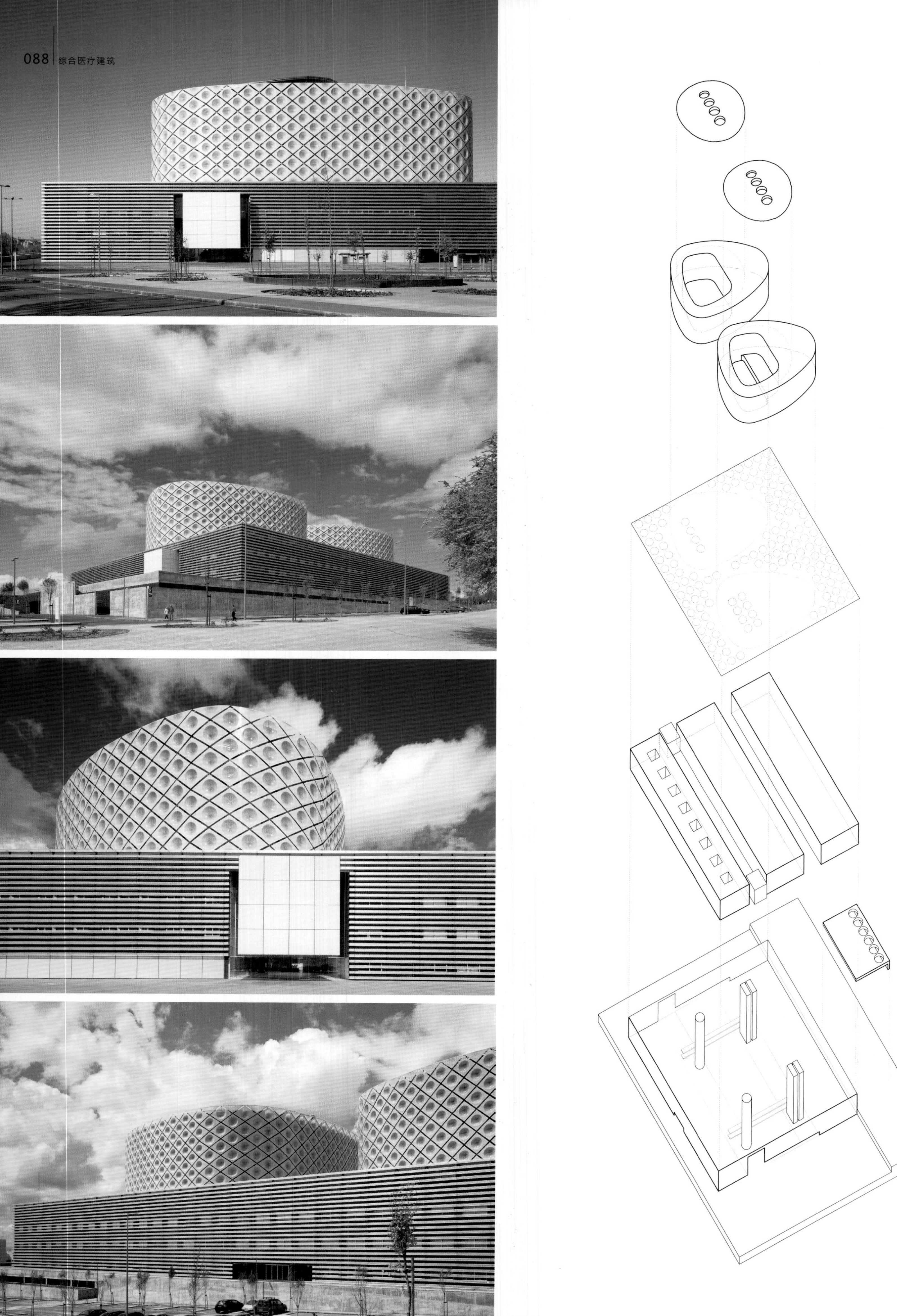

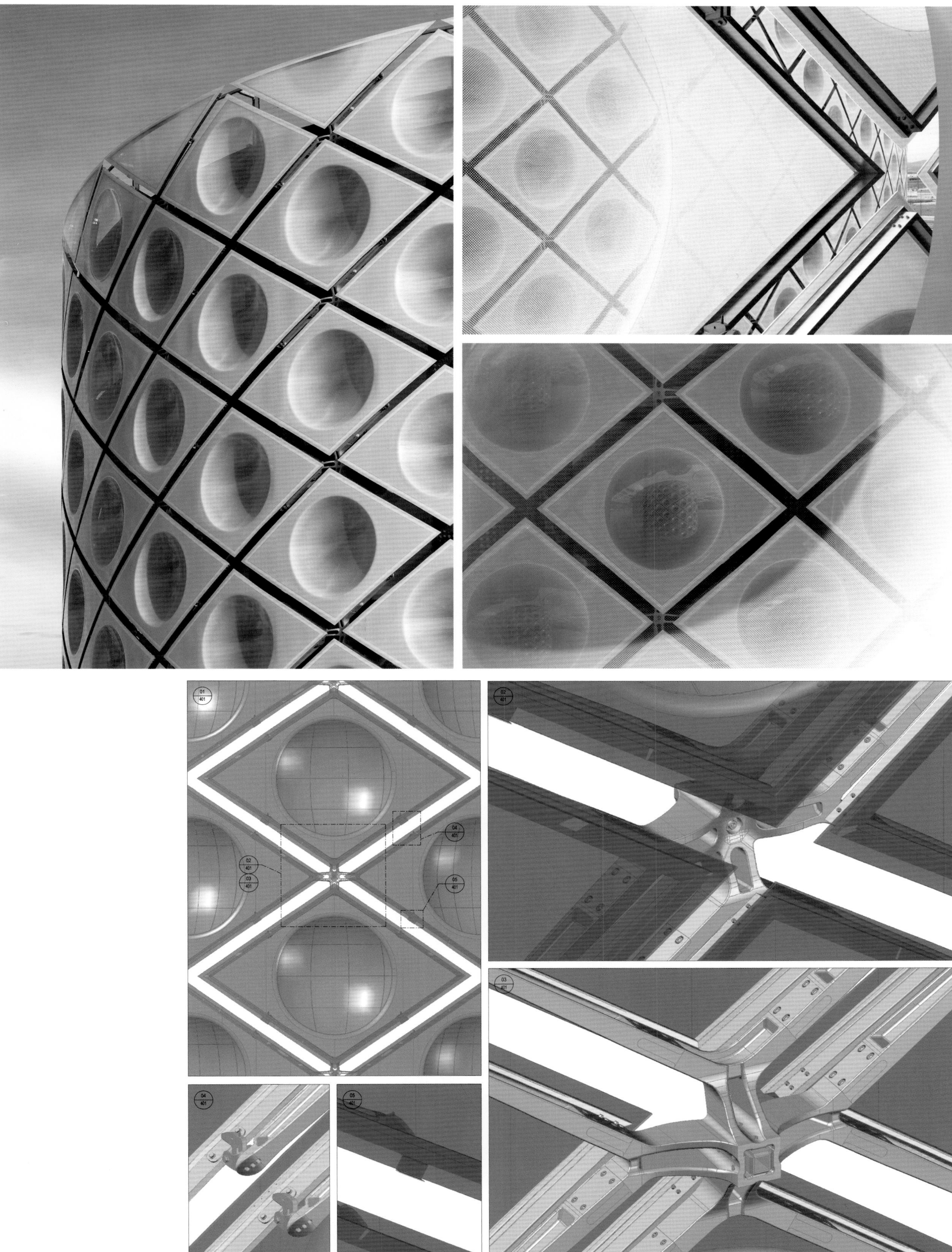
01
401
02
401
03
401
04
401
05
401

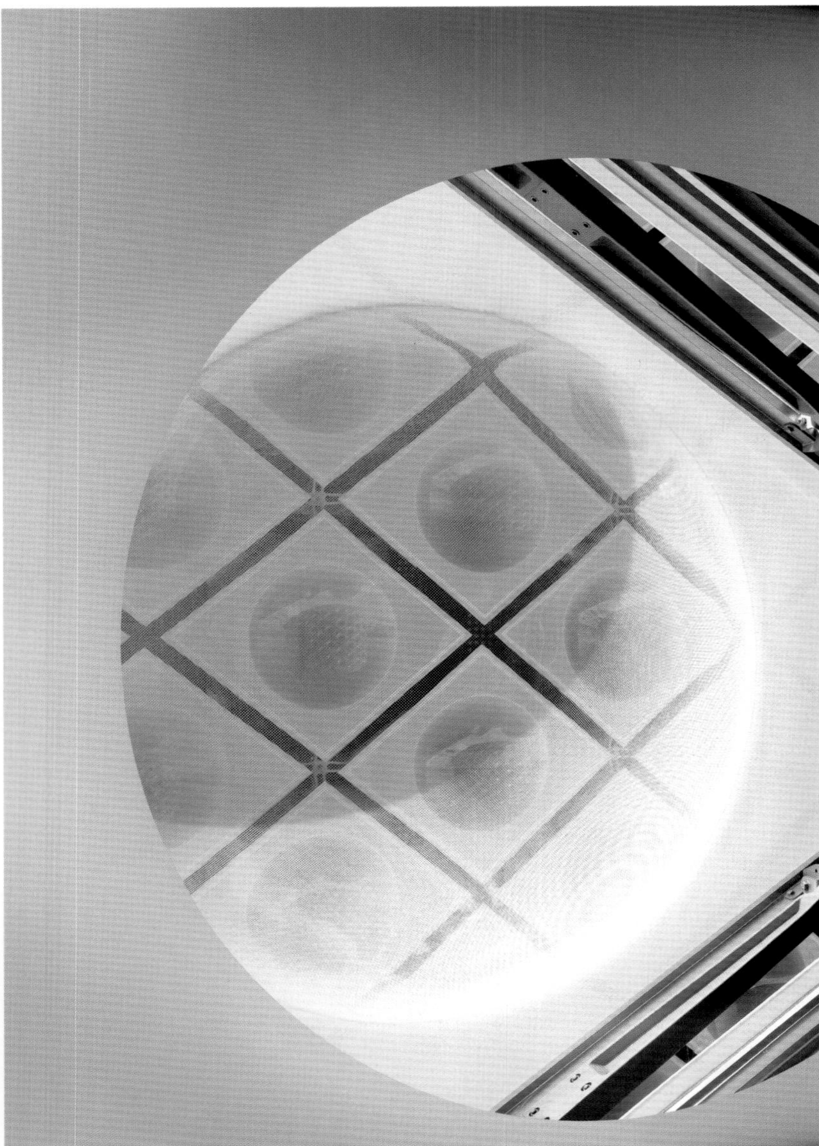

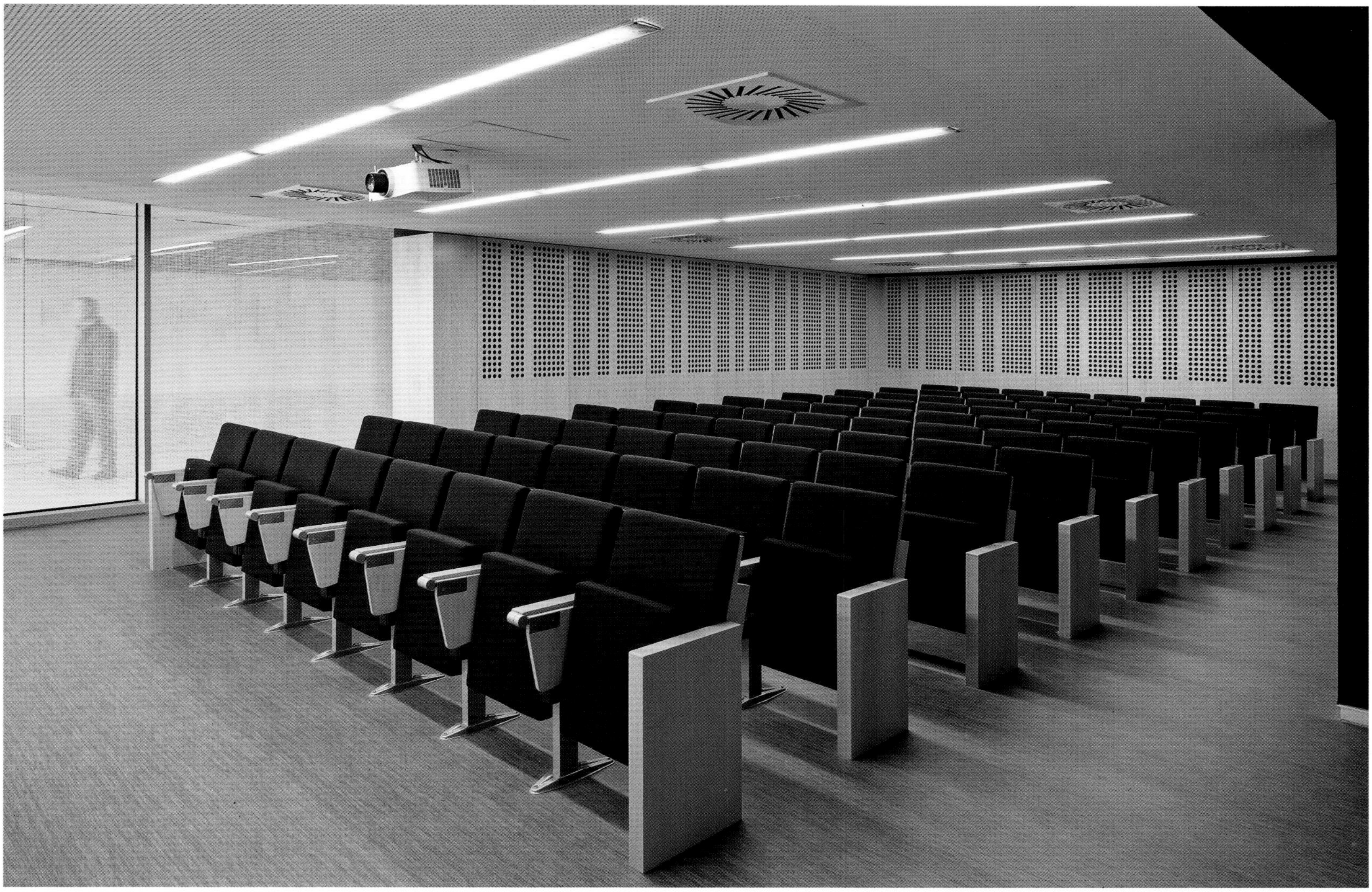

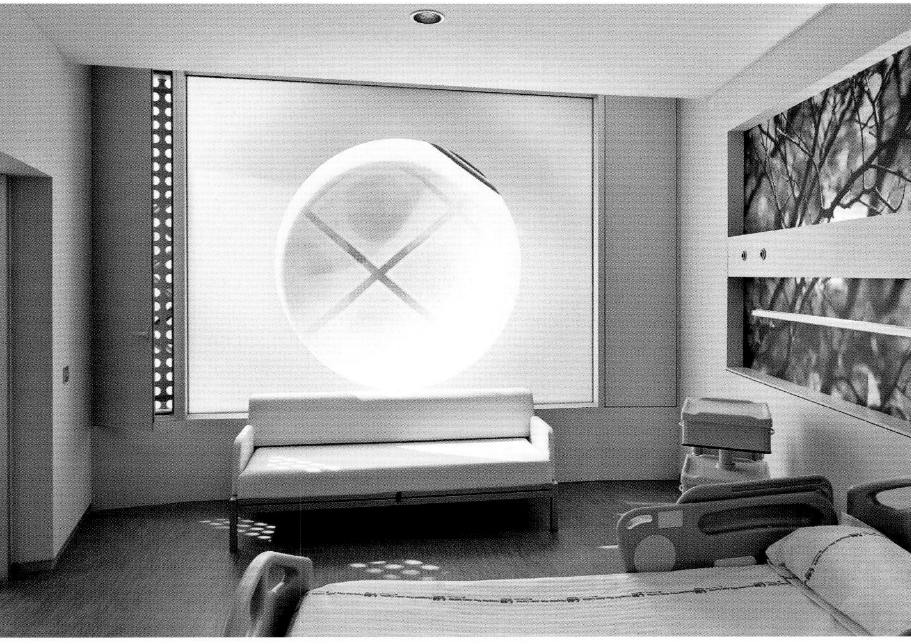

Specialist Medical Building

专 科 医 疗 建 筑

Professional
Advanced technology
people-oriented
Return to natural

专业化 先进技术 以人为本 回归自然

圣安娜中央医院的脑神经和心理疾病区和3号区

项目地点：法国巴黎
业主：圣安娜中央医院
建筑设计：法国 AS 建筑工作室
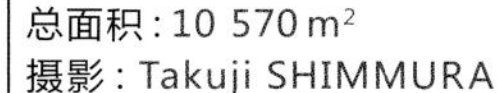
总面积：10 570 m²
摄影：Takuji SHIMMURA

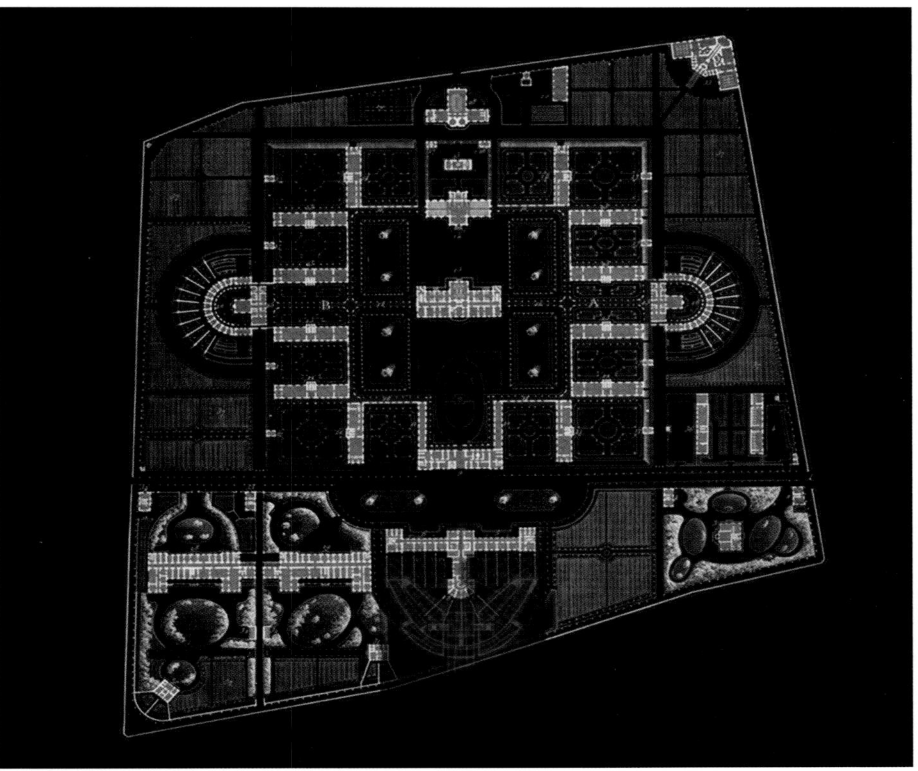

这个由脑神经和心理疾病医院与 3 号区组成的医疗建筑，是圣安娜中央医院总体设计规划的首期工程。医院的整体设计和规划充分体现了新一代医院的设计特色，并且考虑到其今后可持续发展的功能。坐落于 Charles-Auguste Questel 众多建筑群的主要延伸段，建筑物本身成为圣安娜历史遗迹中心和当地之间联结的桥梁，身处于人文景观和历史遗迹的交会处，是圣安娜与新城之间的纽带。

无论其主建筑楼还是附属的接待楼和康复治疗中心皆按以人为本的宗旨设计，有助于患者的康复、治疗并方便访问者。根据独特的设计，各服务处按照功能的不同被布置于医院各处，以达到分流的效果。其中有数个单间甚至可以享受到自然阳光和光线的照明。

整个建筑是由一个大型中厅和两个侧厅构成，这促使建筑在夜晚和日间有明显的光照区别，而中厅则是日常生活区包括食堂和图书馆。住宅区则位于两侧翼，这样的设计远离人流的聚集，为患者保留一份宁静和安详。

圣玛格利特医院

坐落于自然斜坡上的全新神经专科医学院附属医院环境优美，为住院患者、医护人员和众多参观者提供了一个宁静致远、回归自然的高质量医疗场所。

在整个建筑的设计方案中反复强调建筑的内外部与外界自然风貌的联系，因此无论位于医院的哪个角落，都能享受室外的自然景色。除此之外，利用屋顶花园、陶土和结合传统涂料的外立面这些无季节性和原始建筑材料的使用，使得医院本身与周围的环境和谐统一。

医院入口处经过精心的设计，合理地分散了人流，传统医院人流拥挤的场面将不复存在。计划中的普通门诊处虽然远离住院部，但处于医院设计方案的中心位置。这样就创造出一个简单、快速和积极有效的医疗空间。

项目始终贯彻以人为本的建筑设计思想，设计者提供多种康复服务场所帮助患者重新投入日常工作和生活。为了更好地体现人性化的设计宗旨，公共休息处将对外开放。同时以简易的自然分段为特点而设计的医院路线，为患者带来更加舒适的医务护理空间。

项目地点：法国马赛
业主：马赛国立医院
建筑设计：法国 AS 建筑工作室
建筑面积：13 000 m²
摄影：Anna Puig Rosado

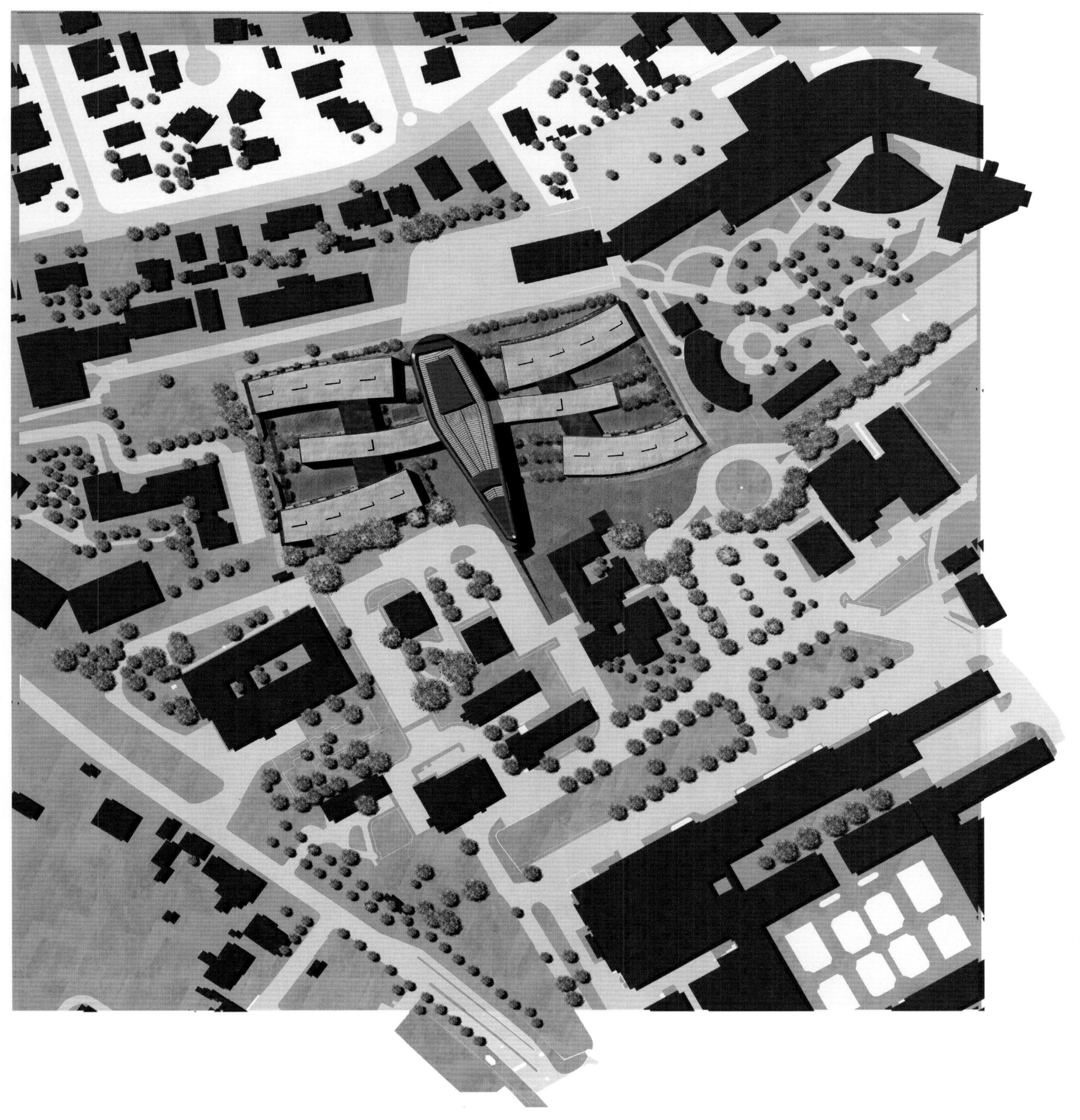

PLAN DU RDJ

Legende
Partie du plafond chambre lazuree 200×200 ref perl
Mur de la chambre peinture de type la seign eurie couleur elanche finitich satine tendue
Plafond sdd peinture acrylique blanche mat de type laseicmeure (cctp)

Rappel:
Les plinthes doivent etre prepeintes en blanc et posees imperatmbent apresles sols souples
Abpect de finition satine ref blanc9003

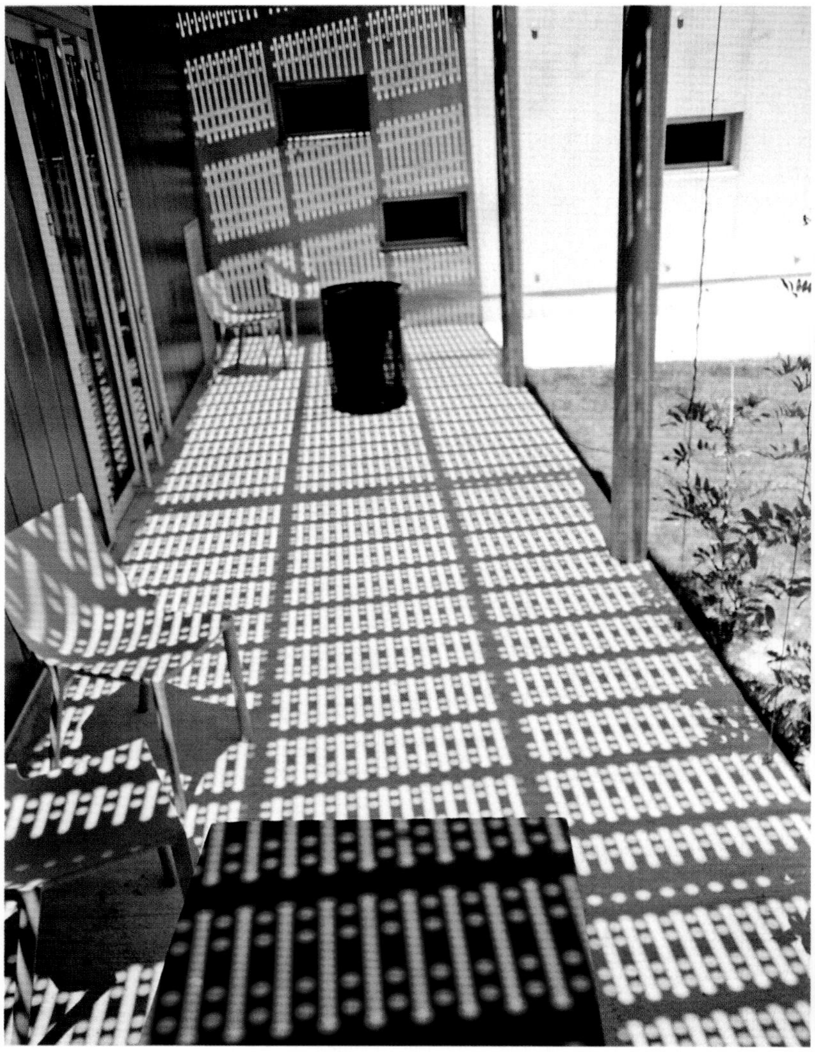

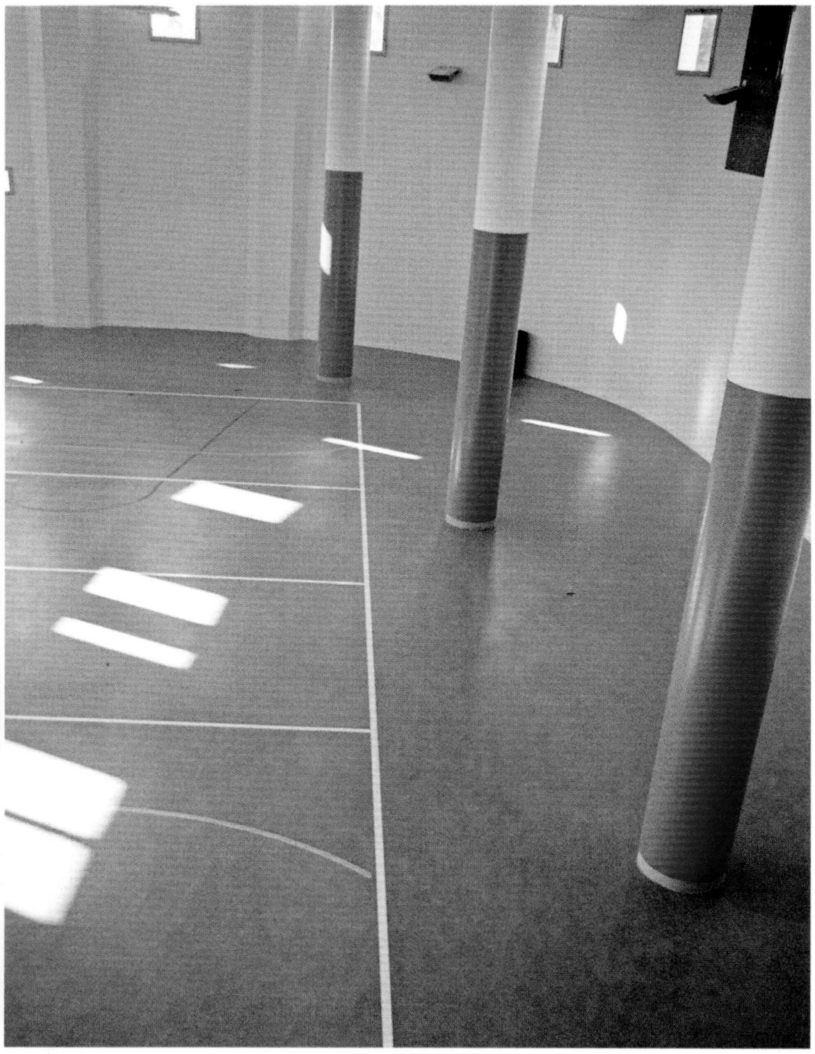

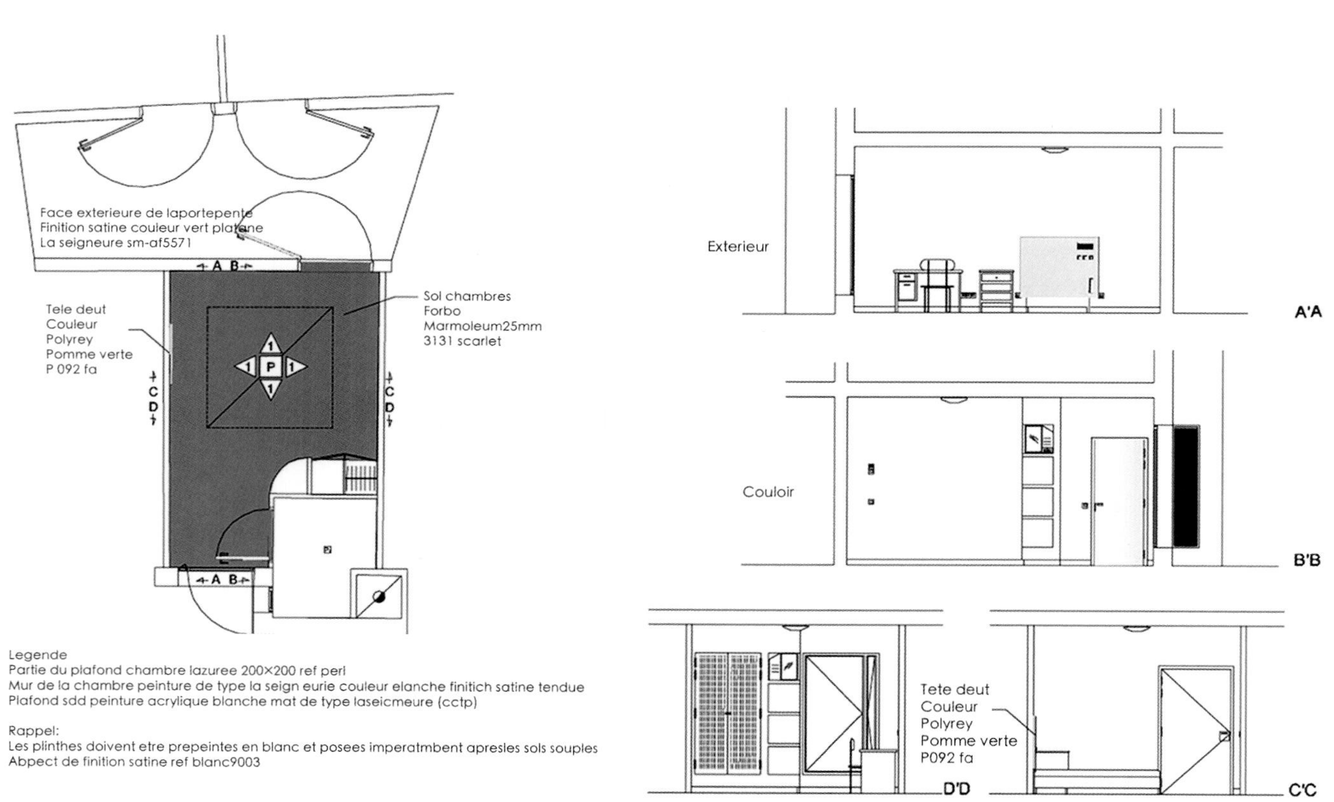

Detail chambre banalisee sol 2

Plan detail couleur chambres

阿哈斯精神病医院

项目地点：法国阿尔萨斯
业主：阿哈斯医院
建筑设计：法国 AS 建筑工作室
建筑面积：7 400 m^2
摄影：Patrick Tourneboeuf

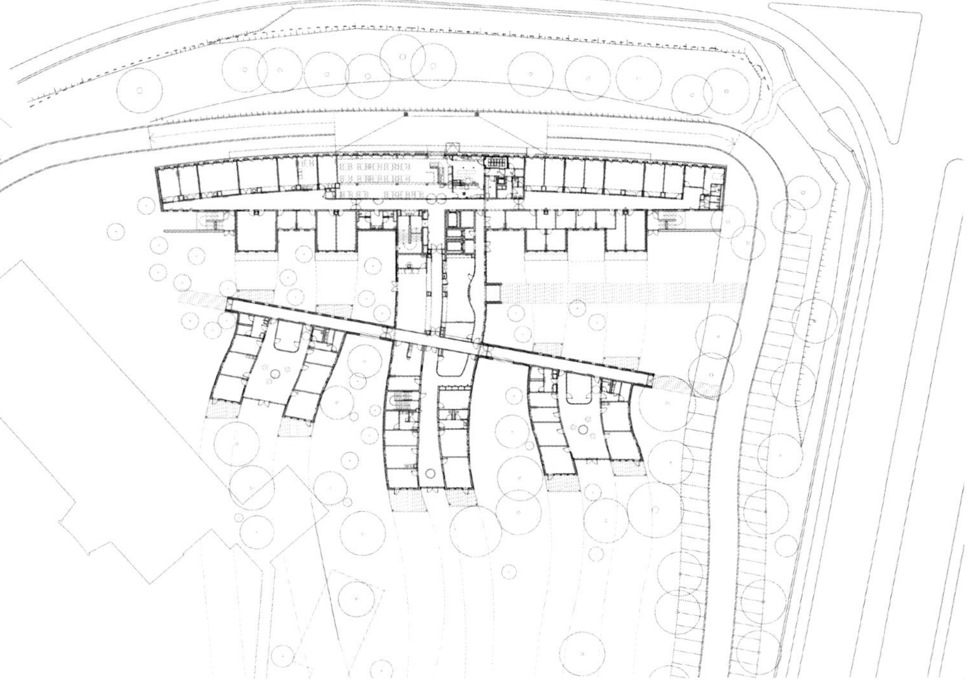

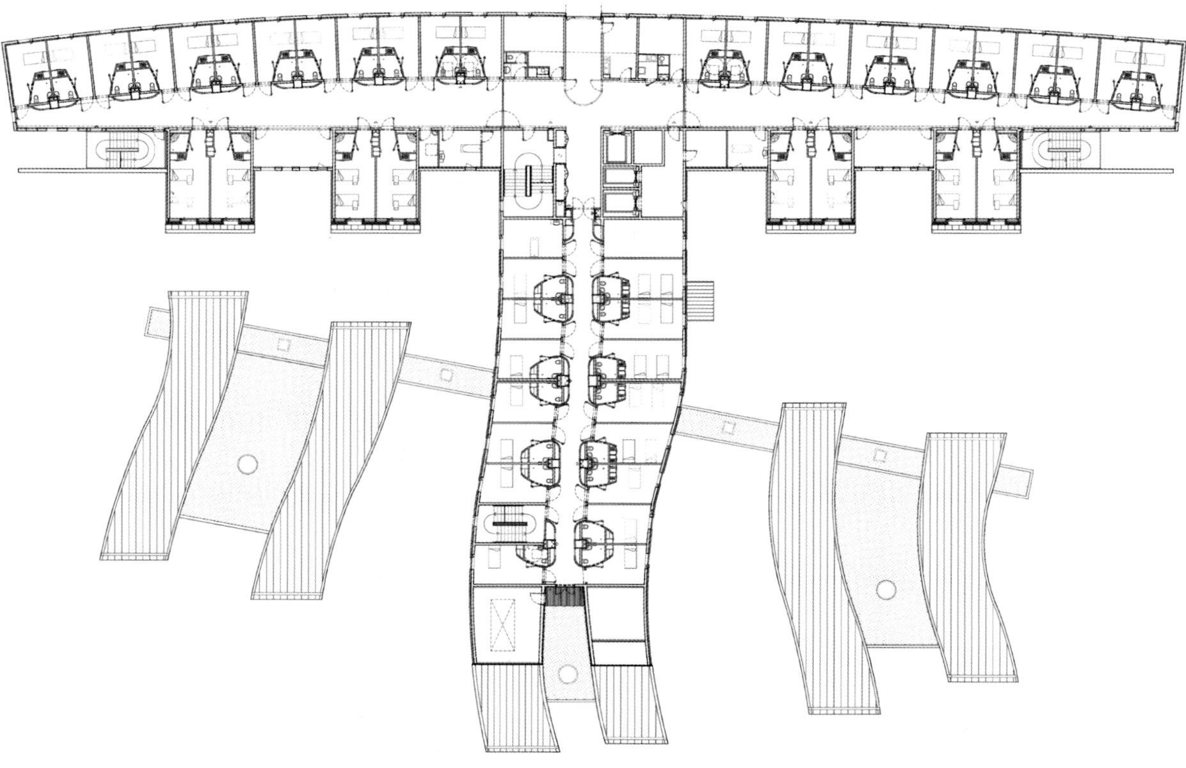

项目的建筑风格致力于改变人们对精神病院的固有印象及使其融入周围城市的环境中。其设计构思正体现了该医院治疗体系的特殊之处：它把所有治疗中心分为两大整体，即昼夜系统。其目的在于让病人重新学习自然界的昼夜规律，获得对生活、社会及时间的概念。夜晚系统一边，所有房屋都分布在一个弯曲型的保护屏障后面。白天系统这一边，房屋透明与周围环境相融合，一些小的风景花园穿插其间，并与医院的公园相连。建筑整体体现了现代医学在这一领域的发展趋向。

新医院为患者提供了焕然一新的疗养环境。整个建筑物的不同部分都有花园贯穿其中，并沉浸在明亮的阳光下。随着其灵活的几何结构，Aloïse Corbaz 诊所呈现出一种多样性和协调性相统一的建筑风格。沿街的立面顺势呈规律的弧形，内部波浪形的弧线与自然景观相交融。使用这样的几何结构，不但是出于地势考虑，也是出于医院的功能需要。这些弧形的楼群既相映成趣又各有不同，有助于不同功能区的分辨。

从以前对待病人的封闭和监督到现在的开放和保护，今天的精神病院正逐渐变为一个转折过渡的区域。建筑物也从视觉上体现了这一现代精神病院的新形象。医院外部向周围敞开，建筑内部、中庭、走廊、公共空间等为病人提供了交流活动的场所。

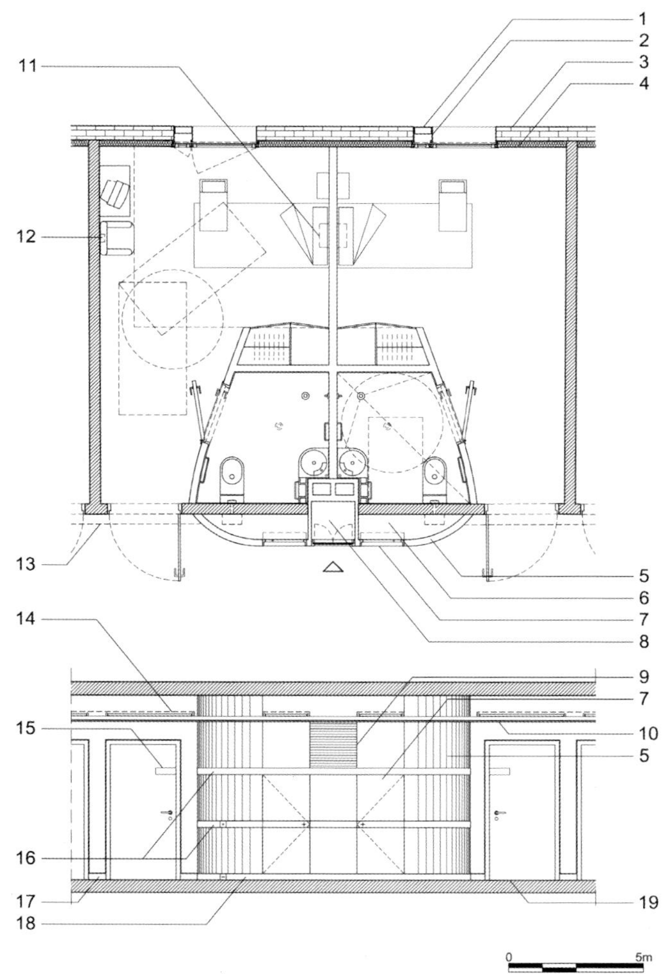

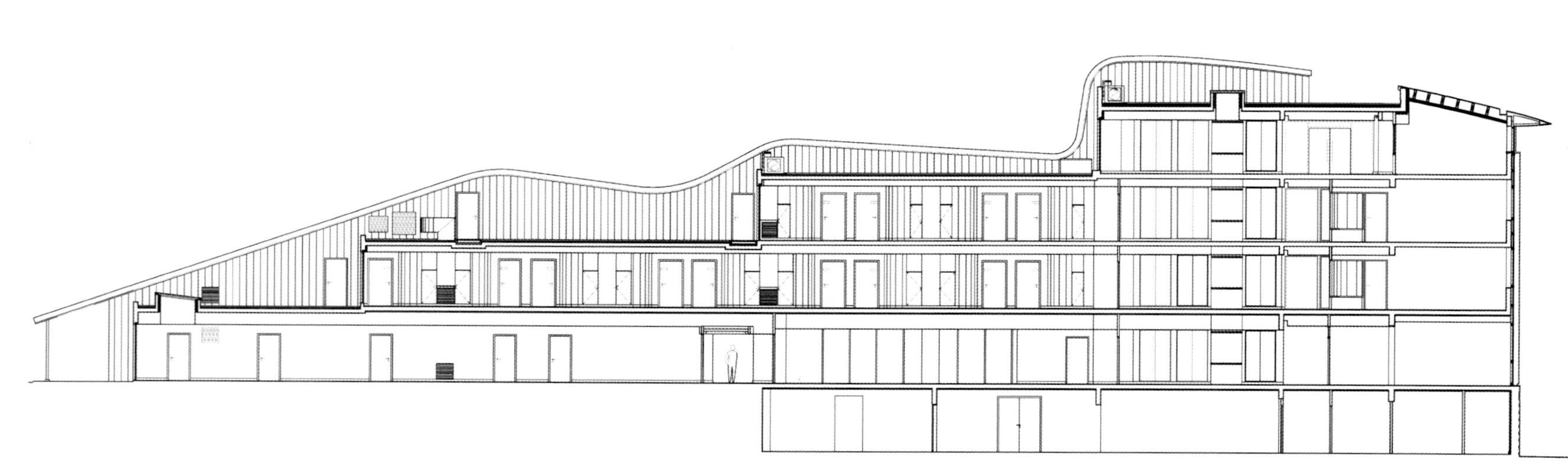

罗德兹圣玛丽诊疗所

项目地点：法国罗德兹
建筑设计：法国 Lacombe/De Florinier 建筑师事务所
客户：Sainte-Marie 医院
摄影：Gilles TORDJEMAN、Claude FOULQUIER

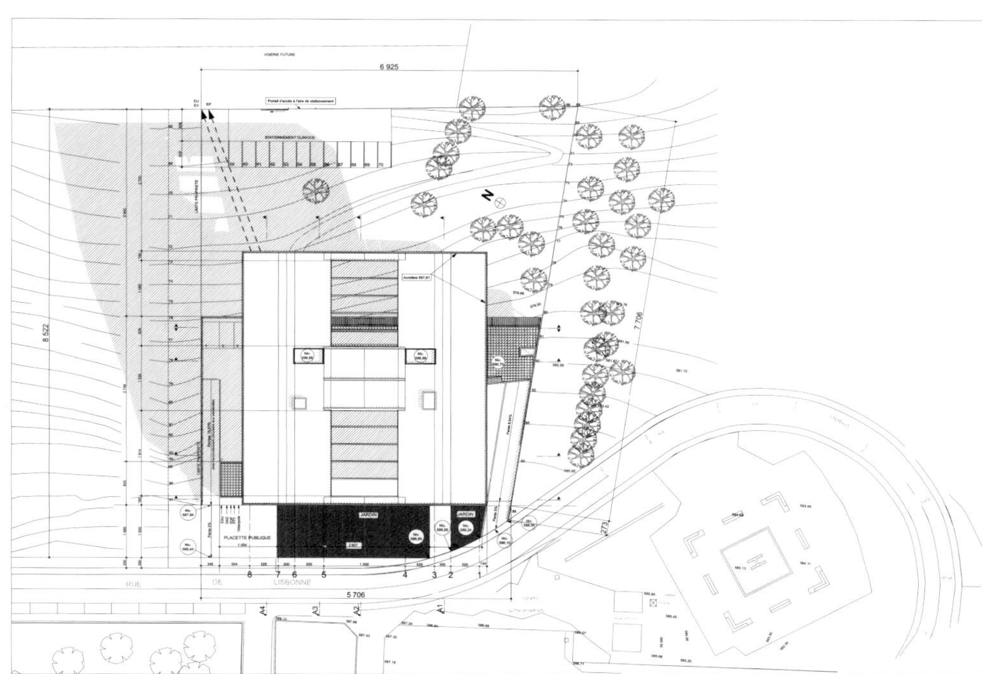

该项目位于法国的西南部阿韦龙省的省会城市——罗德兹。最初，小镇建在陡峭的岩顶上，现在已通过高架桥蔓延到了临近的丘陵。

该项目建在一个陡峭朝北的地块，包括一个有 40 间卧室的精神病诊所，一个医学心理中心和一个日间医院，它们共享一套辅助设施，总建筑面积 3 495 m^2。

顶端的通道层被扩展成一块大大的横板悬挂于地块之上，预留停车空间，也为主要建筑物提供了一个有力平台。

该方案的创意源自这样一个决定，即突出项目最主要的部分。最上面一层的 40 间卧室俯瞰树梢，从而给低层的医学心理中心、办公室和辅助设施释放出更多的规划空间。

阶梯式的体量与开放空间相互作用打造出一个欣然的非常规环境——它正是诊疗所需的建筑，也对治疗目的的达成有所裨益；其不同于城市常规的几何形状，让轻度抑郁患者面对略有不同的现实环境，帮助他们形成新的世界观。

项目无论从外观看还是从内部看，均与周边景观丰富对话。设计师还通过创建许多不同的视觉效果来感知外面的风景。

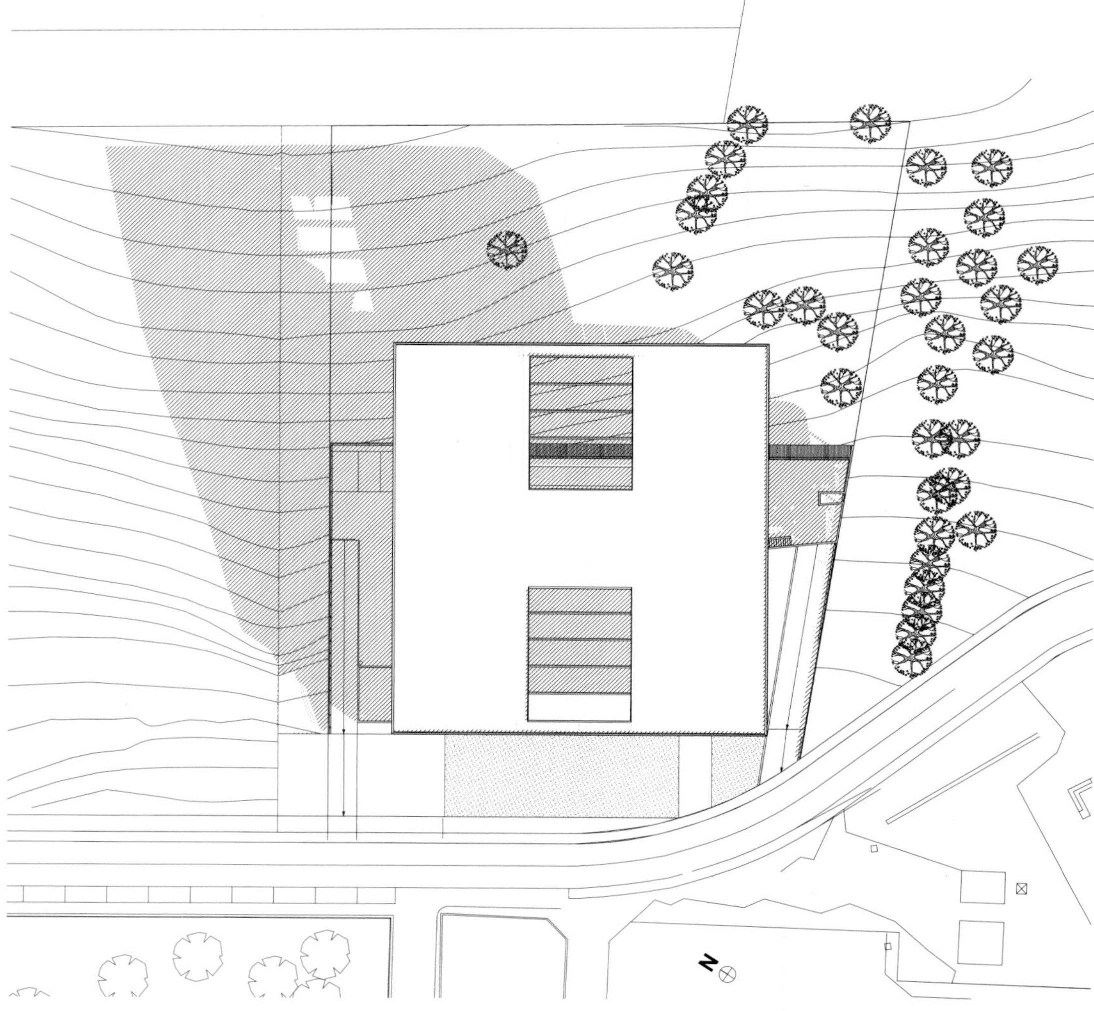
N

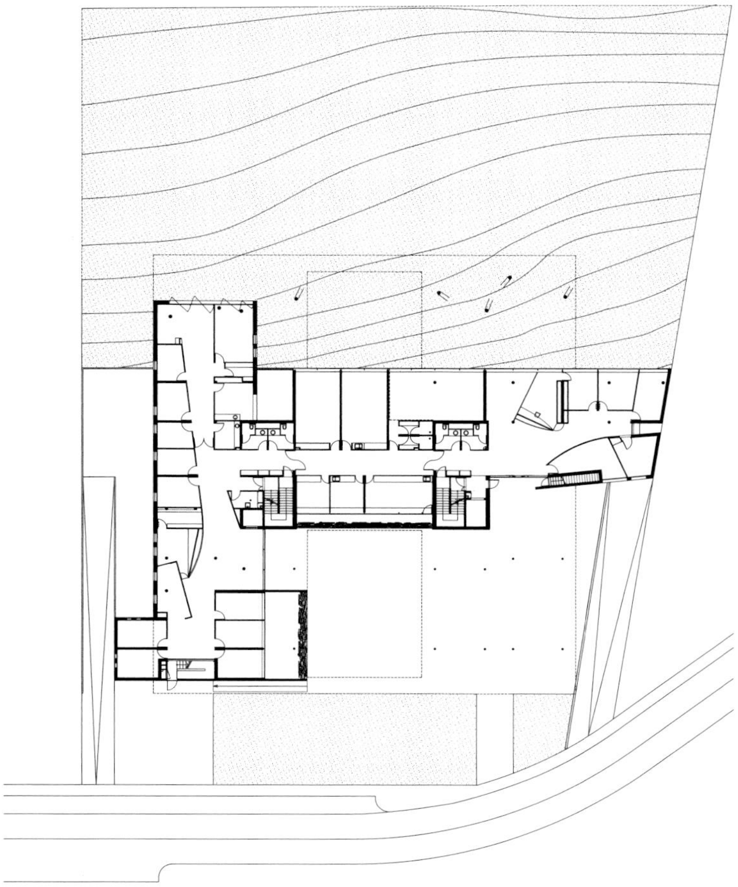

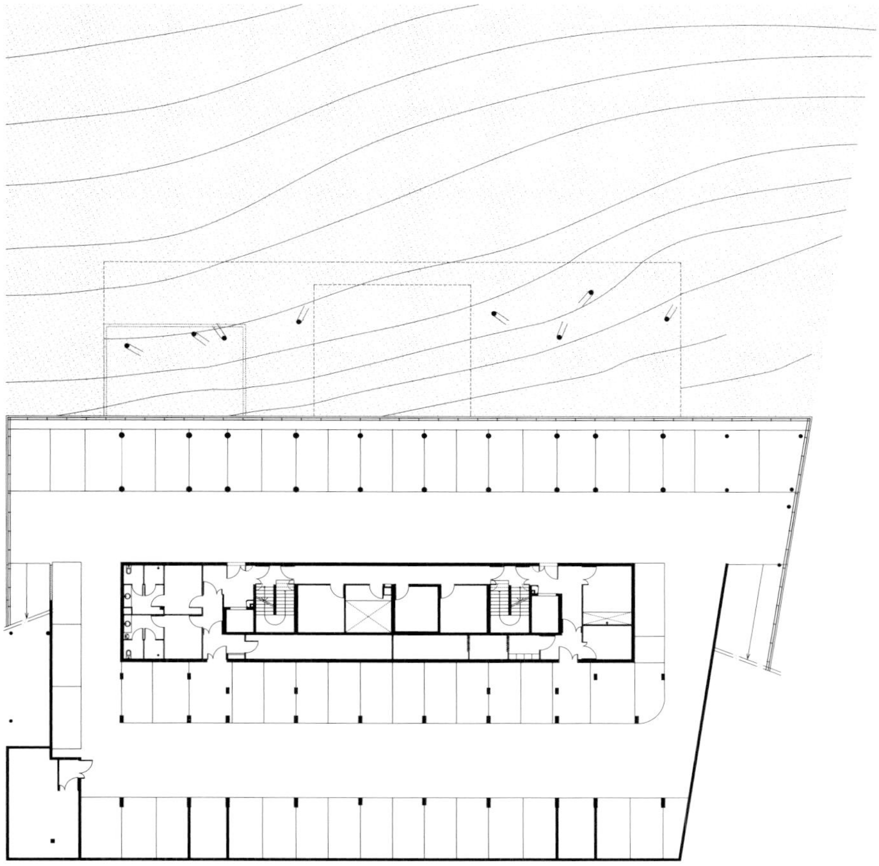

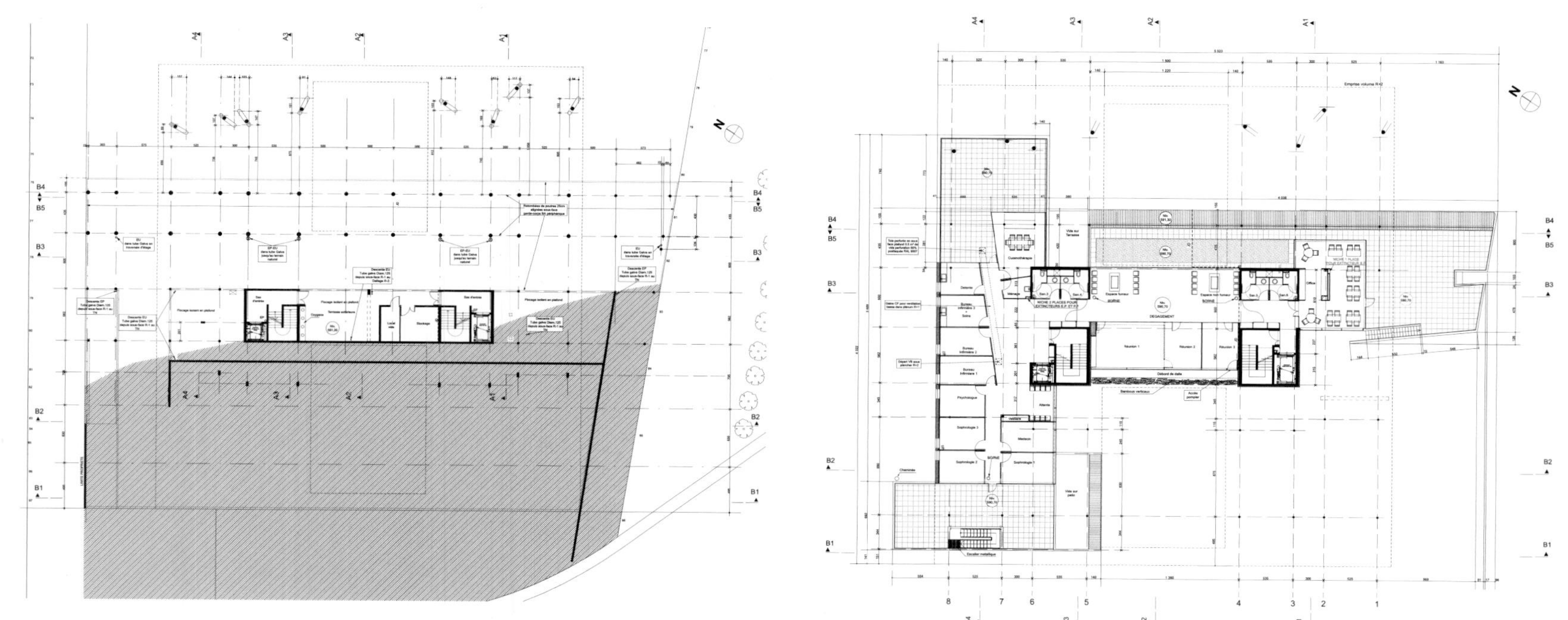

Coupe B1

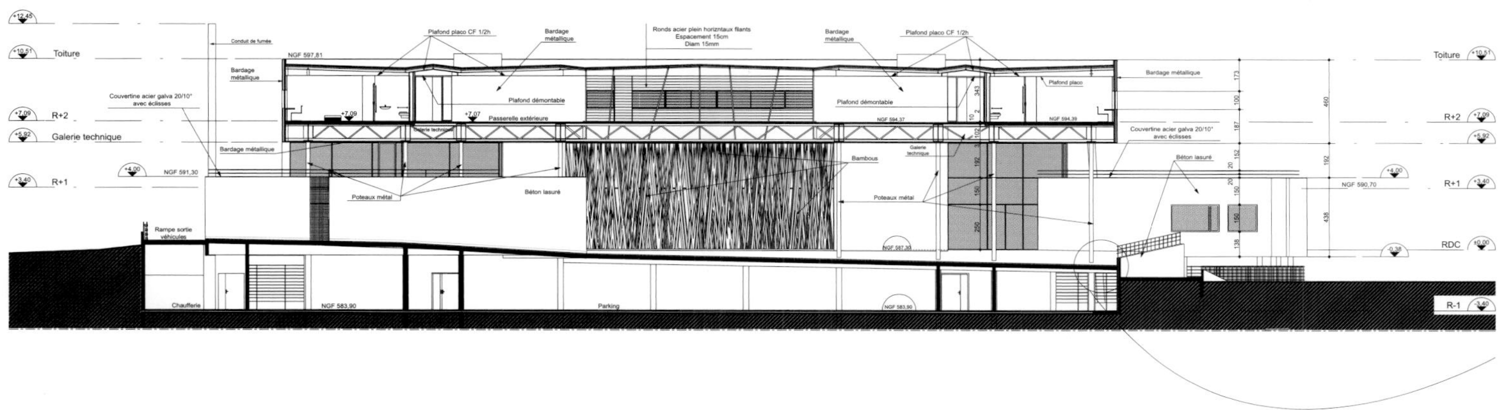

Coupe B2

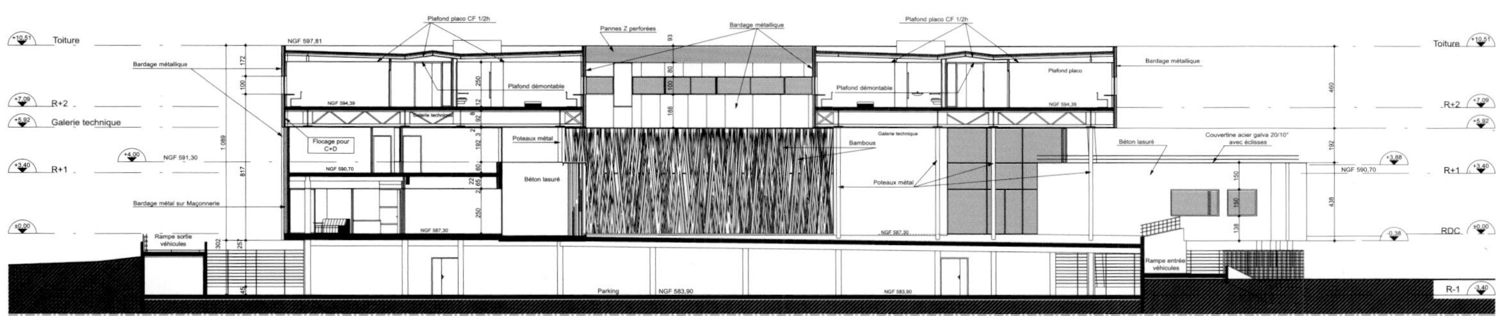

Coupe B4

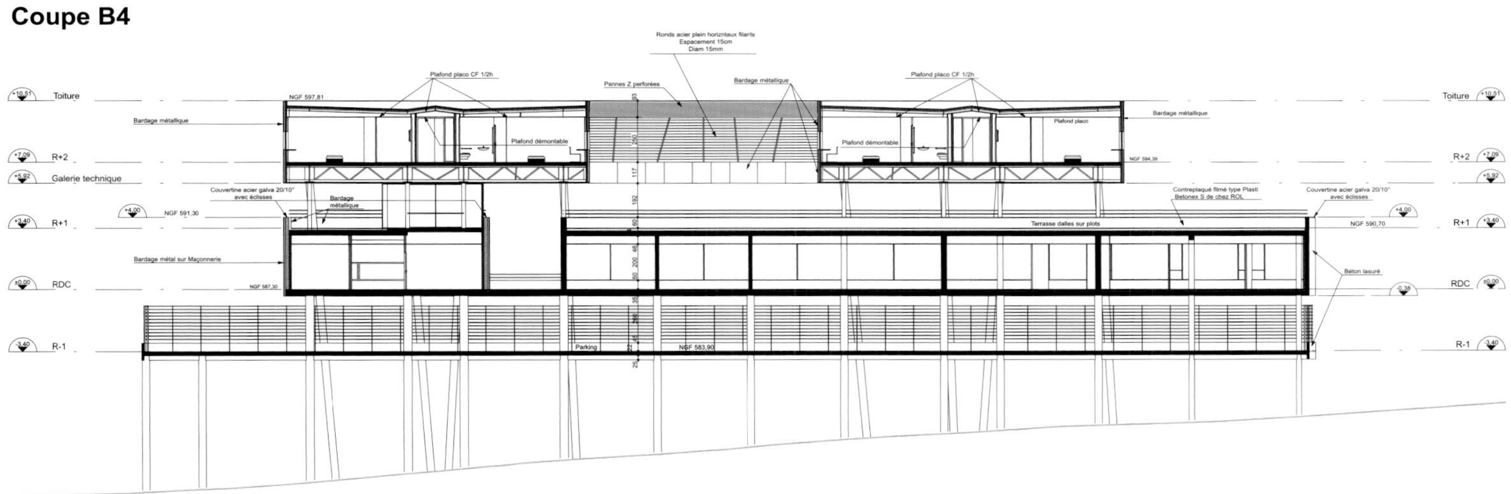

Coupe B5

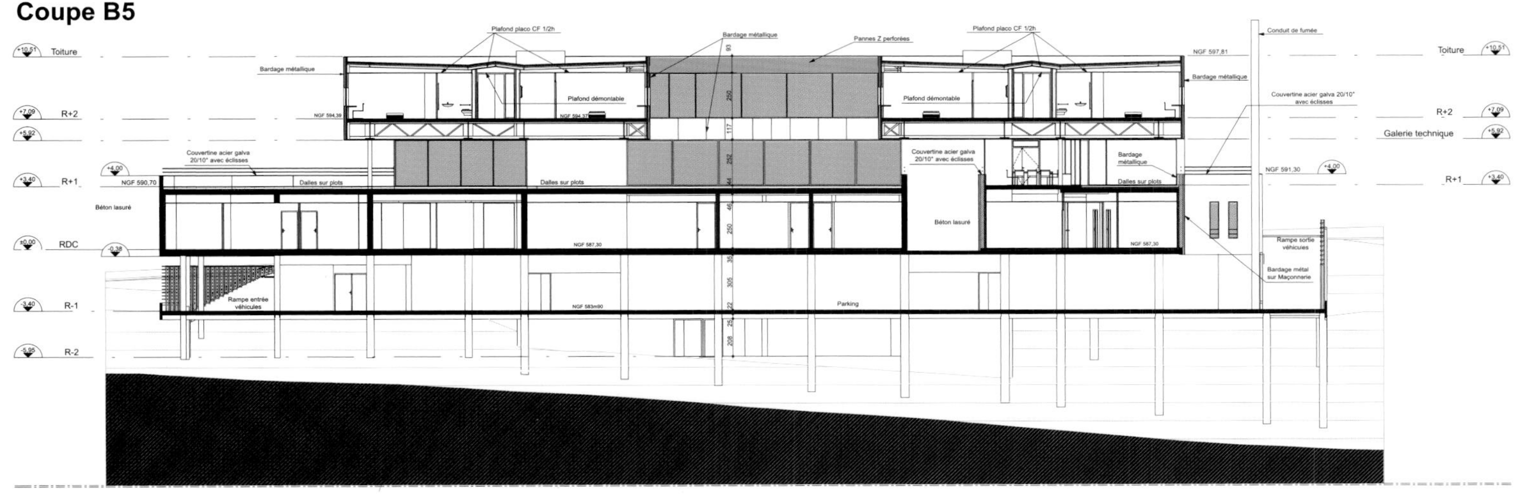

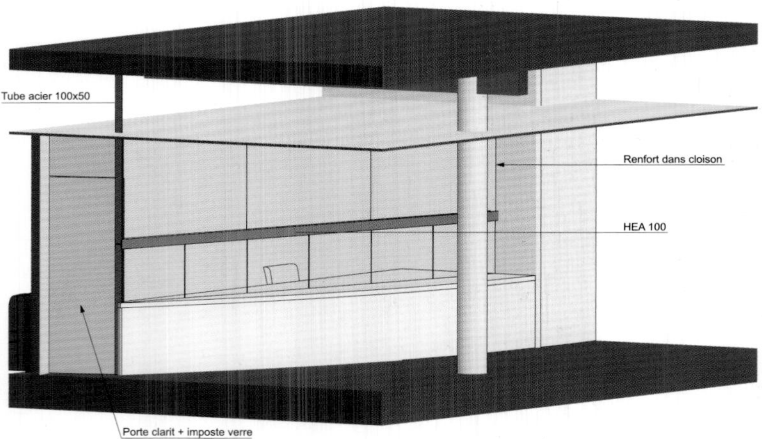

Axonométrie
Ech: 1/20°

CLINIQUE SAINTE MARIE BOURRAN
Détail Banque d'acceuil CMP
Date : 27/02/2006

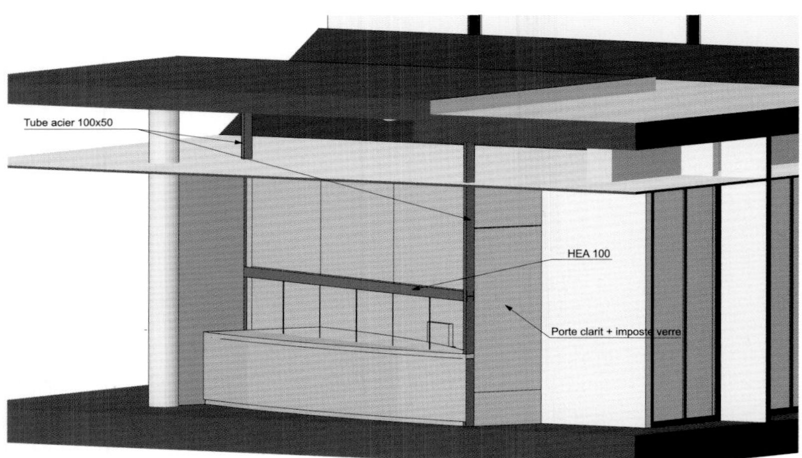

Axonométrie
Ech: 1/20°

CLINIQUE SAINTE MARIE BOURRAN
Détail Banque d'acceuil Clinique
Date : 27/02/2006

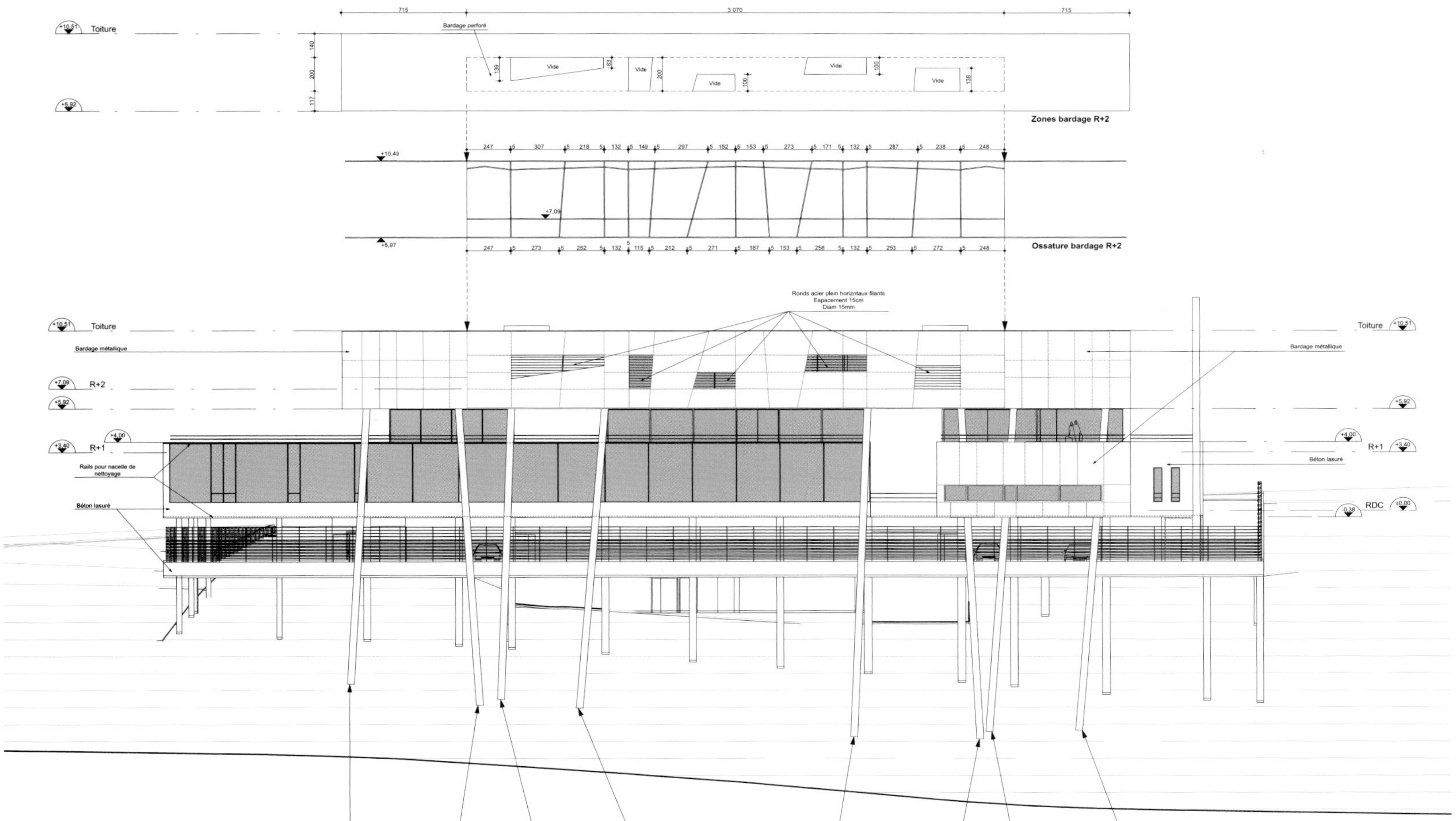

Toiture
Bardage perforé
Vide
Zones bardage R+2
Ossature bardage R+2
Ronds acier plein horizntaux filants
Espacement 15cm
Diam 15mm
Toiture
Bardage métallique
R+2
R+1
Rails pour nacelle de nettoyage
Béton lasuré
RDC

Poteau métal incliné NGF 577,18
Poteau métal incliné NGF 575,93
Poteau métal incliné NGF 576,27
Poteau métal incliné NGF 575,76
Poteau métal incliné NGF 574,06
Poteau métal incliné NGF 573,92
Poteau métal incliné NGF 574,36
Poteau métal incliné NGF 574,44

FACADE NORD-EST

台湾大学医学院附设医院儿童医疗大楼

这是一座天空之城，是希望的代表、想象力的凝聚。秉持“小儿非大人的缩影（miniature），也不是小型的大人（little man），宛如钻石般，其价值与潜力无可估量”的认知，历时二十余年擘画，台湾第一所由政府建立的儿童医院正式落成启用。

建筑造型由4个主要的色块体量组成。方形和带状开窗体量是建筑构成的主体，贴砖混凝土预铸板结合韵律的开窗，考虑了施工模矩的方便性。方型开窗体量是最高的体量，厚实的墙面强化了建筑垂直的厚重感，另一交错相嵌的体量则以不同的带状风格，增强了建筑水平向的趣味性。玻璃帷幕体量清楚地界定了东北角的重要端点，具节能效果的低反射玻璃面，在白天产生相对于主体量的虚实趣味，在夜晚则跃身成为一显著的大灯笼，宛如一座象征希望和方向的灯塔。

在颜色的选择上，内部设计色彩丰富，以反映出儿童纯真、活泼的特质为主，造型极富童趣。目的是让儿童产生对环境的亲切感，有助于在小小的心灵里创造“属于我们的医院”的认同感。童趣的造型、色调及贴砖变化，使建筑具有特色、活力和启发性。与公共艺术（public art）巧妙地结合，亦为本建筑的一大特色。不论在灯光、空间规划等各方面，均为儿童着想，甚至将儿童断层扫描室改造为太空舱，以降低小病患的恐惧感等贴心设计。

项目地点：中国台湾台北市
建筑设计：许常吉建筑师事务所
合作设计：NBBJ
面积：73 870 m²

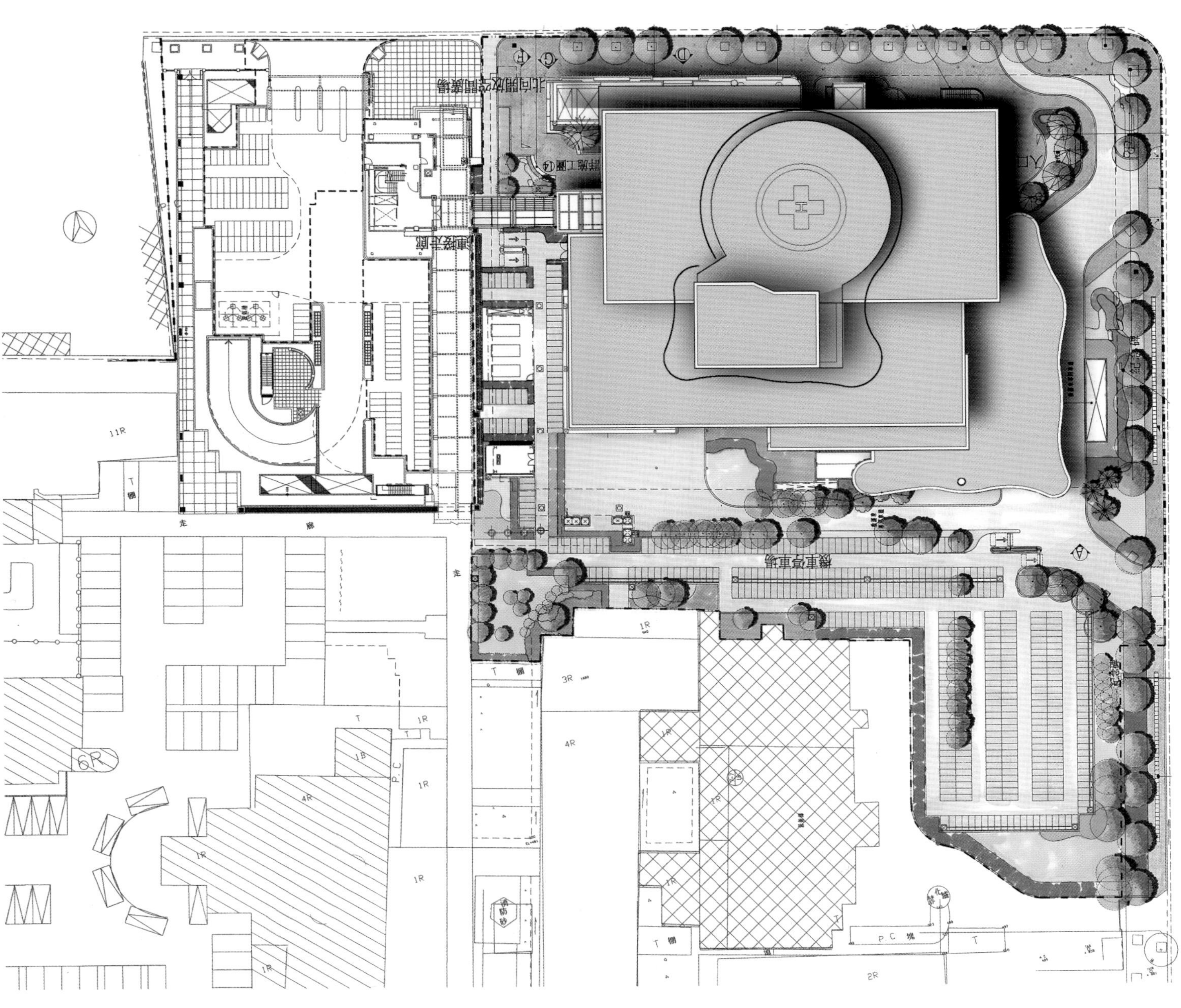

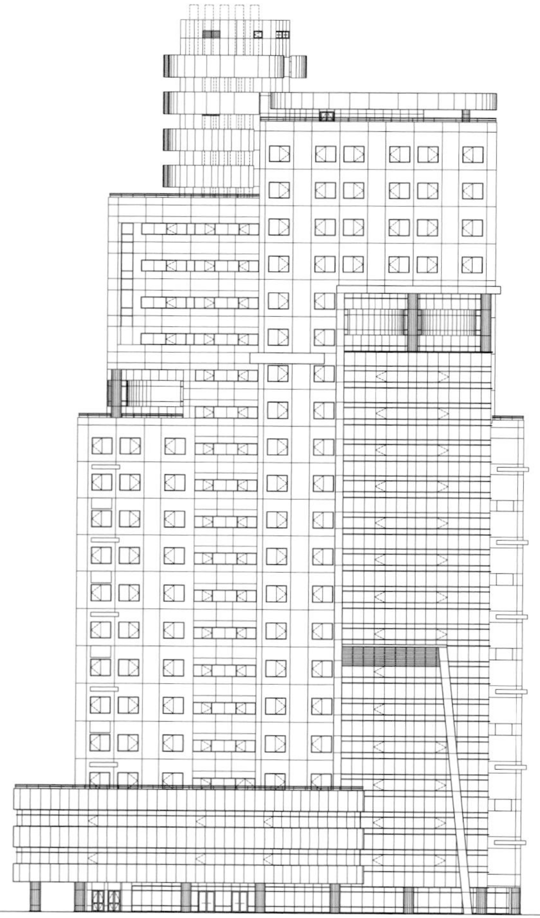

东北立面图

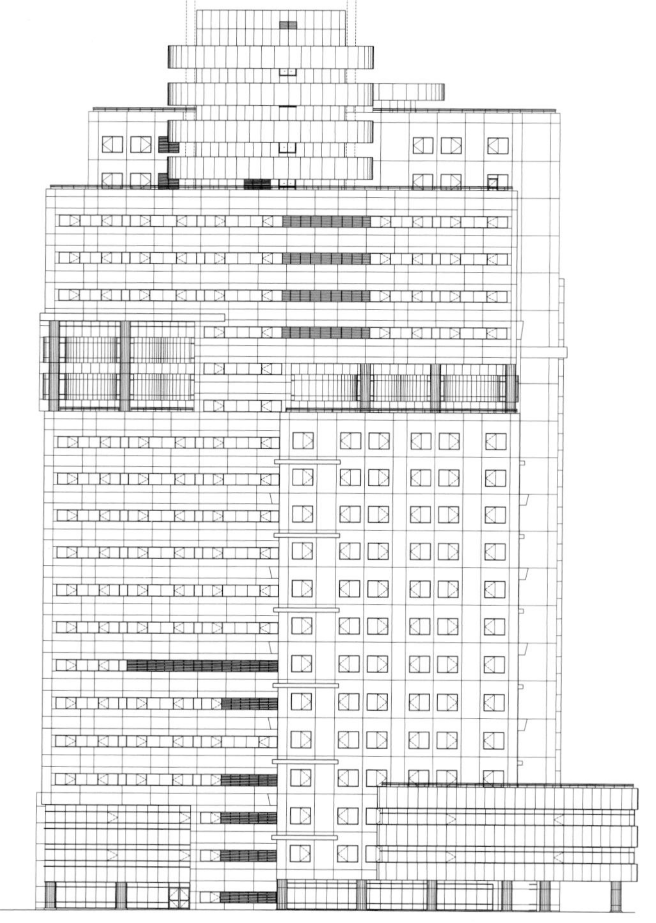

西南立面图

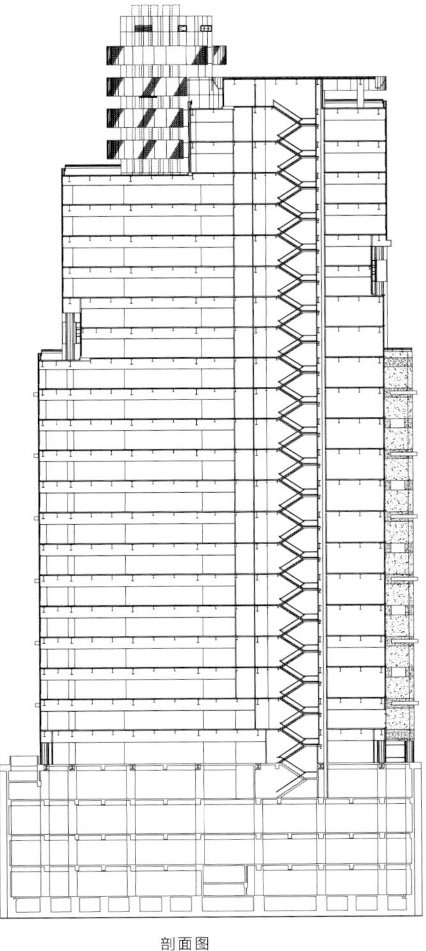

剖面图

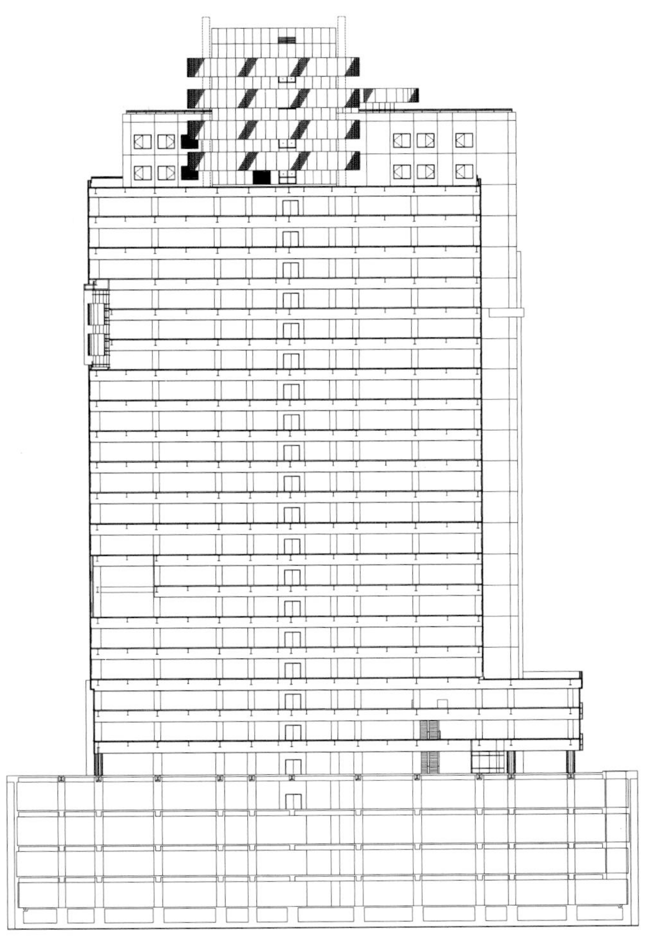

剖面图

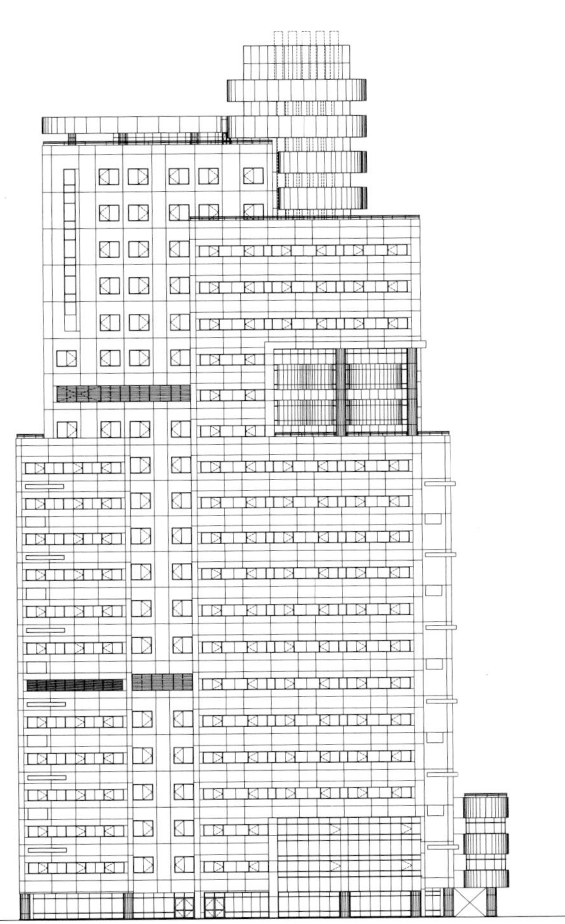

西北立面图

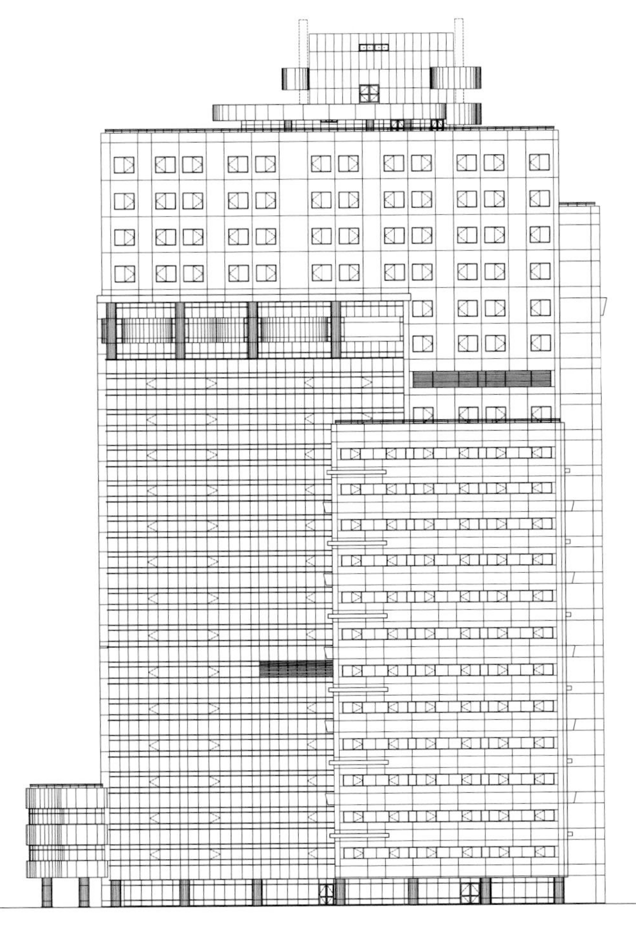

北立面图

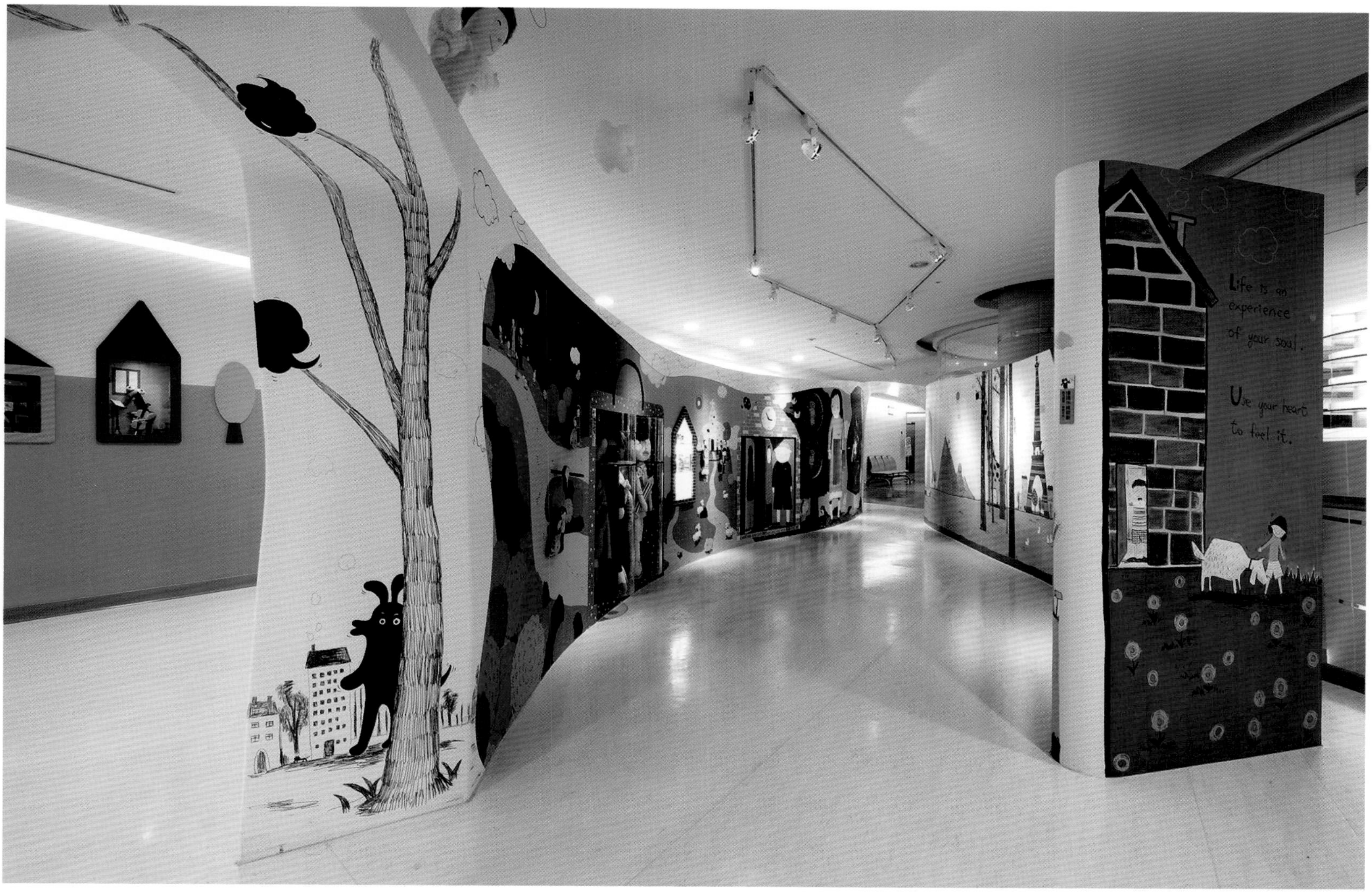
Life is an
experience
of your soul.
Use your heart
to fuel it.

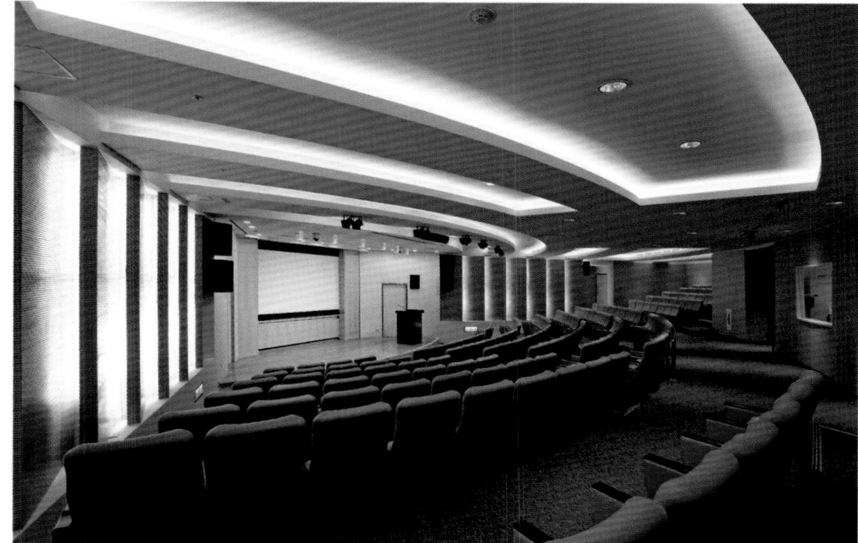

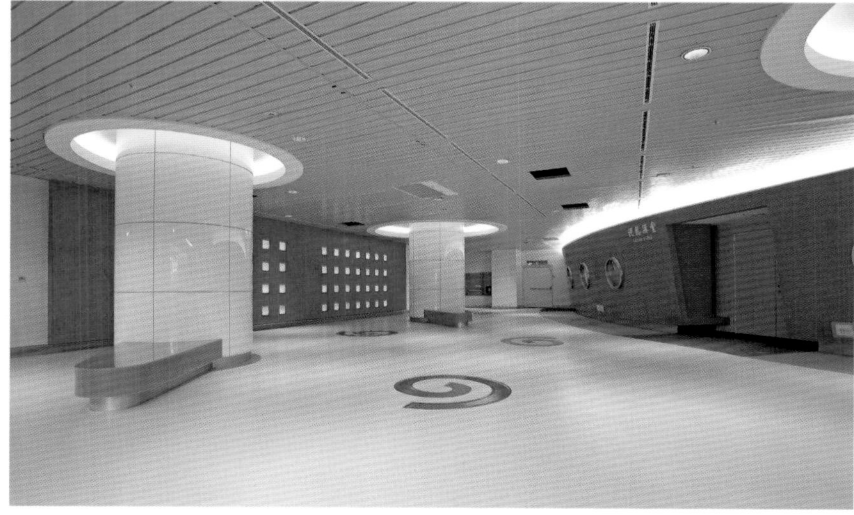

Juravinski 医院以及 Juravinski 癌症治疗中心

项目地点：加拿大哈密尔顿
建筑设计：蔡德勒建筑设计事务所
合作设计：Garwood&Jones + Hanham
面积：39 483.8 m²
摄影：Shai Gil , Tom Arban

Juravinski 医院位于加拿大安大略省哈密尔顿，是哈密尔顿生命科学工程最大的医院项目之一。Juravinski 医院含 395 250 m² 新建筑以及 32 550 m² 翻新建筑。

项目设计的挑战在于新建的 395 250 m² 的新建筑以及辅助性的 32 550 m² 翻新建筑在院内如何紧密联系。设计师结合 Juravinsk 医院当前的形式寻找最具创造性的解决方式而不是通过将项目搬迁到新的场地的方式。最终规划方案提高了道路的流畅性，病人、医务人员以及病人家属之间的流通率得到有效提高医院新建筑环绕哈密尔顿悬崖边缘使得住院的患者可一览全城美景。

Juravinski 医院为医疗项目的设计开创了基准。通过关键科室相邻设置实现各科室各尽其职：急诊室与诊断科、内科相邻，重症监护病房与手术室相邻。新急诊科为医院升级变化最大的科室。集几大特色于一体的开放设计理念不仅使这一区域的空间现代化更确保其空间适应急诊科独特的性质以及各类急诊患者的需求。急诊科呈闭合状态，其中包括独立的病房，设计高明之处在于将有传染病的病人通过流线设计与其他病人隔离开来。儿童监护区与其他病房区也隔离开来并且有独立入口、等候区以及治疗区。

可持续设计方案主要体现在：1. 尽可能根据场地的现减少拆除，翻新既存的老建筑以重复利用或在需要的地方建新建筑。2. 创造良好的室内环境，通过室内庭院的设计使阳光能渗入室内并最大限度的利用阳光。3. 通过改善室内空气质量、采用环保的清洁材料及保养方式，以及通往室外花园通道的设置保护住院病人的健康。4. 通过减少废气废物的排放来改善当地空气质量，隔离挥发性有机化合物与暖通空调系统，提高节约用水、节约用地以及交通规划以减少废物排放，通过这些方式保护周边社区群体的健康。

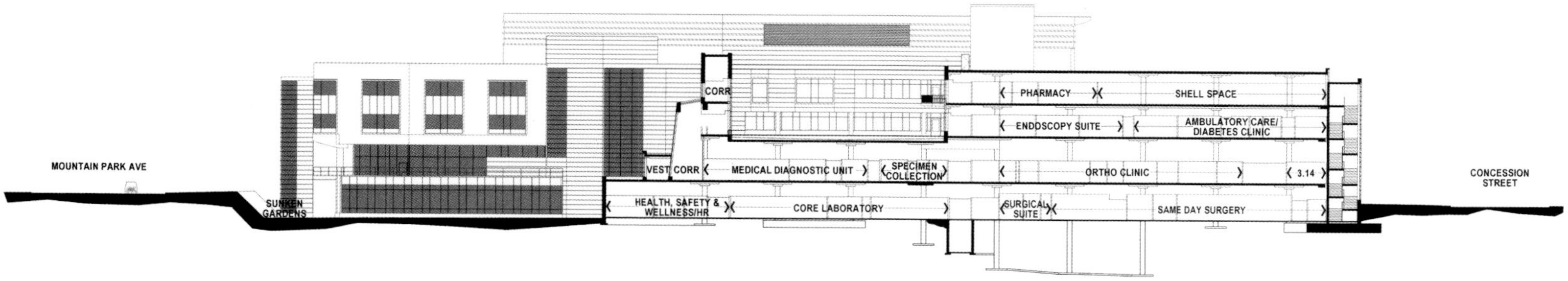

MOUNTAIN PARK AVE
SUNKEN GARDENS
CORR
PHARMACY
SHELL SPACE
ENDOSCOPY SUITE
AMBULATORY CARE/ DIABETES CLINIC
VEST CORR
MEDICAL DIAGNOSTIC UNIT
SPECIMEN COLLECTION
ORTHO CLINIC
3.14
HEALTH, SAFETY & WELLNESS/HR
CORE LABORATORY
SURGICAL SUITE
SAME DAY SURGERY
CONCESSION STREET

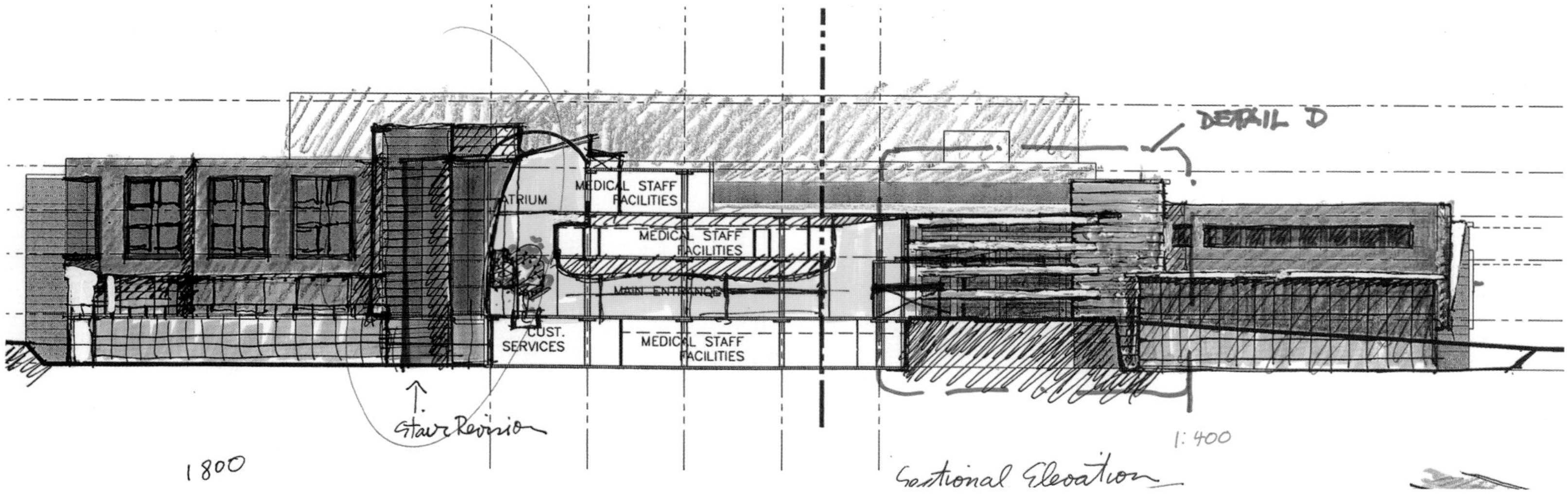

DETAIL D
ATRIUM
MEDICAL STAFF FACILITIES
MEDICAL STAFF FACILITIES
MAIN ENTRANCE
CUST. SERVICES
MEDICAL STAFF FACILITIES
Stair Revision
1:400
1800
Sectional Elevation

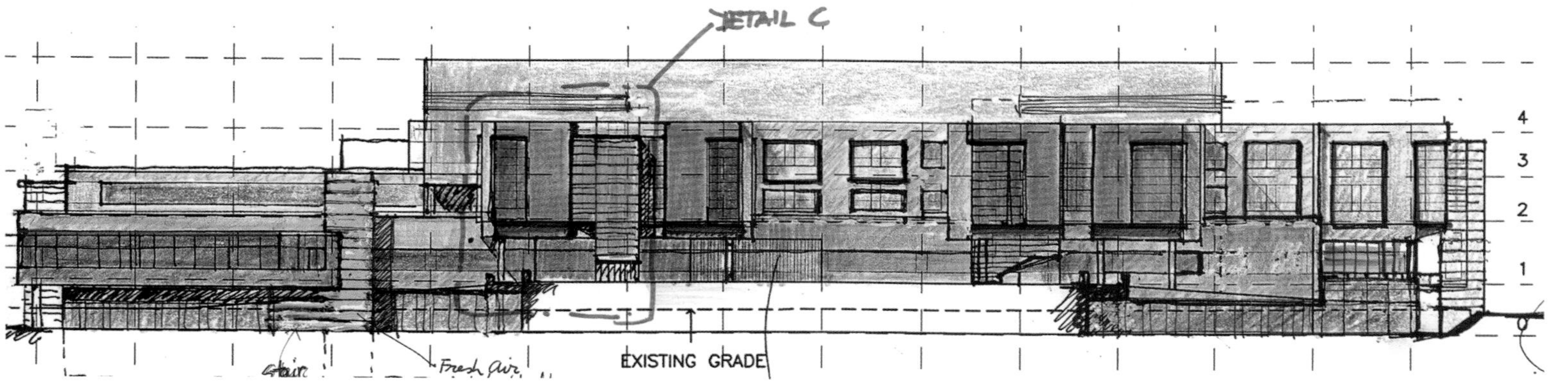

DETAIL C
4
3
2
1
0
Stair
Fresh Air
EXISTING GRADE

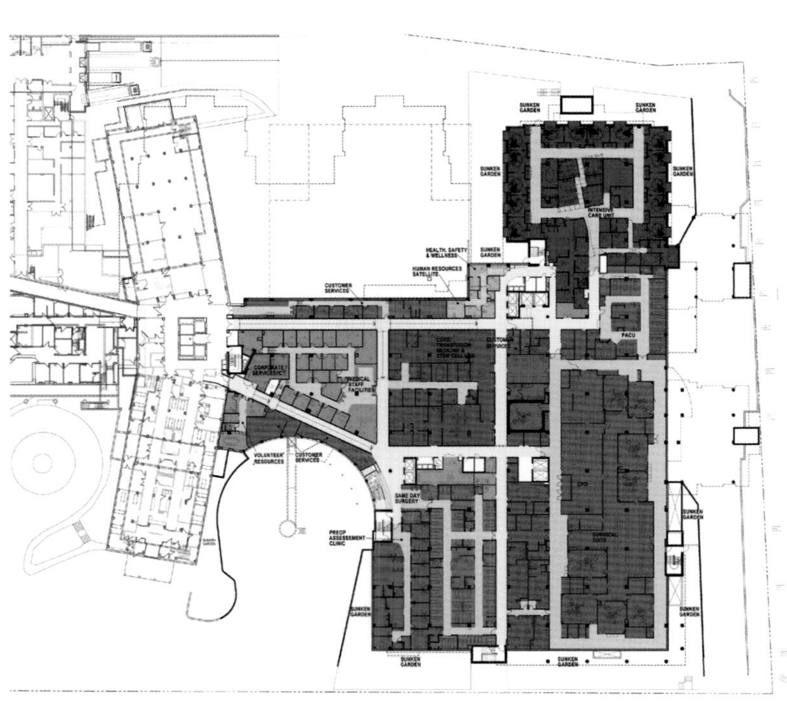
SUNKEN GARDEN
CUSTOMER SERVICES
PACU
SAME DAY SURGERY
PREOP ASSESSMENT CLINIC

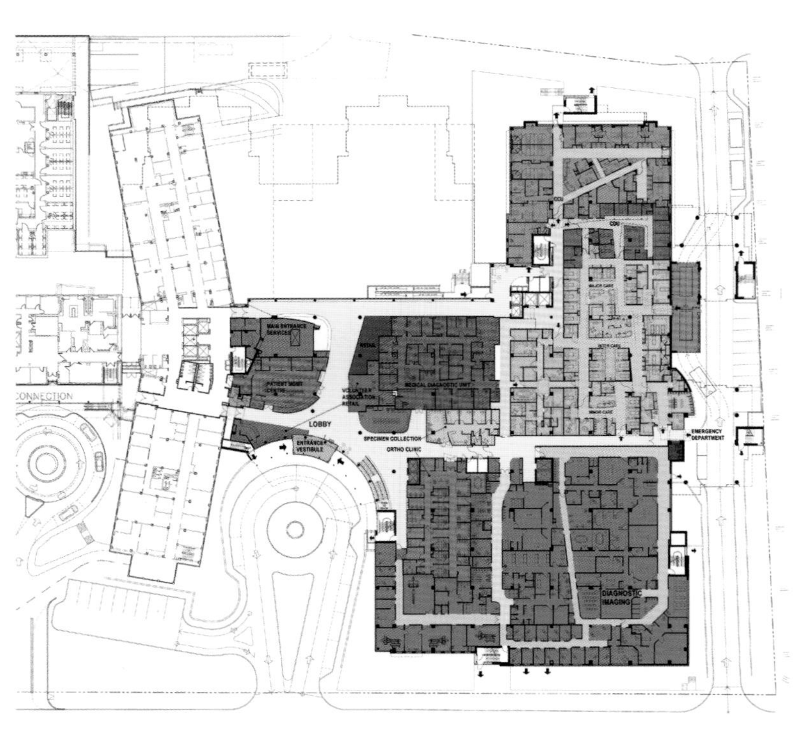
CONNECTION
LOBBY
SPECIMEN COLLECTION
ORTHO CLINIC
EMERGENCY DEPARTMENT
DIAGNOSTIC IMAGING

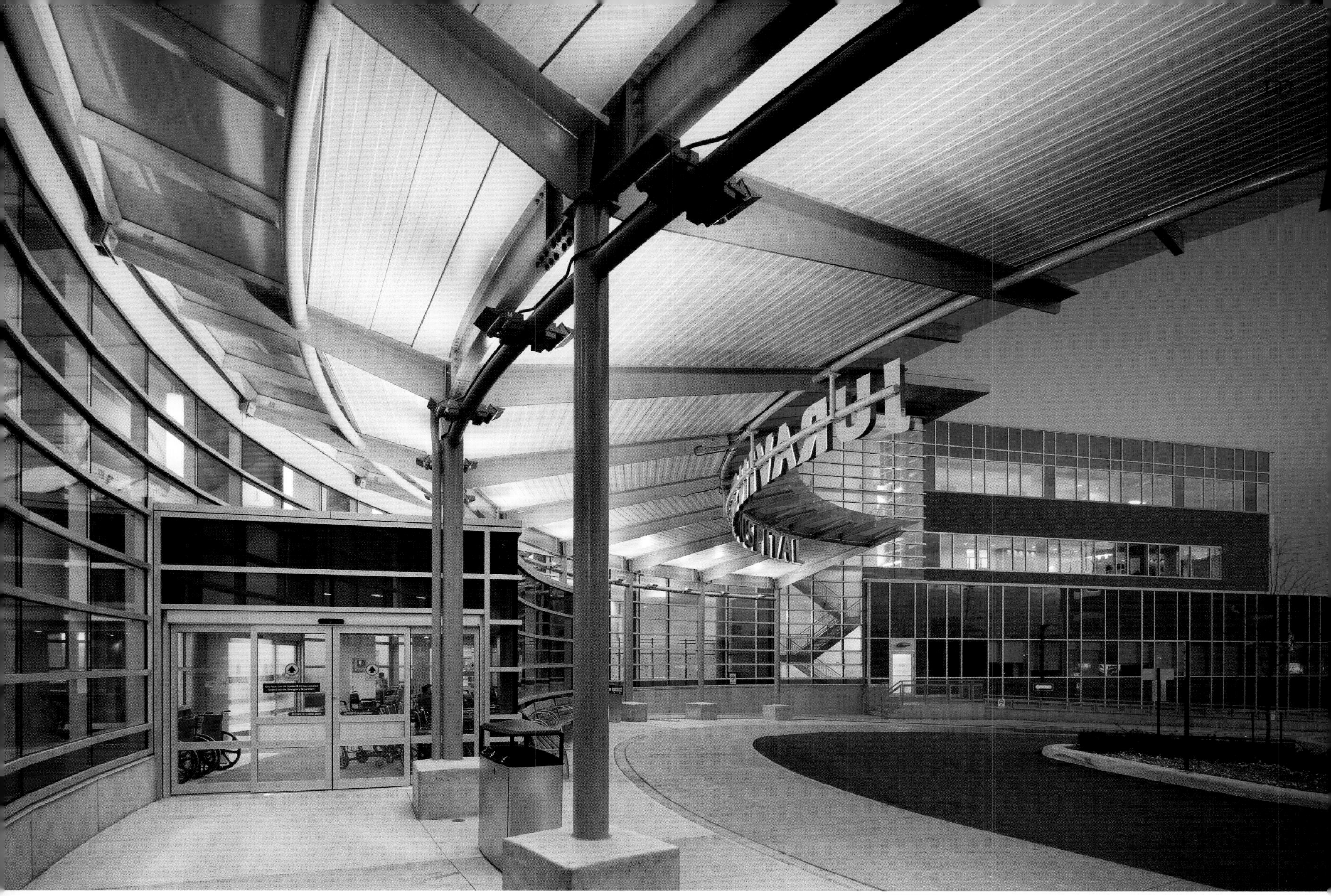

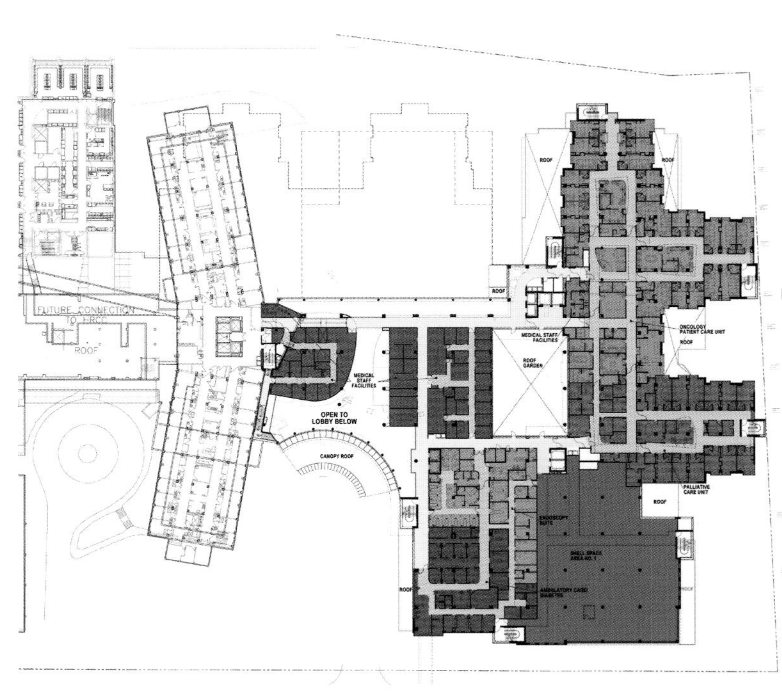

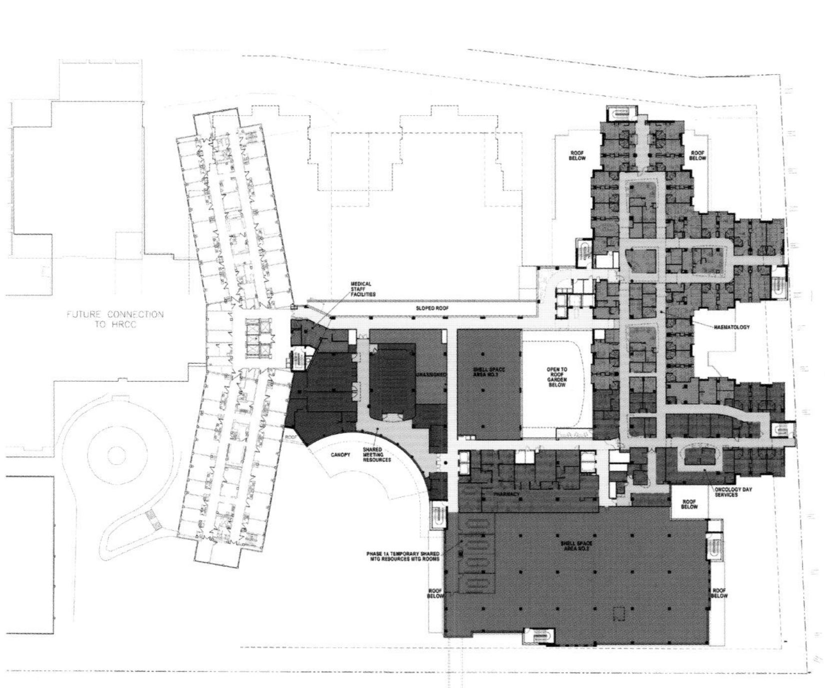

FUTURE CONNECTION TO HRCC
ROOF
ROOF
ROOF
ROOF
MEDICAL STAFF FACILITIES
ROOF GARDEN
ONCOLOGY PATIENT CARE UNIT
ROOF
MEDICAL STAFF FACILITIES
OPEN TO LOBBY BELOW
CANOPY ROOF
PALLIATIVE CARE UNIT
ROOF
ENDOSCOPY SUITE
SHELL SPACE AREA NO. 1
ROOF
AMBULATORY CARE/ DIABETES
ROOF

ROOF BELOW
ROOF BELOW
MEDICAL STAFF FACILITIES
FUTURE CONNECTION TO HRCC
SLOPED ROOF
HAEMATOLOGY
UNASSIGNED
SHELL SPACE AREA NO.3
OPEN TO ROOF GARDEN BELOW
CANOPY
SHARED MEETING RESOURCES
PHARMACY
ONCOLOGY DAY SERVICES
ROOF BELOW
PHASE 1A TEMPORARY SHARED MTG RESOURCES MTG ROOMS
SHELL SPACE AREA NO.2
ROOF BELOW
ROOF BELOW

Information
EXIT

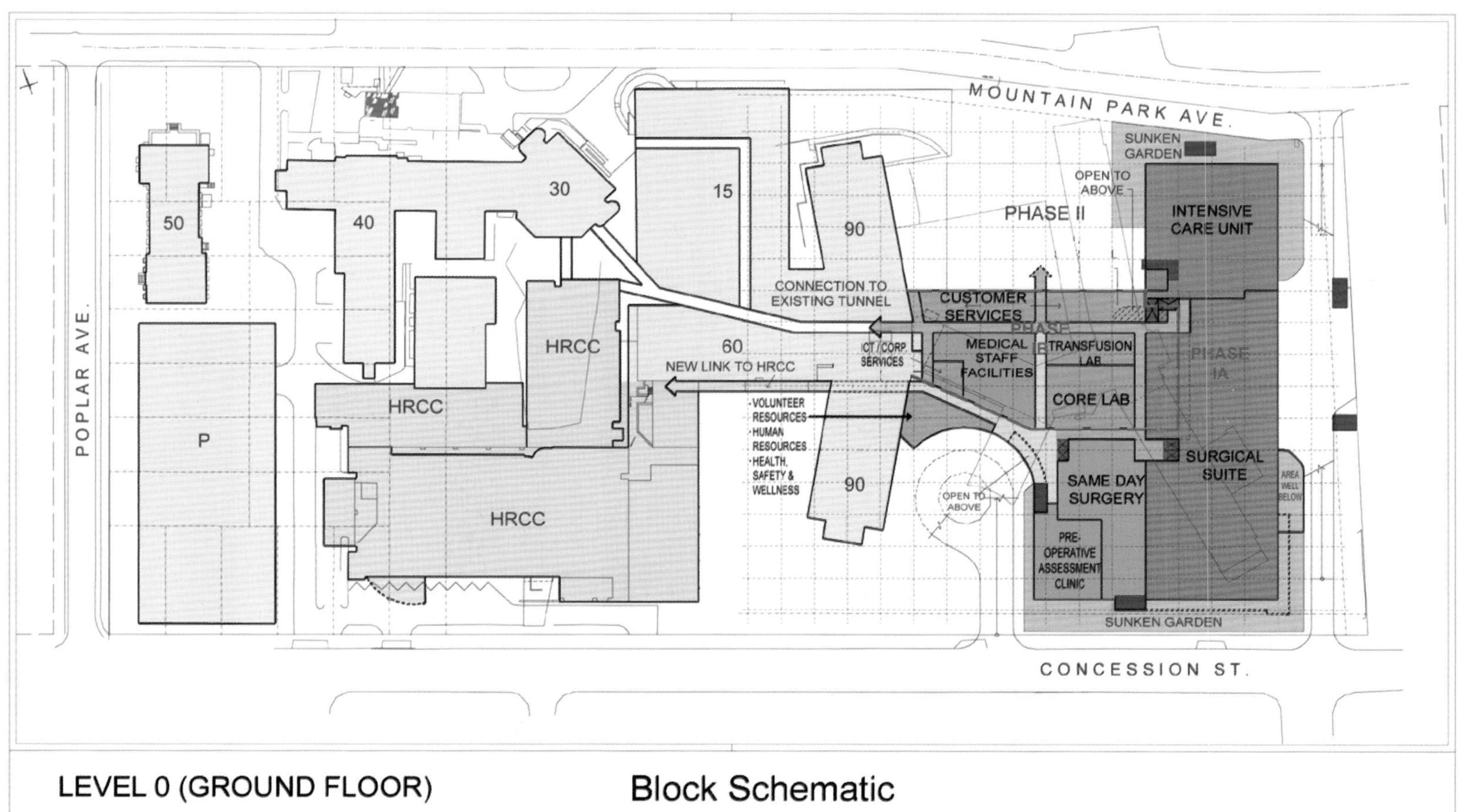
MOUNTAIN PARK AVE.
SUNKEN GARDEN
OPEN TO ABOVE
PHASE II
INTENSIVE CARE UNIT
50
40
30
15
90
CONNECTION TO EXISTING TUNNEL
CUSTOMER SERVICES
PHASE
POPLAR AVE.
HRCC
60
NEW LINK TO HRCC
ICT / CORP. SERVICES
MEDICAL STAFF FACILITIES
TRANSFUSION LAB
PHASE IA
CORE LAB
HRCC
P
VOLUNTEER RESOURCES
HUMAN RESOURCES
HEALTH, SAFETY & WELLNESS
90
OPEN TO ABOVE
SAME DAY SURGERY
SURGICAL SUITE
AREA WELL BELOW
HRCC
PRE-OPERATIVE ASSESSMENT CLINIC
SUNKEN GARDEN
CONCESSION ST.
LEVEL 0 (GROUND FLOOR)
Block Schematic

Juravinski

Welcome

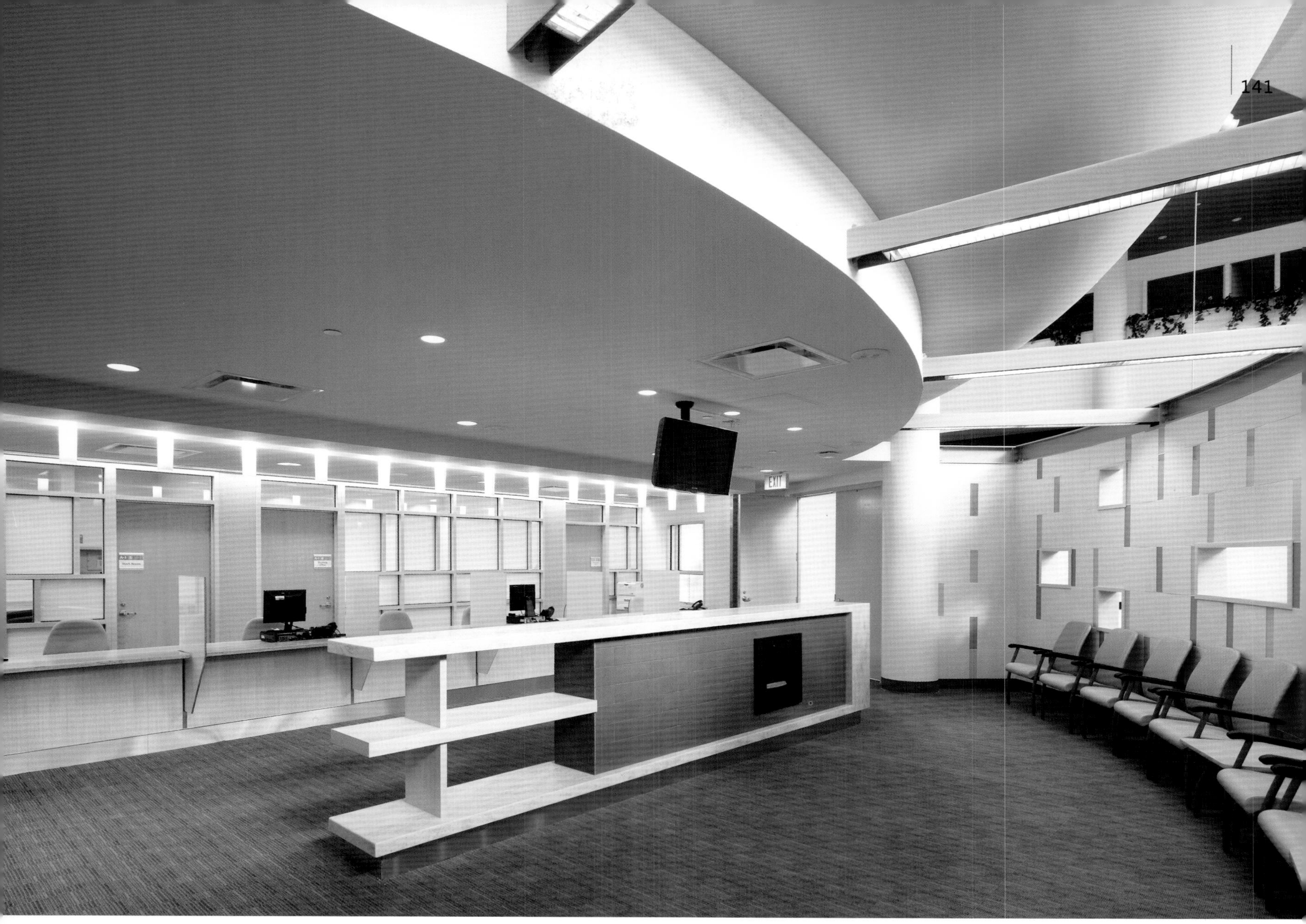

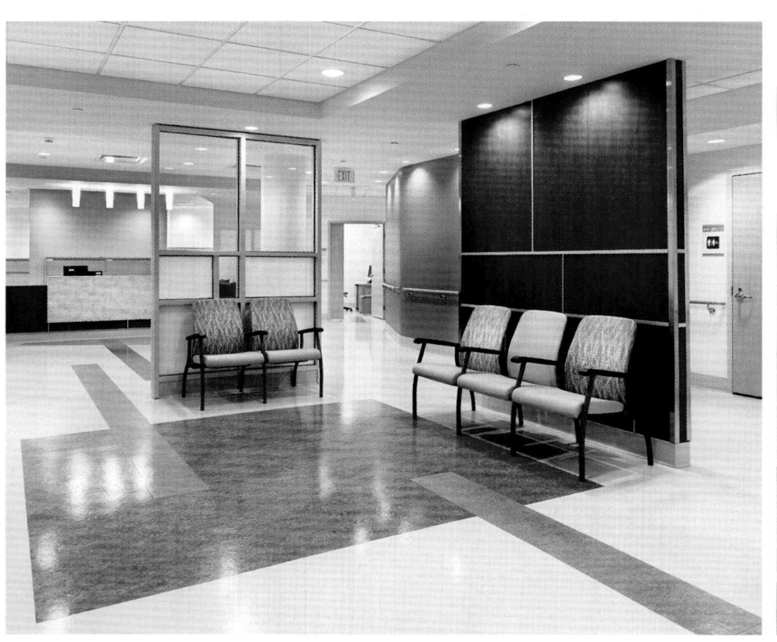

BEAM OFF
CyberKnife
CyberKnife

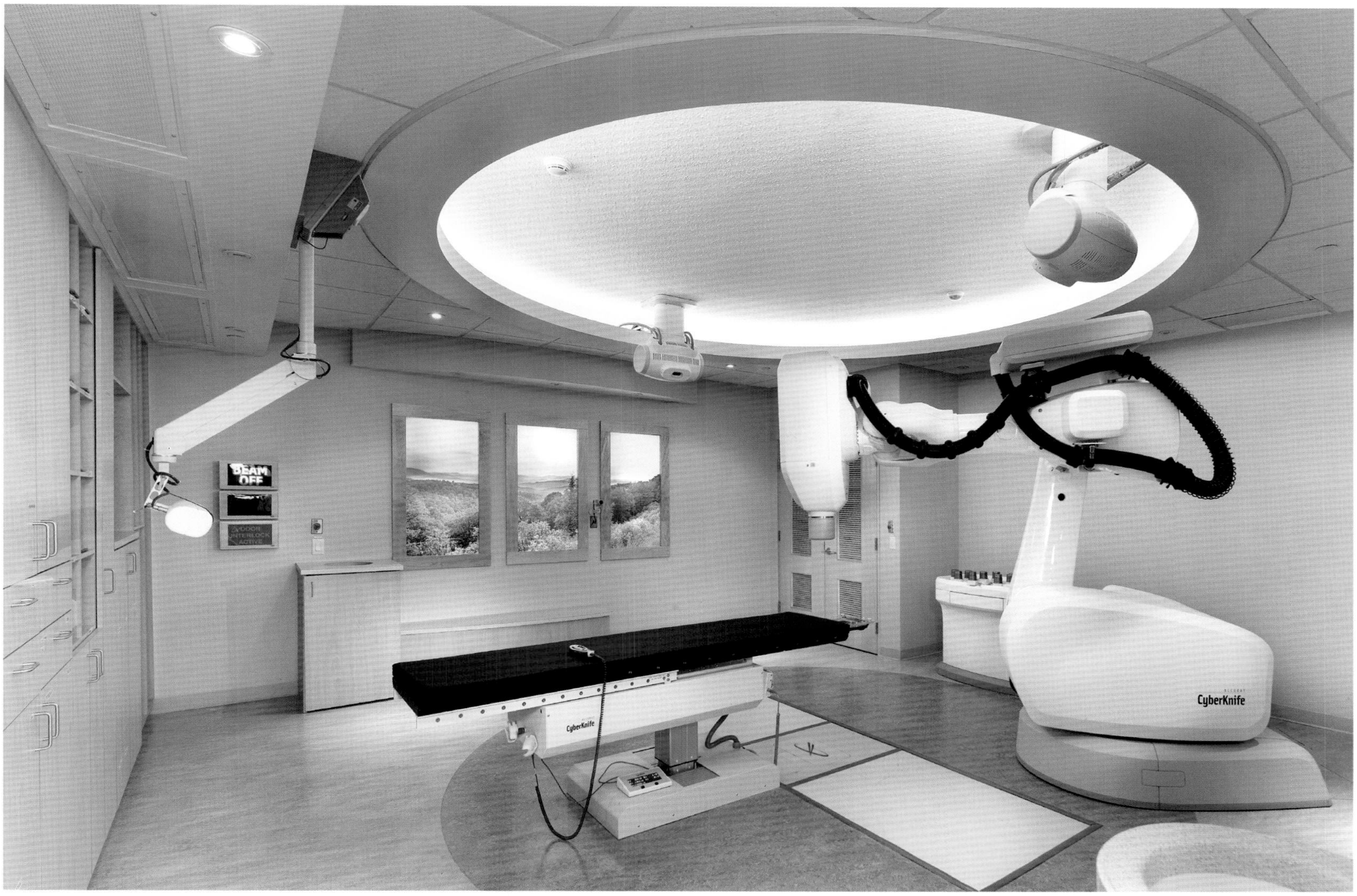

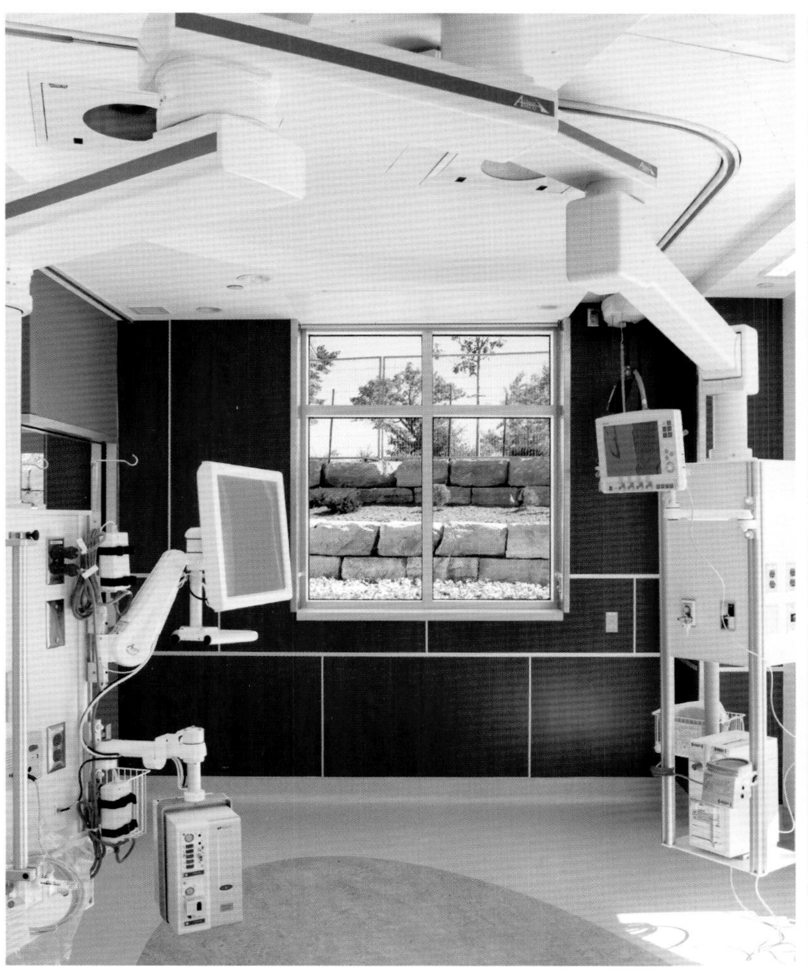

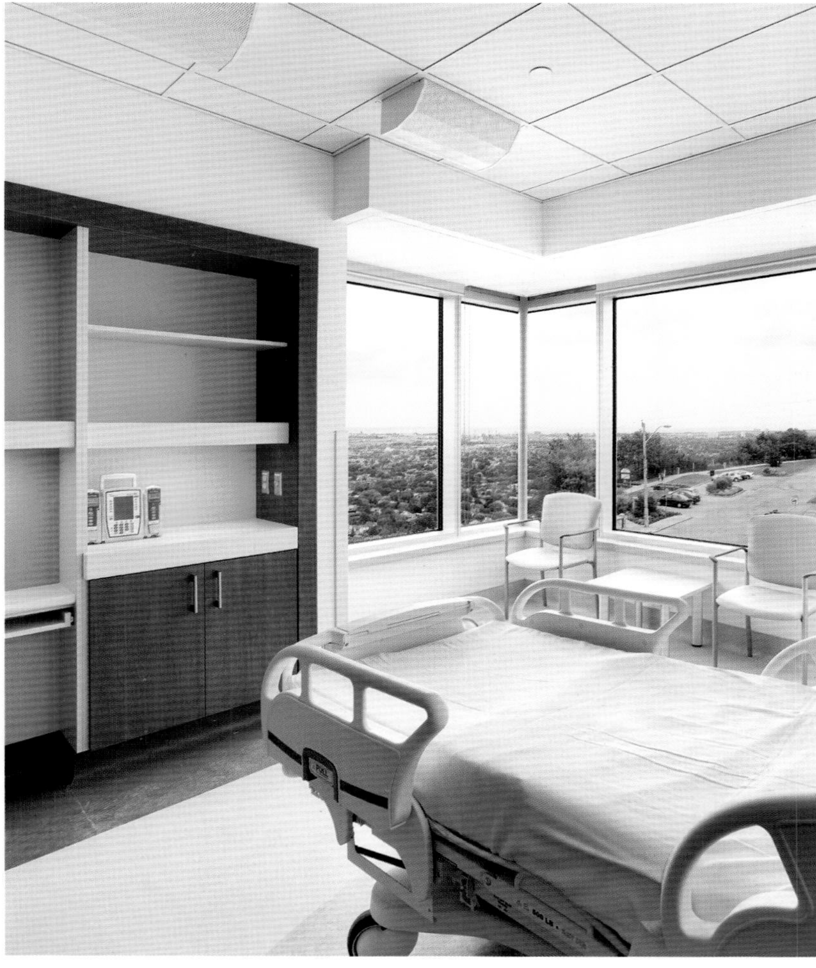

天津泰达国际医院新建工程

项目地点：中国天津市
建筑设计：许常吉建筑师事务所
面积：76 000 m²

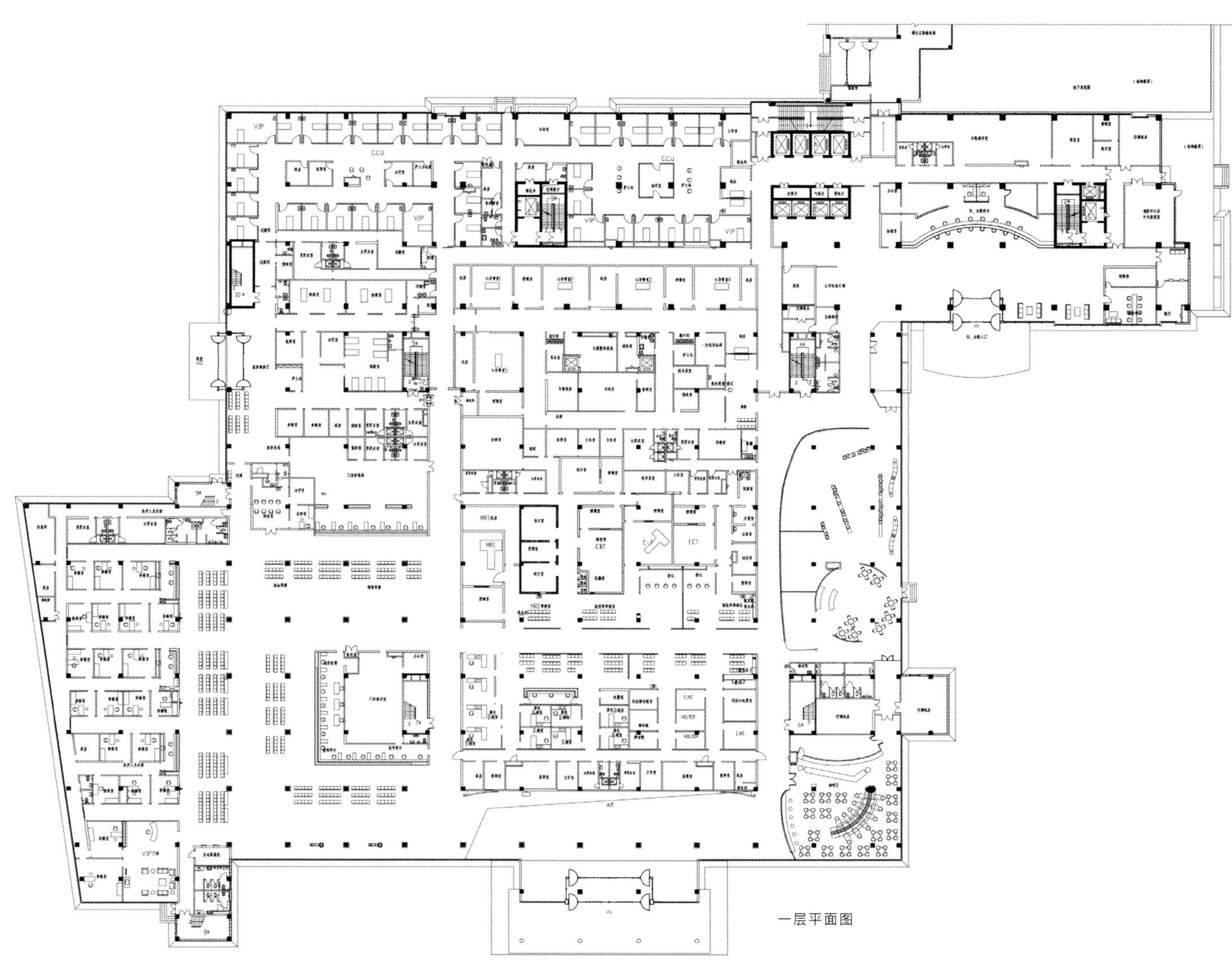

一层平面图

医院建筑是一项复杂且高度专业化的系统工程，作为亚洲规模第一的大型心血管专科医院，更大幅度地提升了建筑规划与设计的技术与专业难度。该项目位于天津经济技术开发区，总体设计以端庄整洁的建筑、合理的功能布局、简明快捷的动线、舒适的空间环境为主要特色。

医院外观采用雕塑具现代感的建筑造型，主楼乃优雅精致的十层建筑，与总体布局相互呼应。相对集中式的总体布局，以医技层作为核心，连接门急诊及住院楼，利用挑空内庭引入阳光绿化以软化整个建筑群体。结合医院功能、人的尺度及环境作体量组合与分布计划。同时，门急诊及医技层（裙房）巧妙地结合住院楼（高层），做层次变化布局以削弱对环境视觉的压迫性。

综合楼裙房在南侧第三大街，以建筑量体的手法，在空间上与西侧新城东路营造出相互呼应的趣味性。从南、西两侧主要城市道路与院区各方面来看，医院造型均呈现出雄伟的气度，塑造出整体院区的气势。医疗综合楼的高低主楼形成了医院区的地标，病房有良好的视野与采光，以水平带状处理遮挡直接的阳光，符合节能的需要。建筑造型用现代简洁的处理手法，显示不同功能的建筑体魄，并强调虚实对比、高低错落，来创造本院位于开发区独特地理条件的医院风格，而且还呼应了开发区其他建筑的风格。

本院的设计将提供人性化的室内外空间来满足使用者的身心需求。21 世纪的医院发展，将更强调以人为主（病人、访客、工作人员）的考虑。医院有宽敞明亮的大厅、草木宜人的庭园与屋顶花园。此外，也提供家属等候与用餐的空间，改变了医院冰冷的形象，使人们的就医保健更人性化。

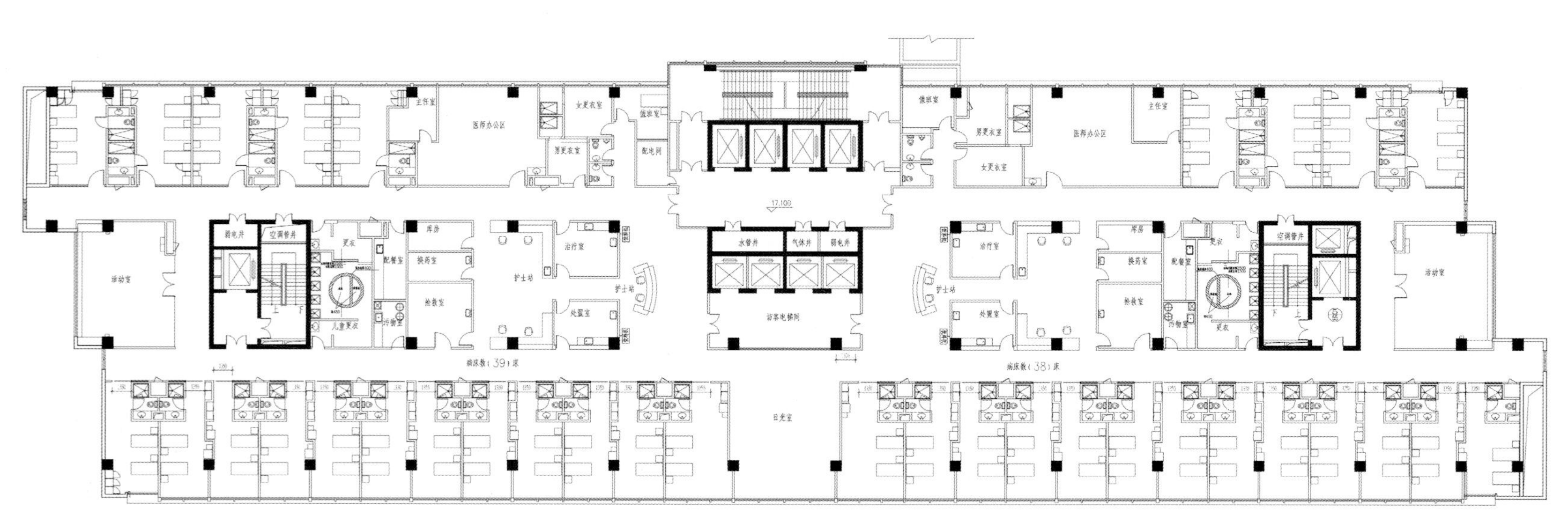

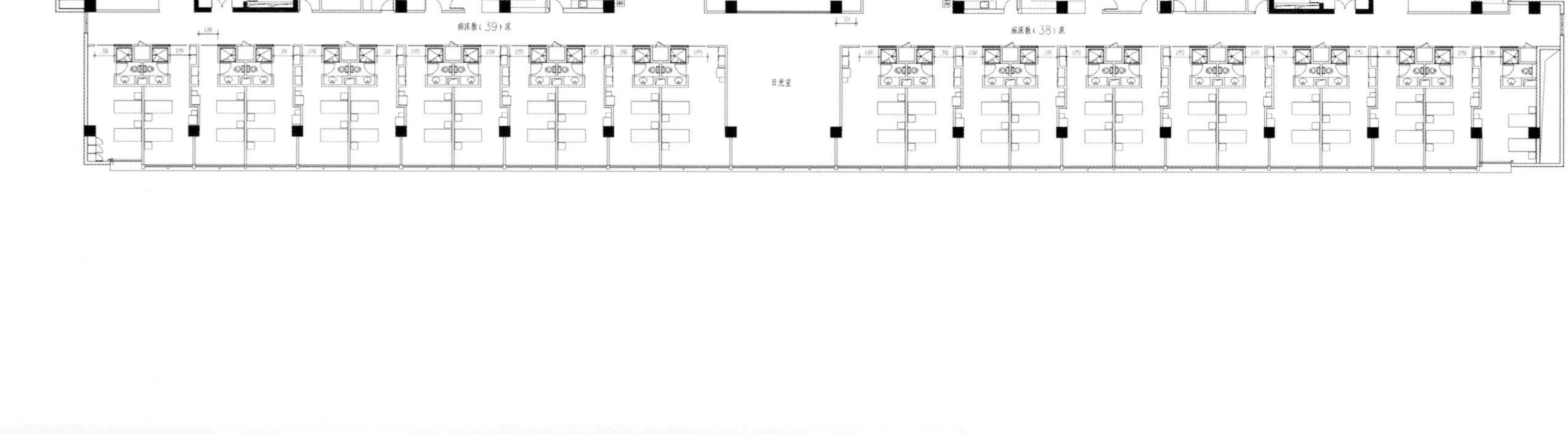

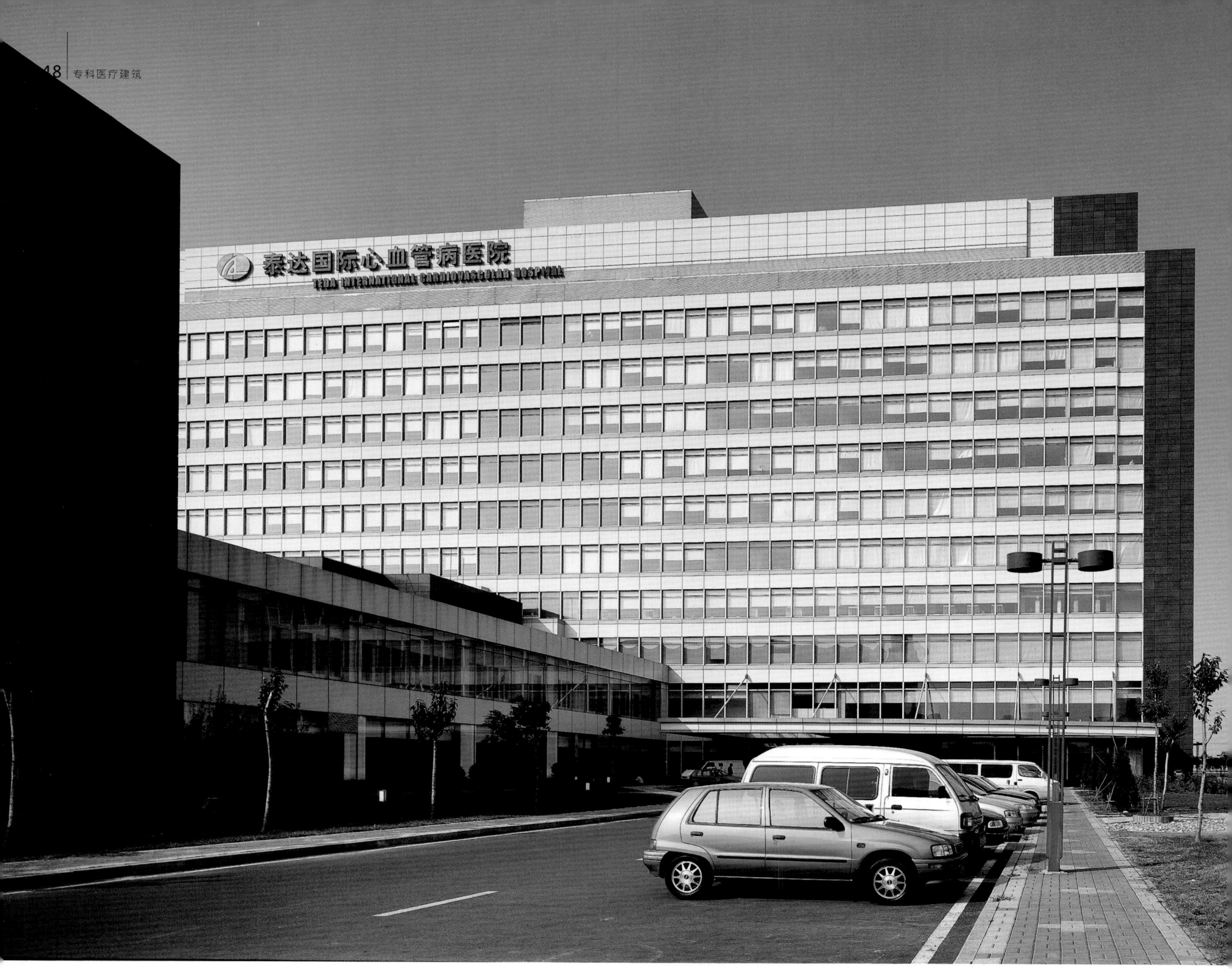

泰达国际心血管病医院
TEDA INTERNATIONAL CARDIOVASCULAR HOSPITAL

Stamboldzioski 牙科诊所

项目地点： 斯洛文尼亚新戈里察
建筑设计： Enota
项目团队： Dean Lah, Milan Tomac, Zana Starovič, Nuša Završnik Šilec, Sabina Sakelšek, Anna Kravcova, Nebojša Vertovšek, Marko Volf, Esta Matković
面积： 175 m^2
摄影： Miran Kambič

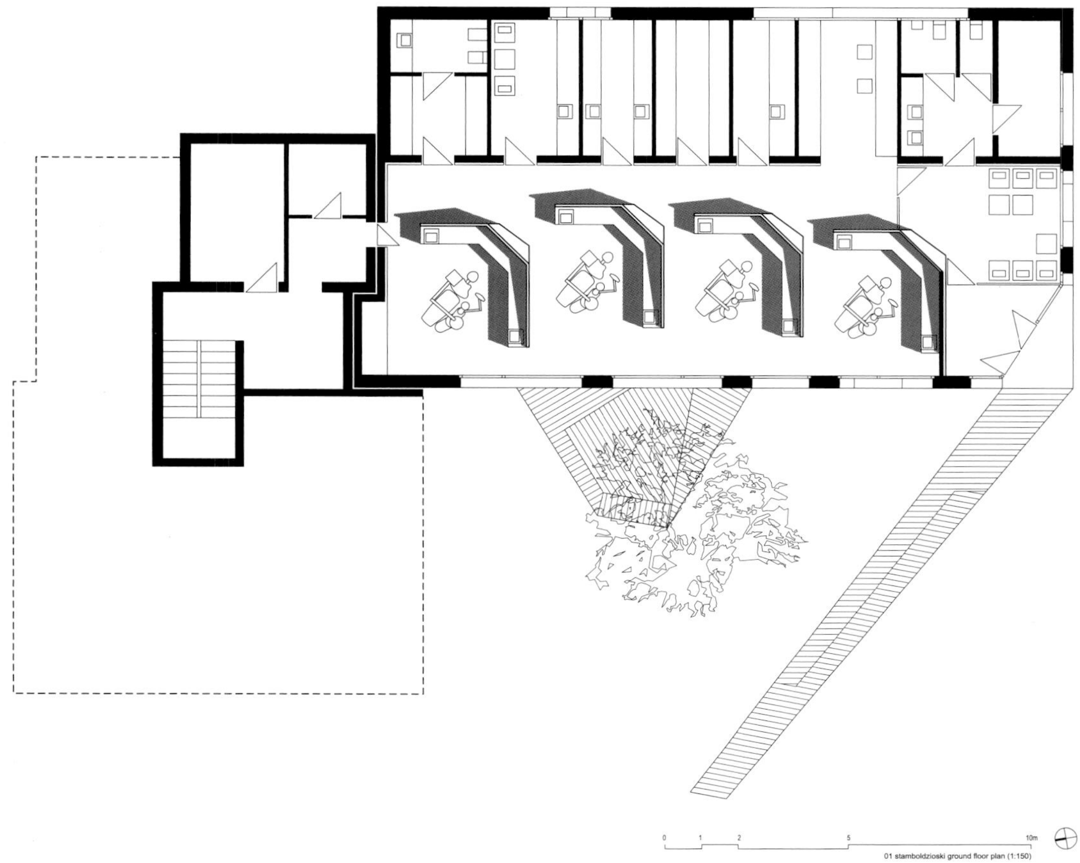

01 stamboldzioski ground floor plan (1:150)

Stamboldžioski 牙科诊所坐落于郊区的一个单户住宅社区，代替牙医私人住宅里狭窄的诊所，现在的诊所被设立在地面楼层。该项目虽然是一个附属建筑物，其建筑面积却超过了主体建筑。

这个附加建筑物建在一个坡地上，其中大部分被埋在地底，以极有张力的建筑外形，保留了建筑的功能，但削弱了在周边居民区中的空间影响，使其能够与周边的住宅环境融洽相处。建筑设计采用绿色屋顶以弥补所占据的自然地面，从而与后方周边的自然地标形成无痕过渡。屋顶的折叠表面打破了原来的建筑体块，设立了远离住宅的新入口。

这个建筑设计方案在节能方面有一系列考量：作为能量流失最严重的外部表面面积相对比较小，全面为室内工作空间提供自然采光。大玻璃前栽种了许多树木，防止夏天室内温度过高，诊所只需要一点点的能量来冷却和加热。

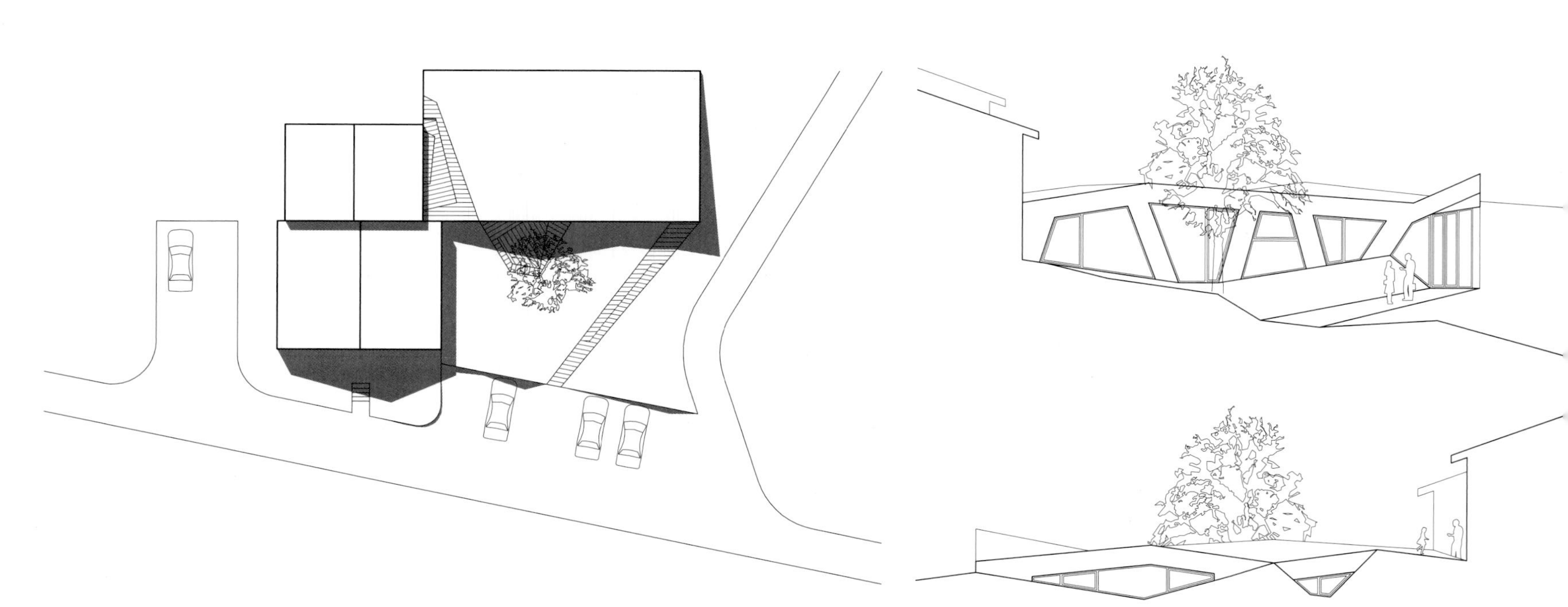

宾夕法尼亚大学医疗中心——鲁思和雷蒙德佩雷尔曼中心楼

项目地点：美国宾夕法尼亚州费城
建筑设计：Rafael Viñoly Architects 建筑事务所
建筑面积：46 450 m²

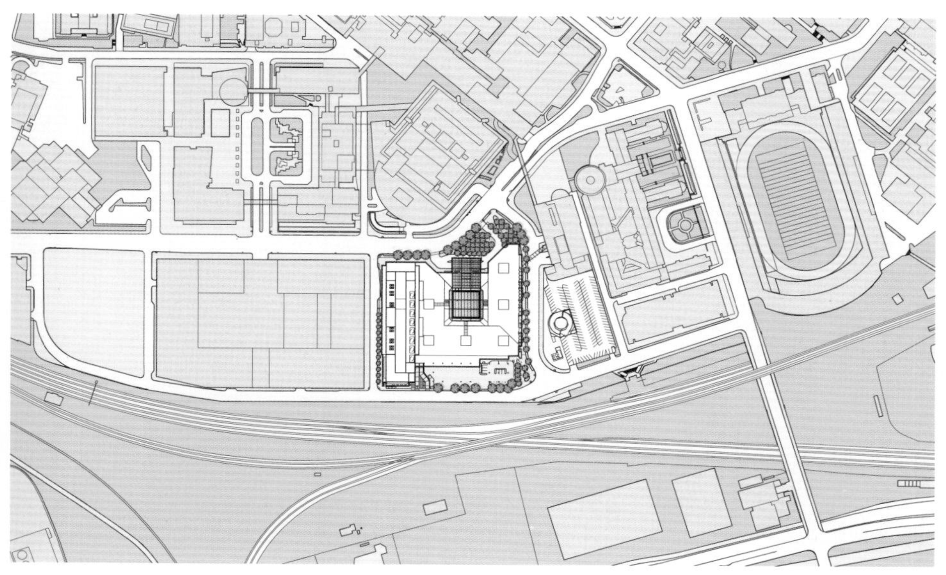

总平面图

先进的医学中心——佩雷尔曼是一个 120 900 m² 的门诊和癌症中心，将宾夕法尼亚大学健康系统的手术科、心血管成像和癌症科集中在一栋配备先进的建筑里面。该项目概述了未来总体的扩建规划，包括卫生保健、零售、文化和公共空间。建筑大大增加了该地的建筑密度，提供了一个新的公共空间，为西费城未来的发展勾勒出一个清晰的框架。

各个配有 U 形医疗设备的临床门诊部，围绕在 33.5m 高的透明中庭四周，顶部是木制复合结构，其中有两层楼配置了会议室和行政办公室。8 层高的玻璃中庭位于第 34 街，成为了建筑入口处的焦点和明显的城市地标。整个中庭都呈现在游客的视野里，公共区、临床科和办公室都被放置在建筑的四周，以求最大化的自然采光，同时为游客和里面的工作员工提供充足的视野资源。

9.15 x 9.15m 规格的钢筋结构框架，为当前的临床需要提供最佳的活动空间，各部门的水平设置便于医生之间相互交流。同时，该框架结构还富有灵活性，可以任意调整重新配置新的部门。目前，建筑的东西两翼都设置了临床门诊部，而低层楼层则提供所有部门所需的配套服务设施，包括放射线科和磁共振成像仪器。

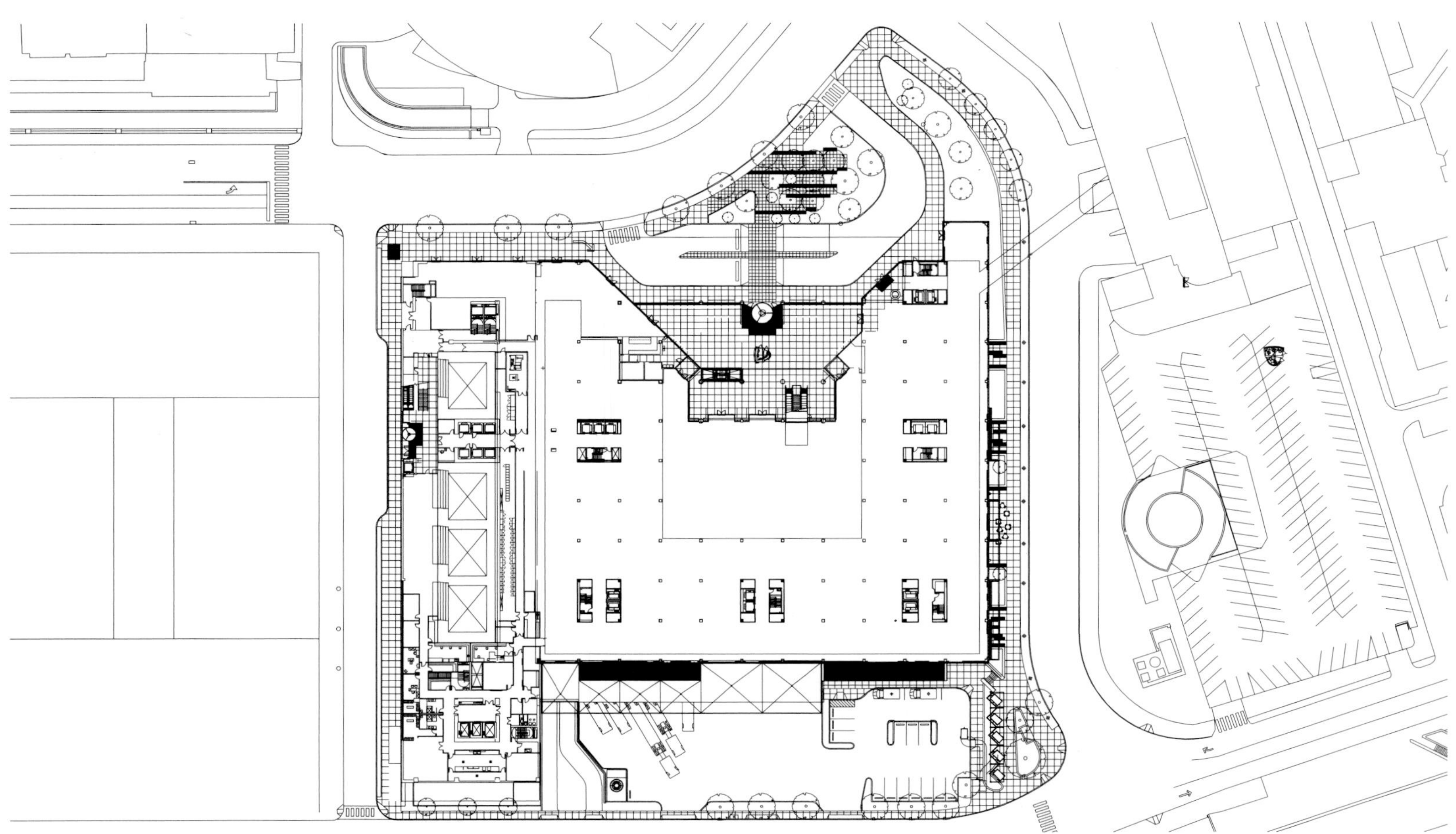

底层平面图

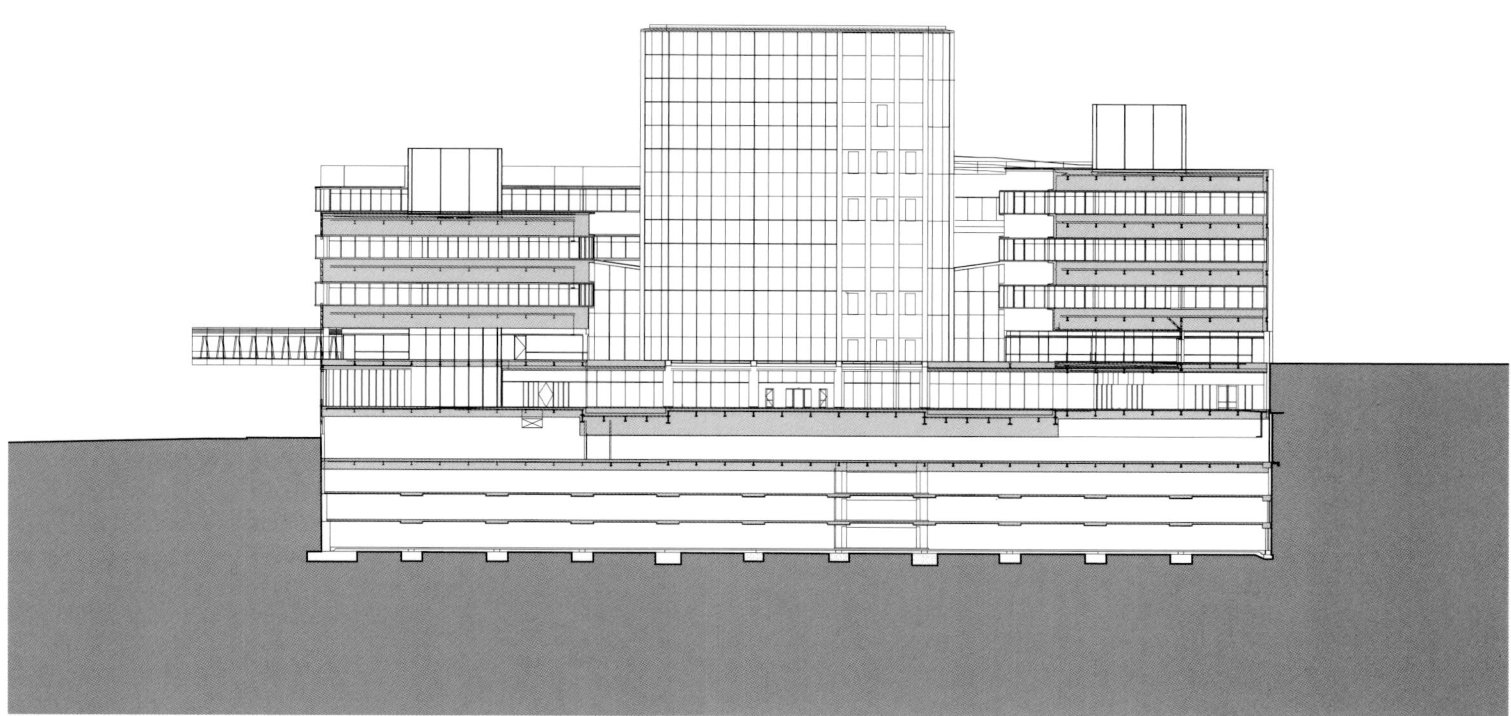

University of Pennsylvania Center for Advanced Medicine 1/32" = 1'-0"
K:\003610_Standard_Proposal\C_Product\16_Presentations\Other Projects\UPENN CAM\AI\UPENN_SEC2.ai

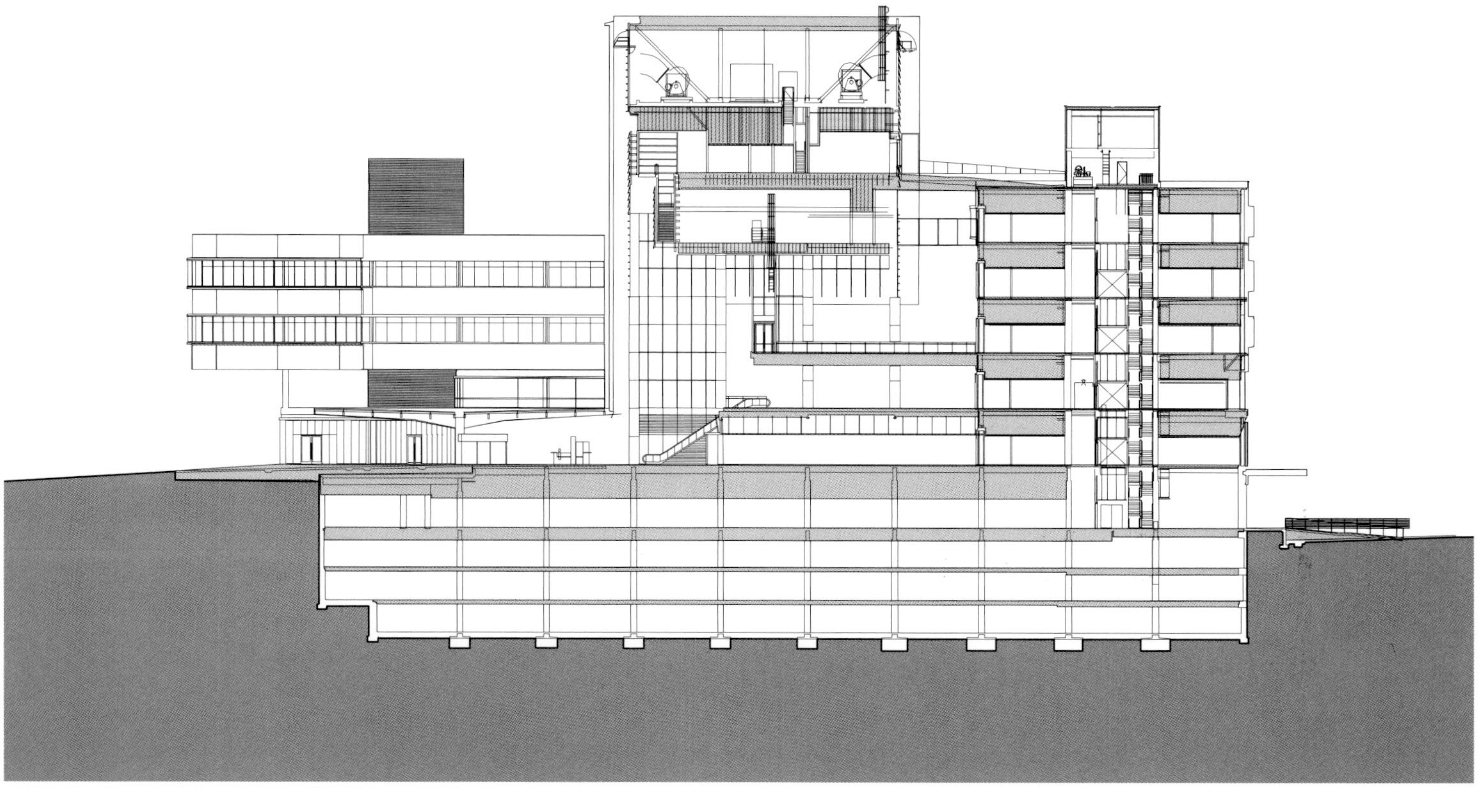

University of Pennsylvania Center for Advanced Medicine 1/32" = 1'-0"
K:\003610_Standard_Proposal\C_Product\16_Presentations\Other Projects\UPENN CAM\AI\UPENN_SEC1.ai

EAST PAVILION
Atrium Elevator

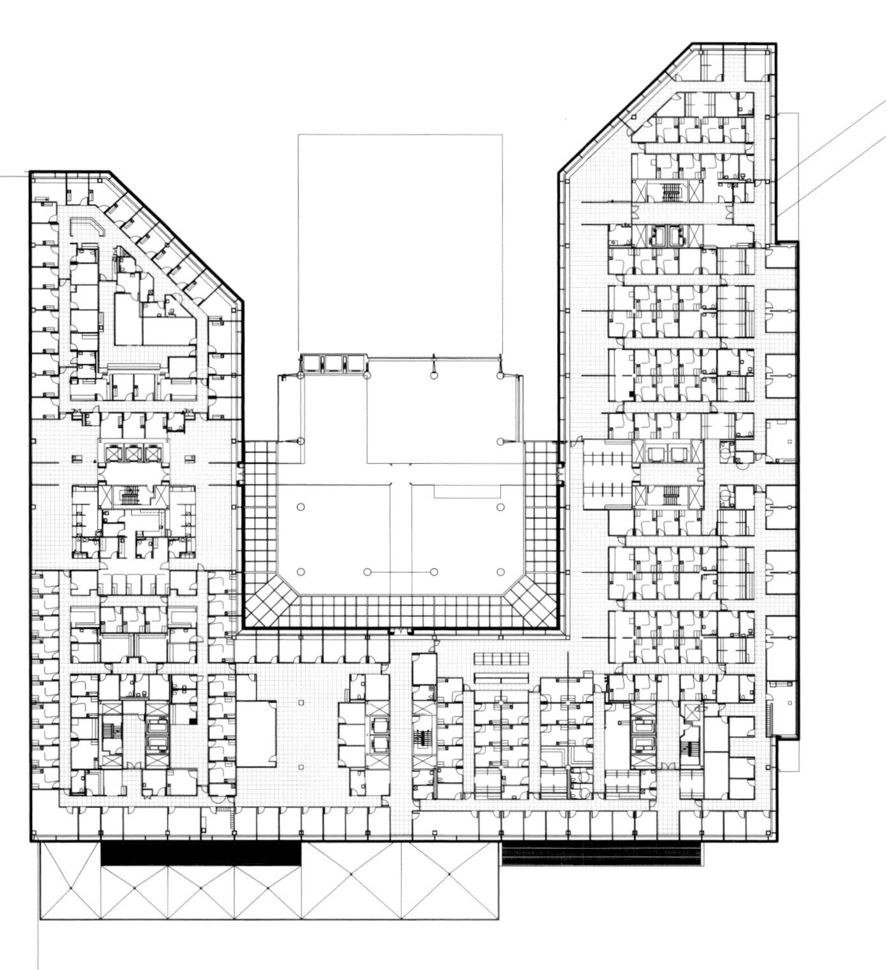

Module F Waiting Area

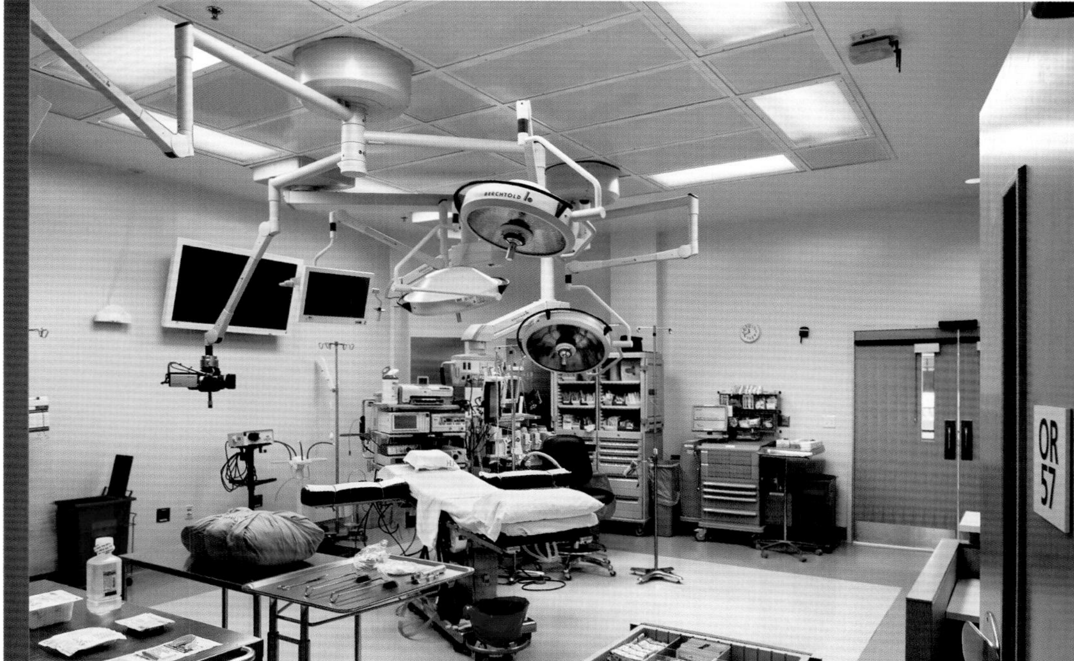
OR
57

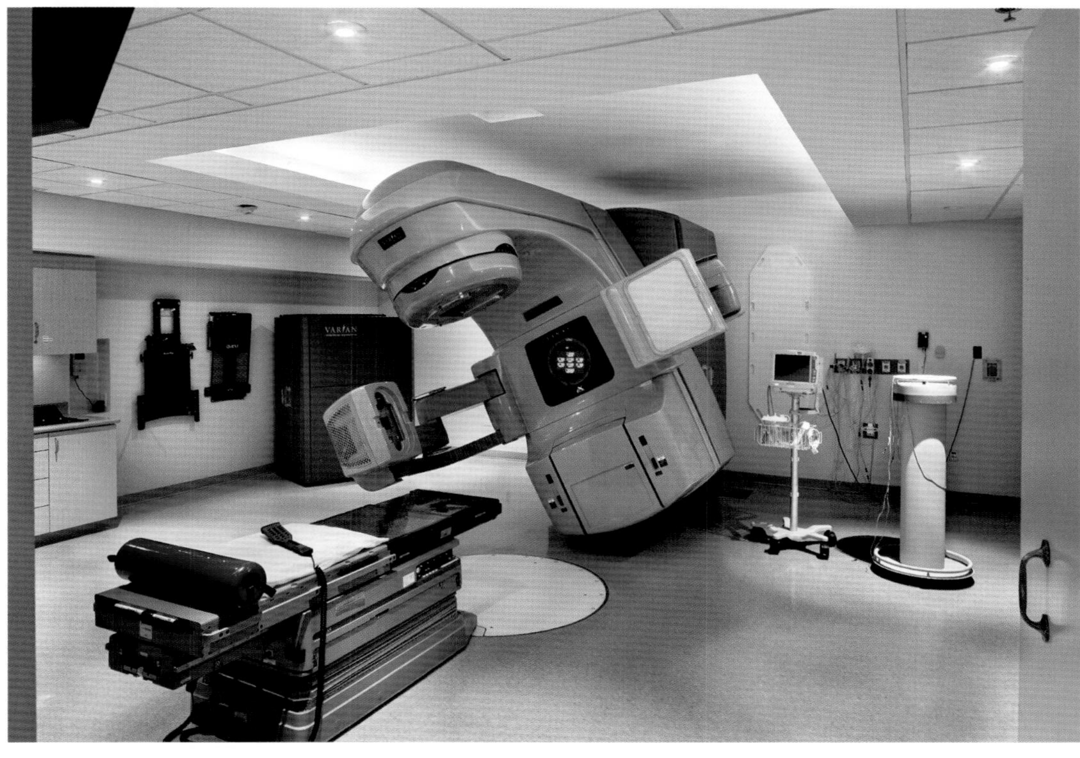

传承儿童之家

项目地点：以色列霍伦市
建筑设计：Herszage & Sternberg Architects
景观设计：David Gat
摄影：Shai Epstein

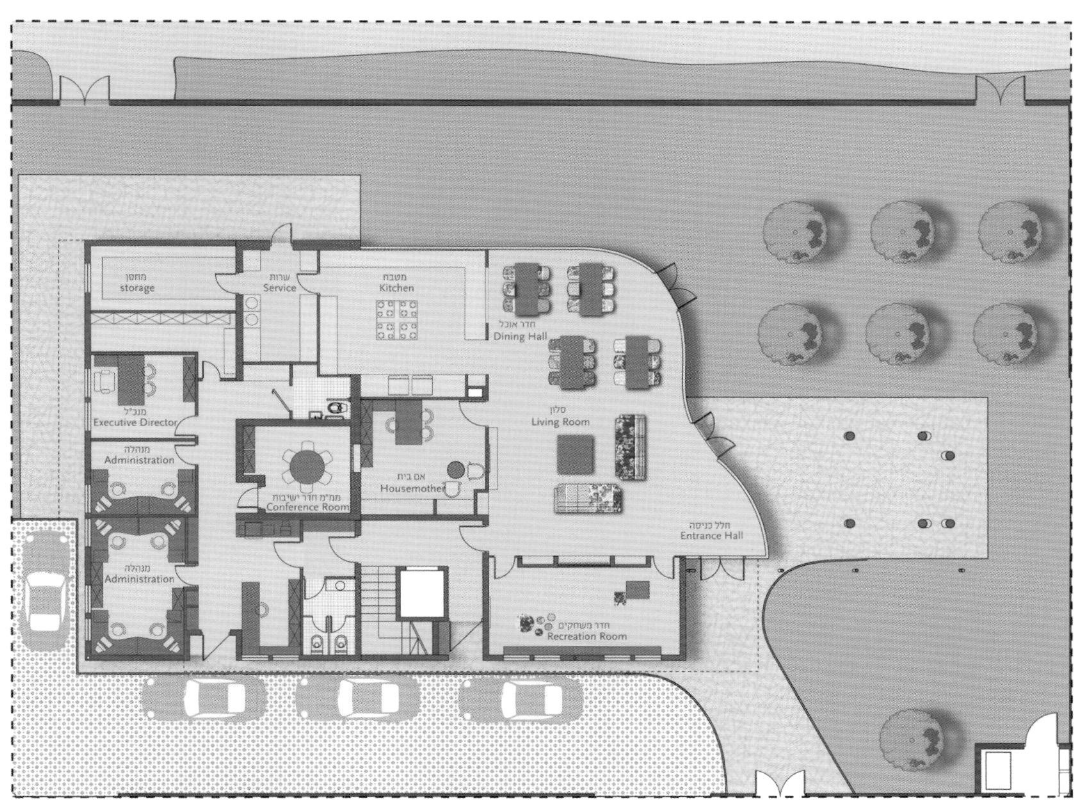

底层平面图

拯救孩子心脏组织（SACH）最近公布了一座新落成的建筑——传承儿童之家，这座建筑位于霍伦市内，距离以色列特拉维夫市仅 5 000m，为需要接受心脏外科手术的孩子和他们的家人、护士、医生及志愿者提供住房。

这座占地900 m^{2}的L型建筑融合了最先进的绿色建筑技术，包含一个带天窗的绿植屋顶、一个包含照明、空调以及太阳能面板（用于生产热水）的节能系统。另外，宽敞的花园和室外游乐场为手术前和手术后的孩子们提供一个轻松惬意的生活环境。

SACH 将质朴和简约作为最重要的品质，致力于帮助发展中国家不同民族、不同宗教的孩子们。这也解释了为什么建筑设计与周围的居民区和谐相应，却发挥着特殊的作用。多种材料如钢梁和木质百叶窗混合使用，可根据百叶窗的不同位置，采用不同结构，赋予建筑立面全新的动态和活力。百叶窗的运用同时遮挡了阳光，起到了为建筑降温的作用。

建筑师利用以色列地区一年大约八个月的温暖、阳光充足、干旱无雨的气候条件，运用绿植屋顶和太阳能面板，最大程度利用太阳能的同时减少了能源和空调的使用。

Heart Children's Building
of its Founder Dr. Ami Cohen z"l
Ganz Family Charitable Foundation
The Save a Child's Heart Endowment Fund

Room

一层平面图

Room
Doctors
Accommodation
Doctors
Living Room

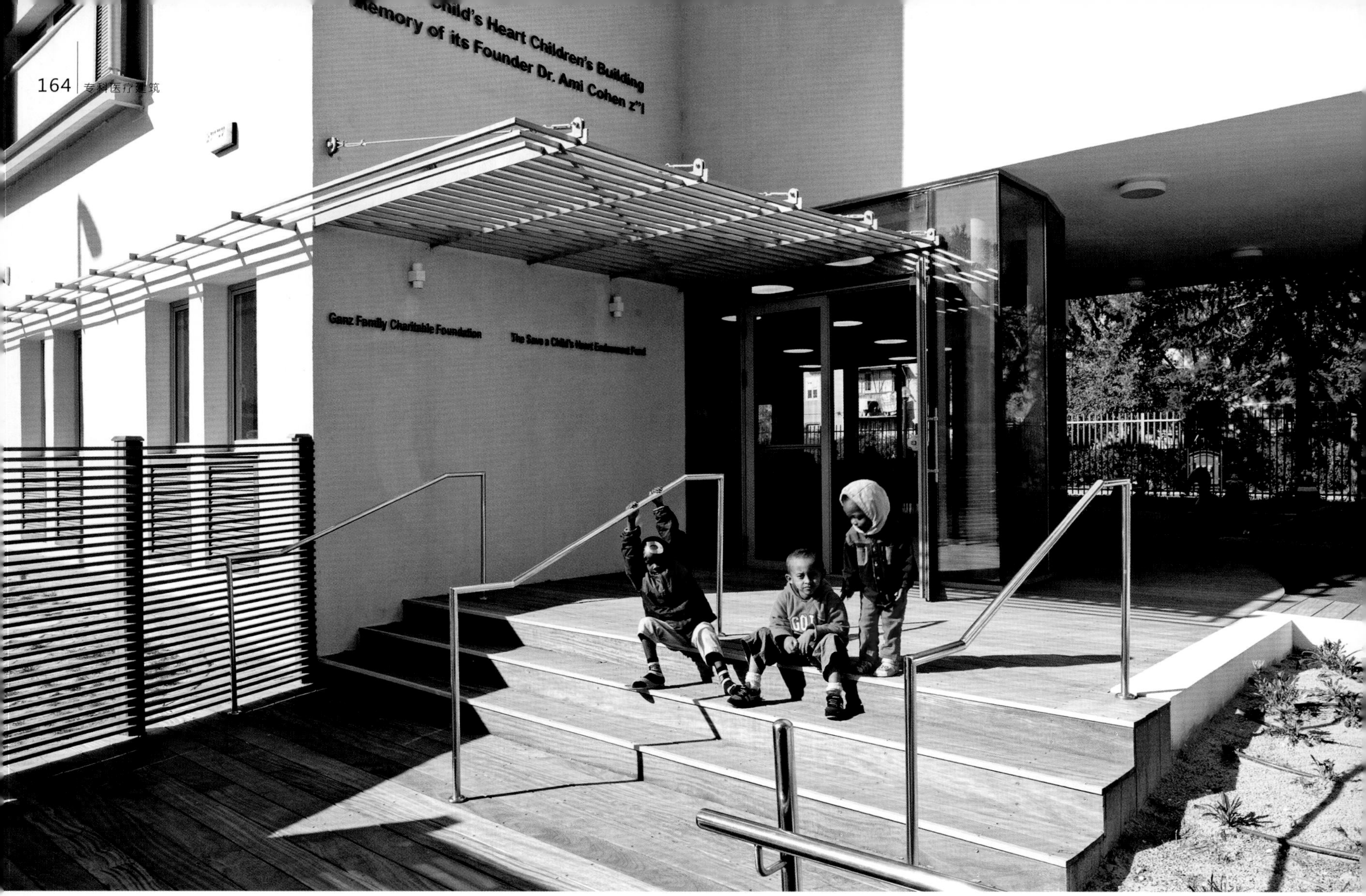

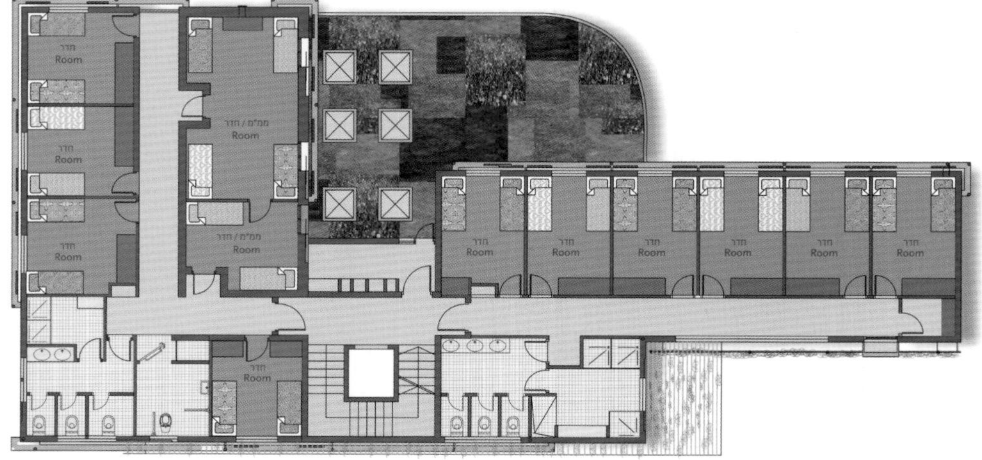

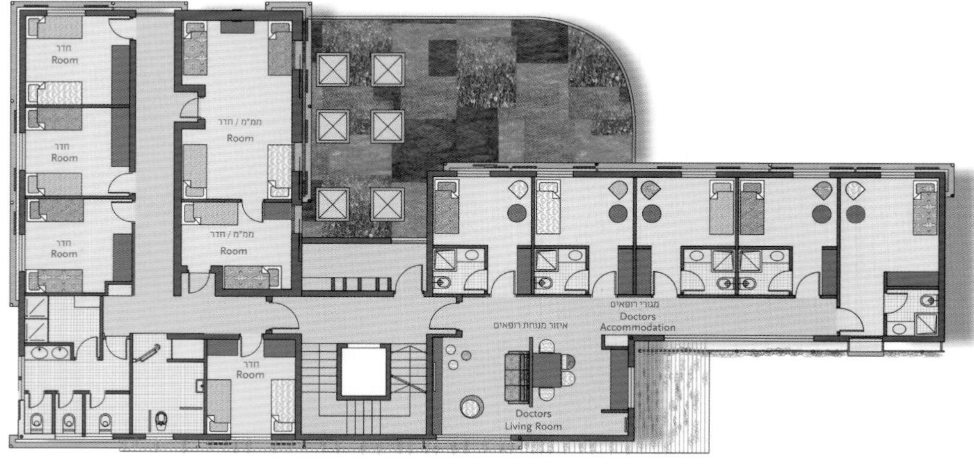

二层平面图

西立面图

东立面图

Development Plan

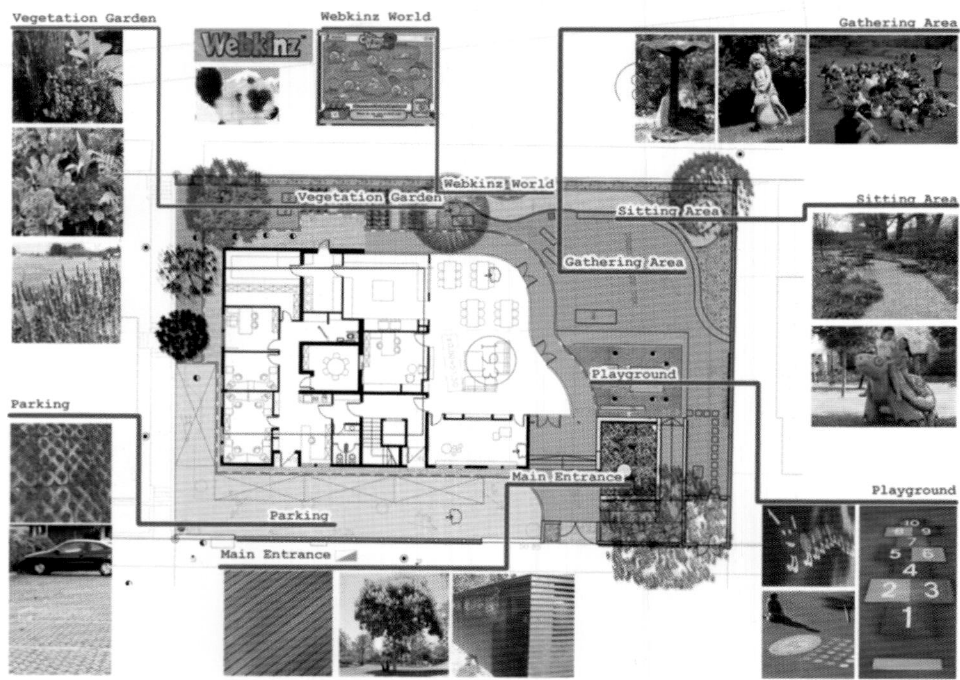

In Memory of Dr. Ami Cohen z"l

奥勒松医院新儿科部

项目地点：挪威奥勒松
客户：Helse Sunnmøre HF/Helsebygg Midt-Norge
建筑设计：C. F. Møller Architects
景观设计：Schønherr Norge
面积：5 550 m^2

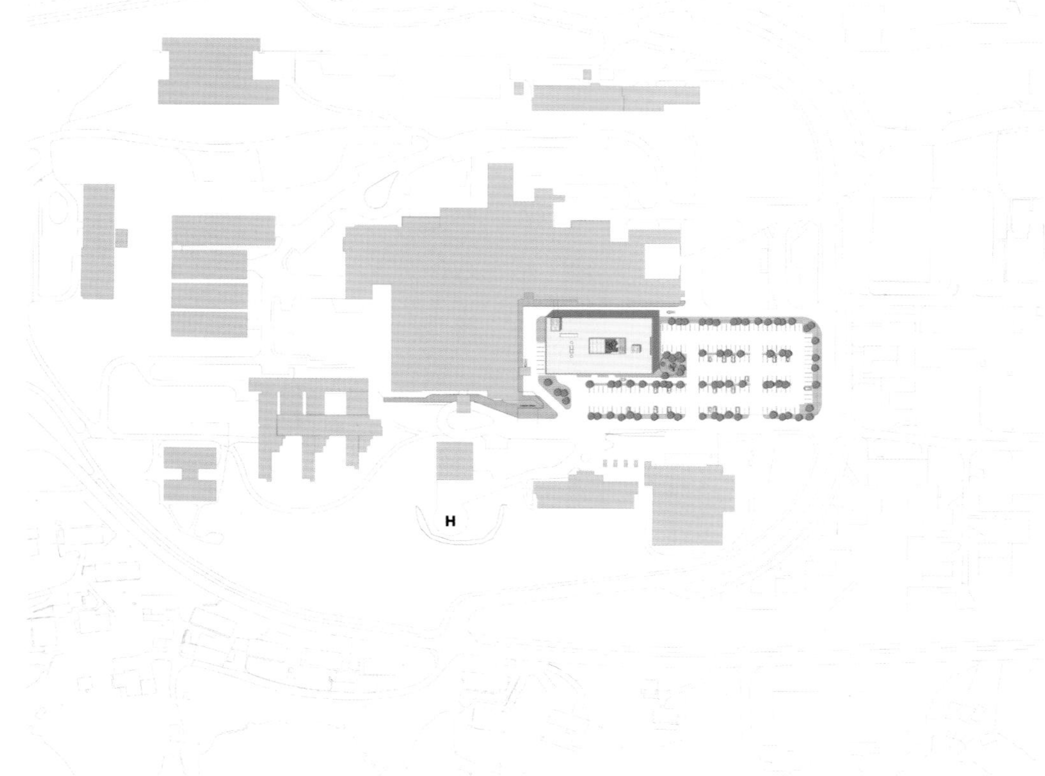

总平面图

该项目的设计目标不仅仅是想建立一个传统的医疗建筑，更是想要建立一个能够得到信任，为病人增加信心的儿童之家。病中的孩子需要亲密感、安全感和能够在特别设计的环境中进行物理活动。新儿科部的设计满足了他们的这些需求，使他们能够快速适应周围的环境。除了新生儿房以外，这个部门还设立了儿科门诊病房、病房医疗床、学前儿童和学校教育设施以及办公空间。儿科部为 16 岁以下儿童提供多种治疗方案。

这个拓展项目是一个独立的大楼，通过一座天桥与已有的奥勒松医院连接。建筑围绕着一个中心大厅布局，划分为内部和外部。 周围迷人的景色和灯光能够让病人和来访者将建筑与其功能联想起来。

在建筑内部的人们可以通过南面凹形的玻璃幕墙欣赏到附近海岸的景色，外面的人们也可以借此看到建筑内部的景象。建筑的主要材料为轻石膏、玻璃和木材，内部颜色鲜艳，地板和墙上特别设置了一些艺术作品。

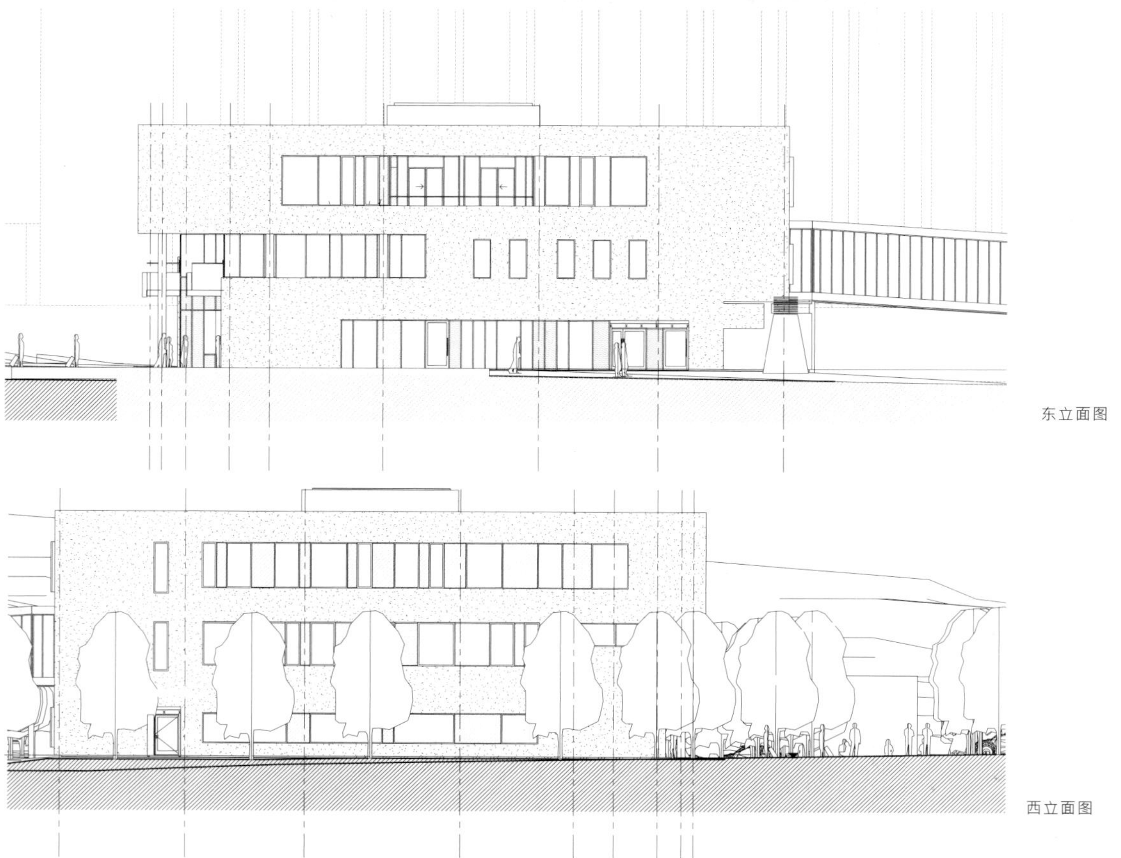

东立面图

西立面图

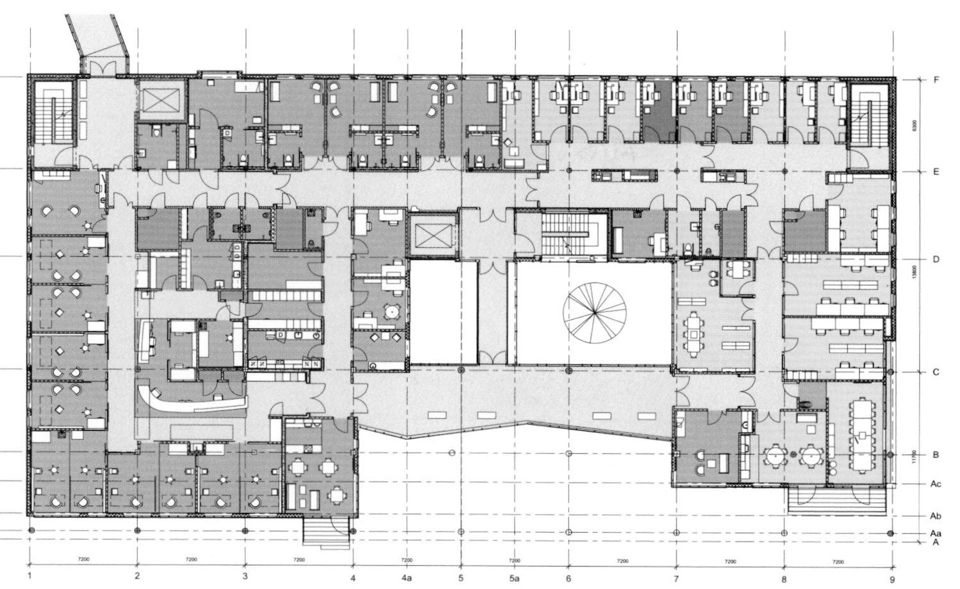

Ålesund Hospital new paediatric unit

Plan 1st floor Scale 1:200

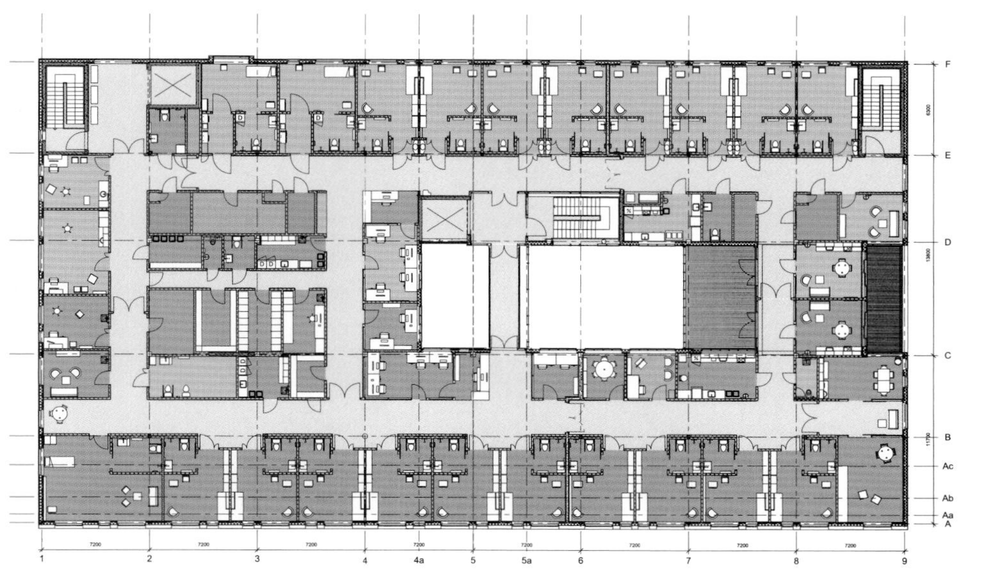

Ålesund Hospital new paediatric unit

Plan 2nd Floor Scale 1:200

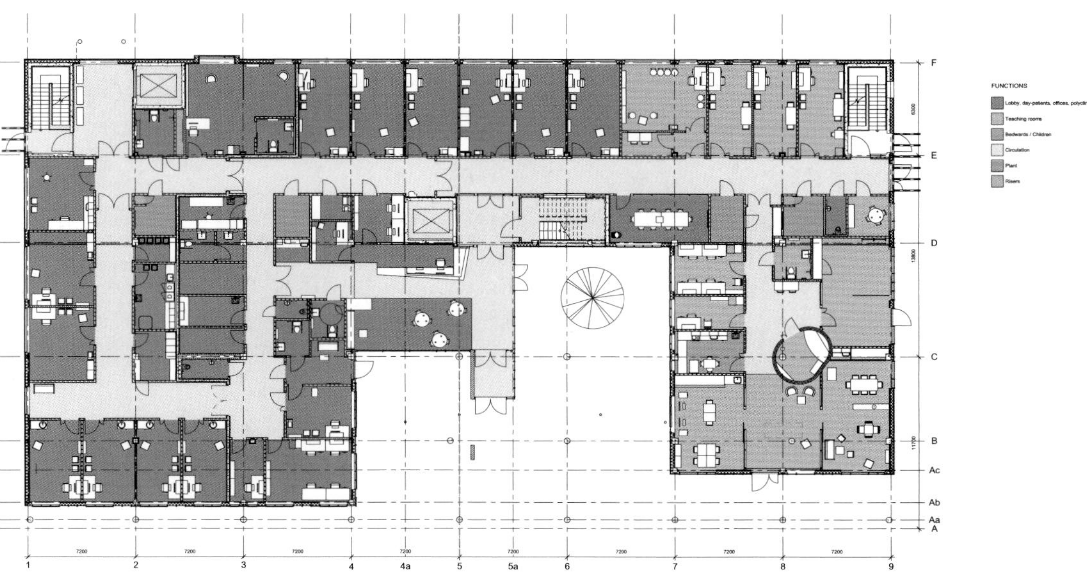

Ålesund Hospital new paediatric unit

Plan Ground Floor Scale 1:200

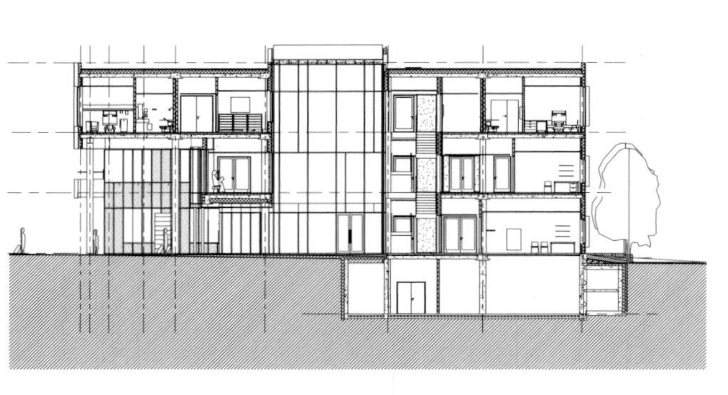

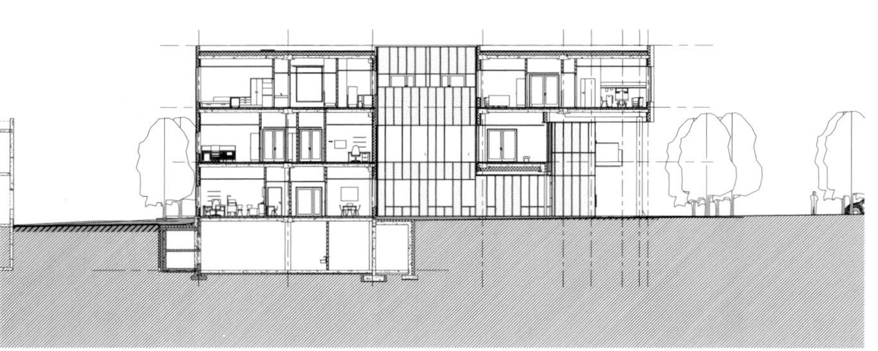

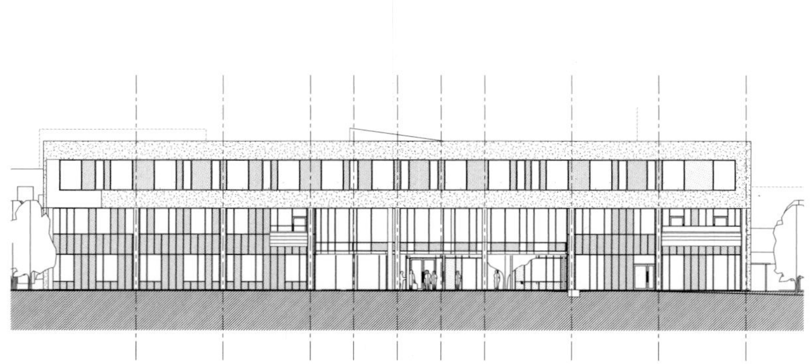

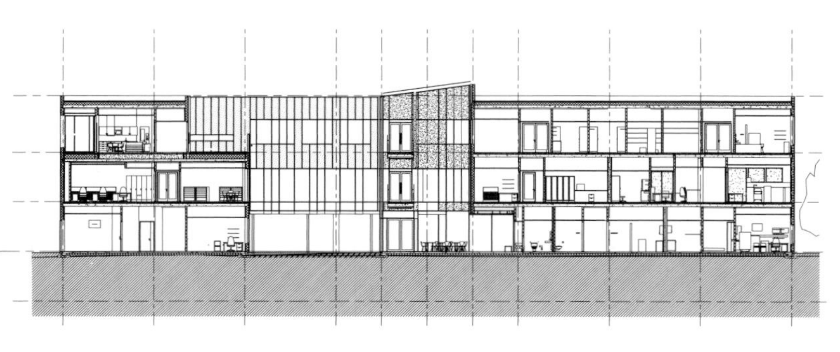

HC

Barne- og ungdomsavdelinga

Other Medical Building

其他医疗建筑

Targeted
Modern aesthetics
Green space
Quiet and comfortable

目标性 现代美学 绿色空间 安静舒适

Cochin 医院实验楼与后勤楼

项目地点：法国巴黎
建筑设计：法国 2/3/4 建筑师事务所
摄影：Nicolas Fussle

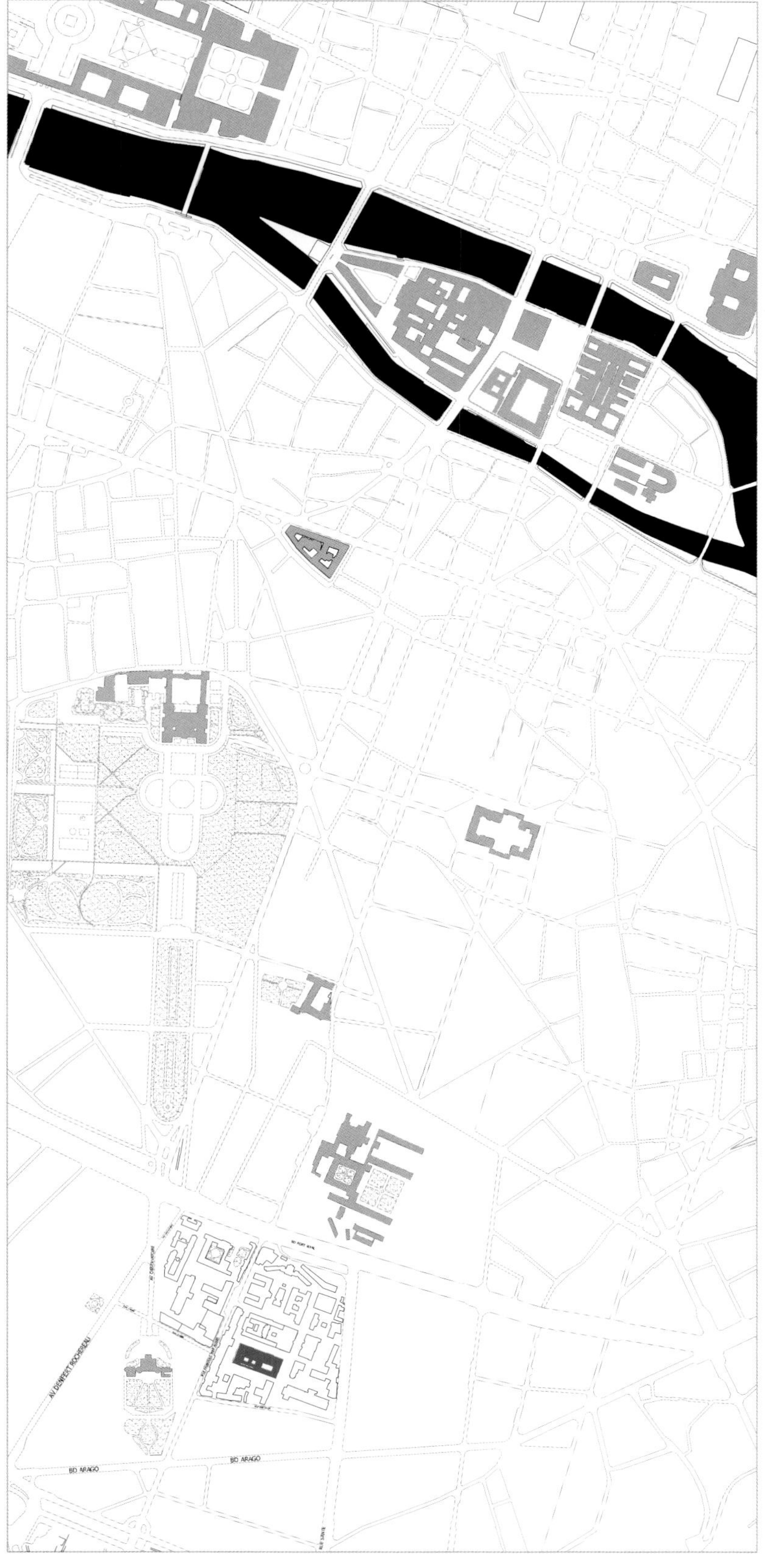

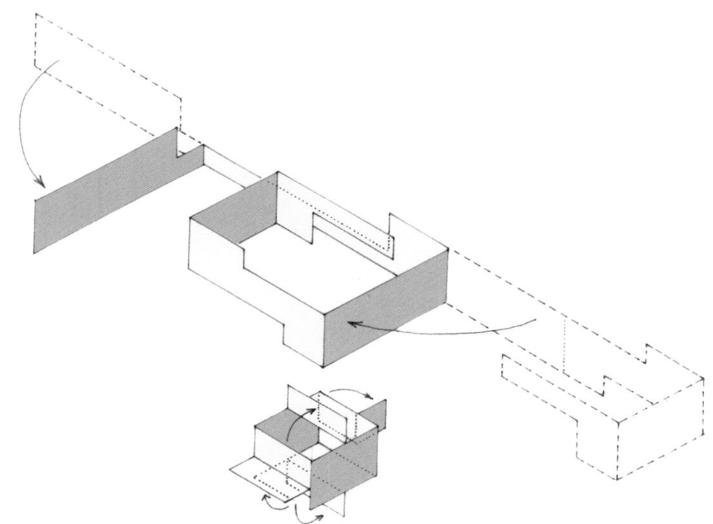

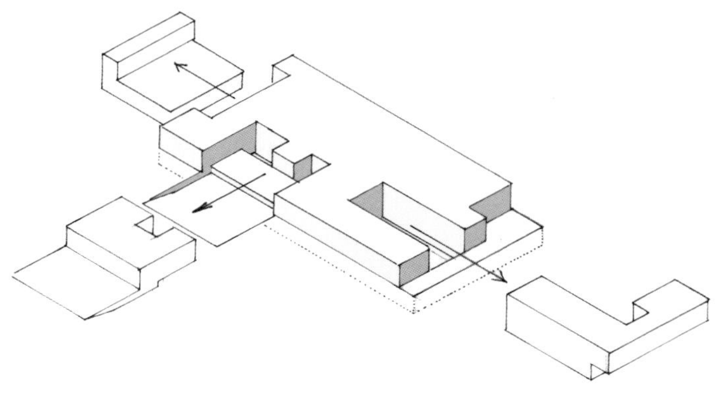

该项目所在位置比较特殊，它要保留一些原有的病房，这些病房由于有着 19 世纪医院建筑的特点，所以整个地块看起来不够现代。

设计除了目前的药房中心、后勤平台及消毒室之外，还要为未来的纵向扩建工程做准备，包括卧室、实验室或办公室等。由此产生的额外结构成本，将算在土地购置成本中，以免在扩建中破坏土地资源。

该建筑是个多变的几何体。除去特有的技术要求（结构要适应增加的高度、确定建筑的入口、不影响正常作息的施工），建筑的亮点还要数底部的设计，一片高地集合项目所需的特定元素——平台，这也为项目的扩建提供了新的参考点。

为了避免建筑密度过高，设计中的一系列开阔庭院，将医院周边的景观视野引入到内部的会议区。

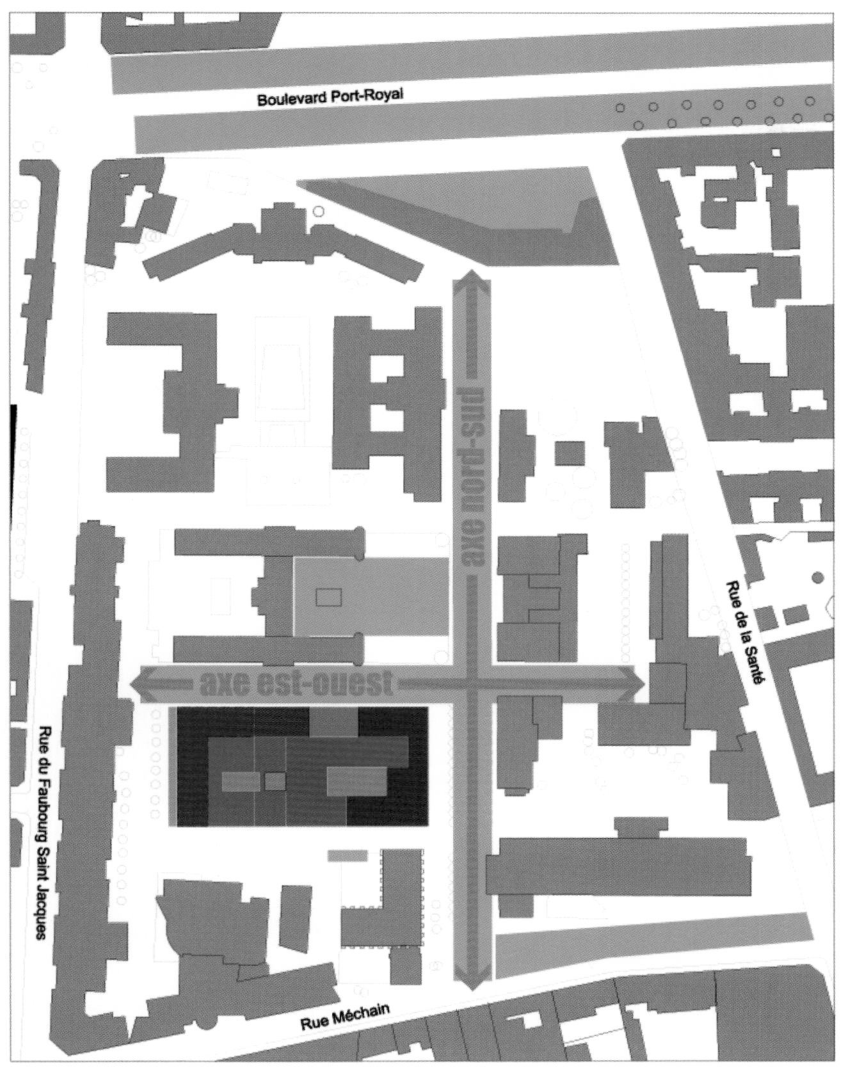

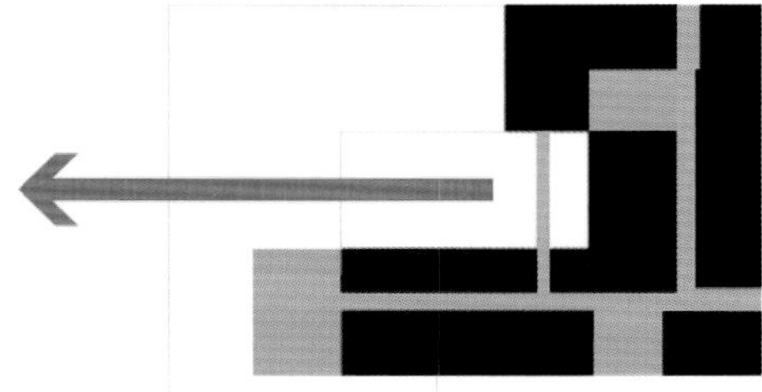

6th & 7th floor

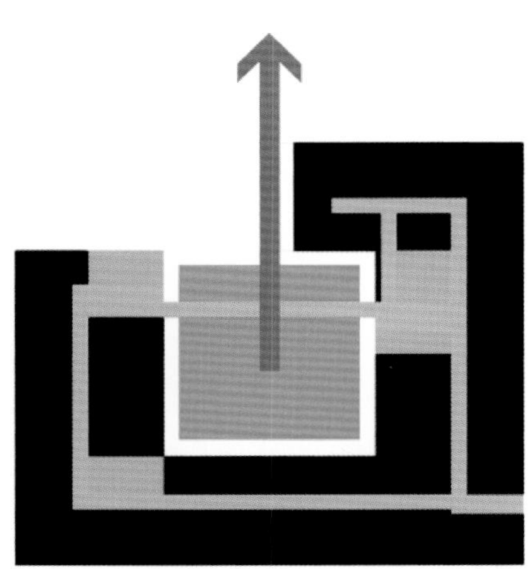

4th & 5th floor

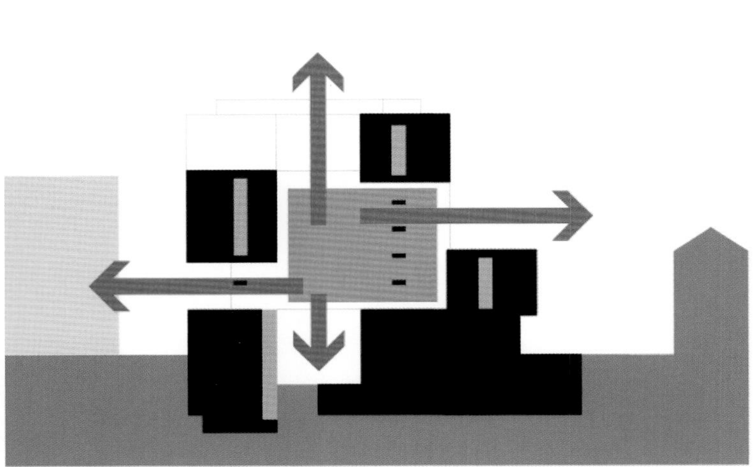

Section

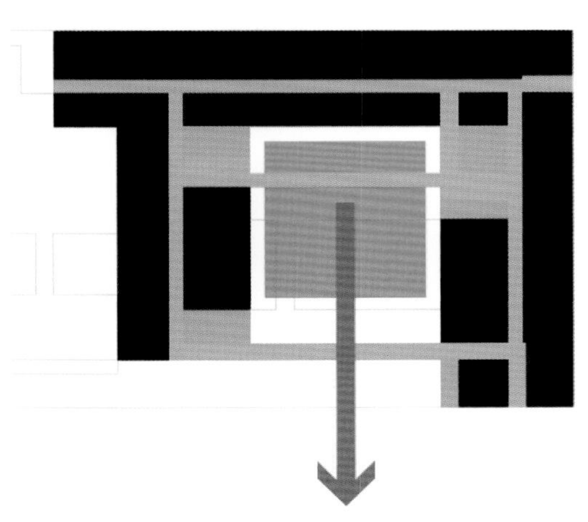

2nd & 3rd floor

THE SPATIAL PROJECT a "suspended courtyard"

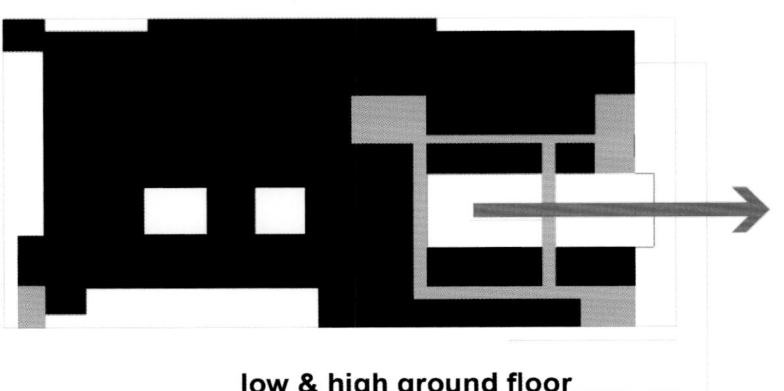

low & high ground floor

THE ENVIRONMENTAL PROJECT

1/ Flexibility, modularity : Today labs, offices, logistic center, tomorrow health units and operating theater.

2/ Extension : the upper levels can be extended (+ 5 000 m^2) above the lower levels.

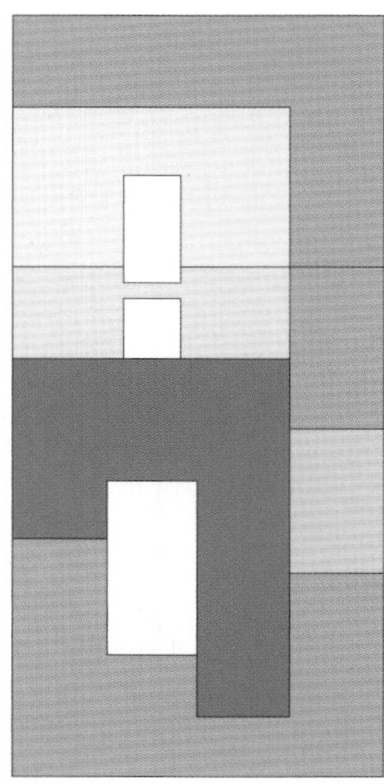

Today

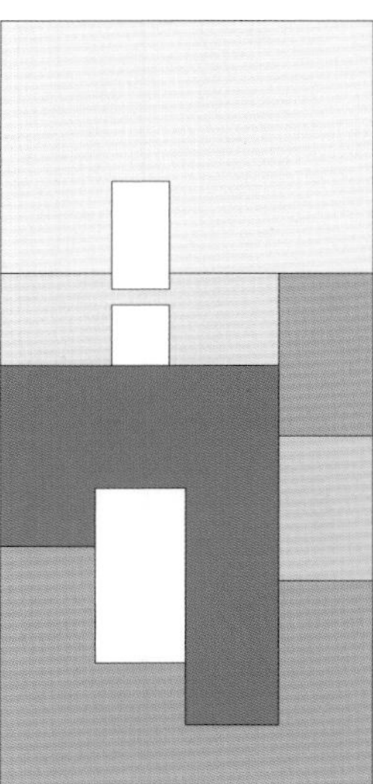

Tomorrow

3/ Bioclimatic comfort : Today an open courtyard, tomorrow an atrium to improve the building inertia and save energy.

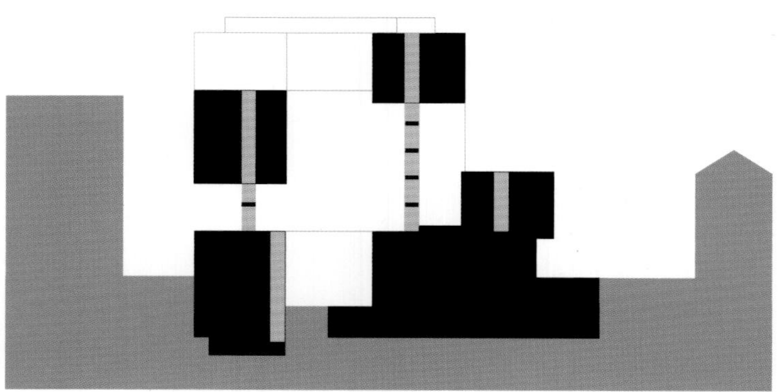

Today : open courtyard

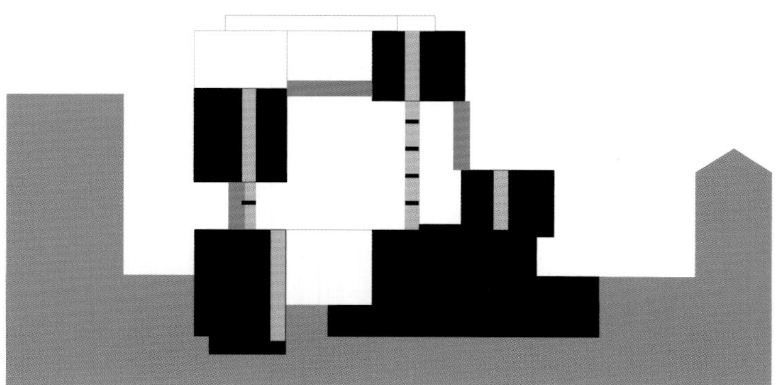

Tomorrow : atrium

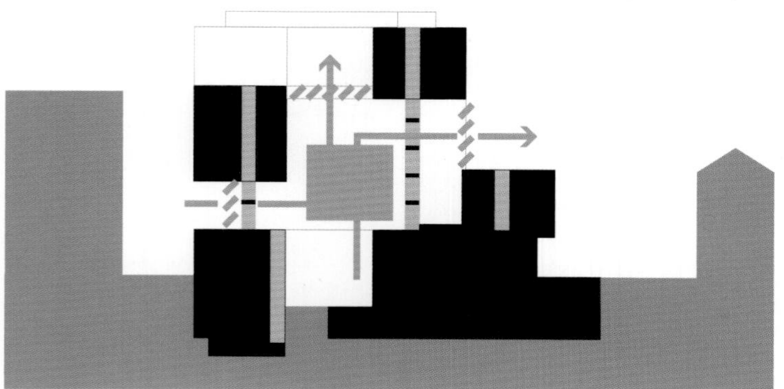

Summer
Opened atrium to ventilate

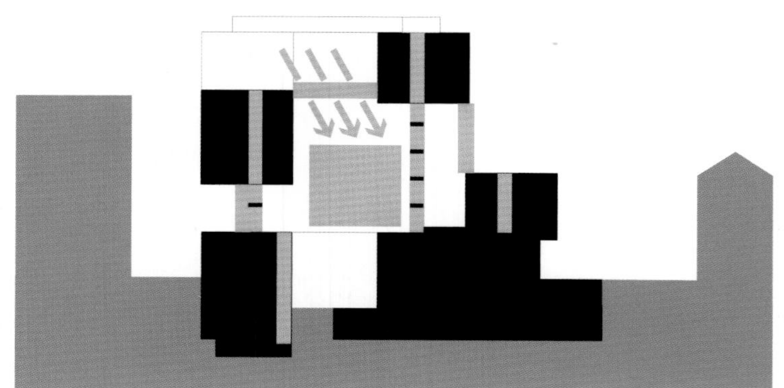

Winter
Closed atrium to preheat

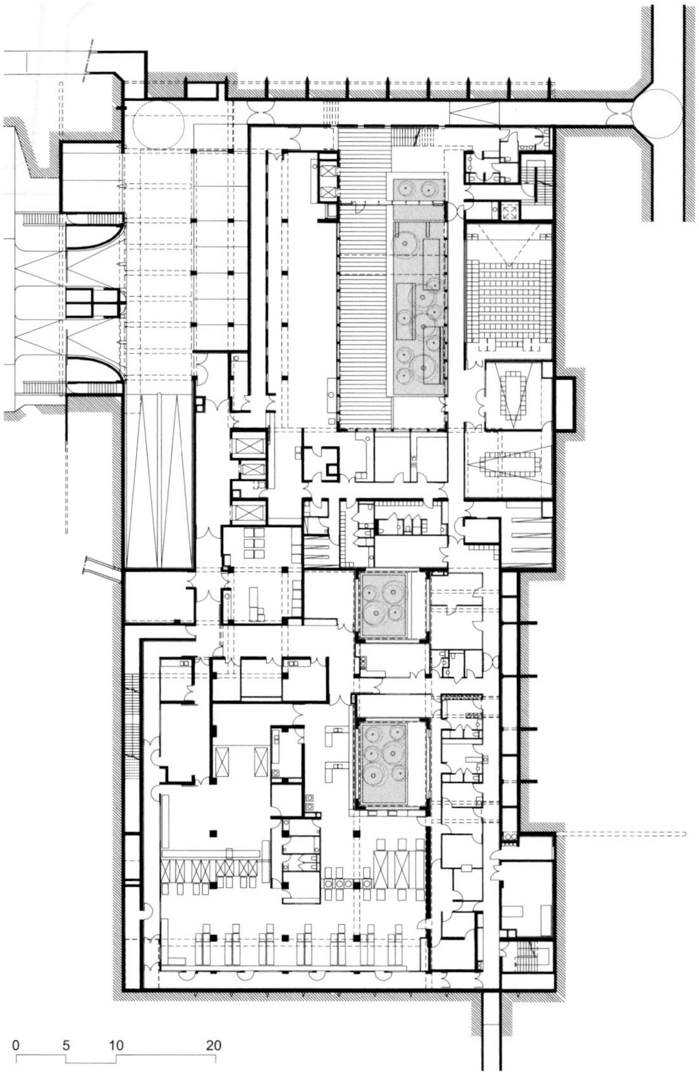

0 5 10 20

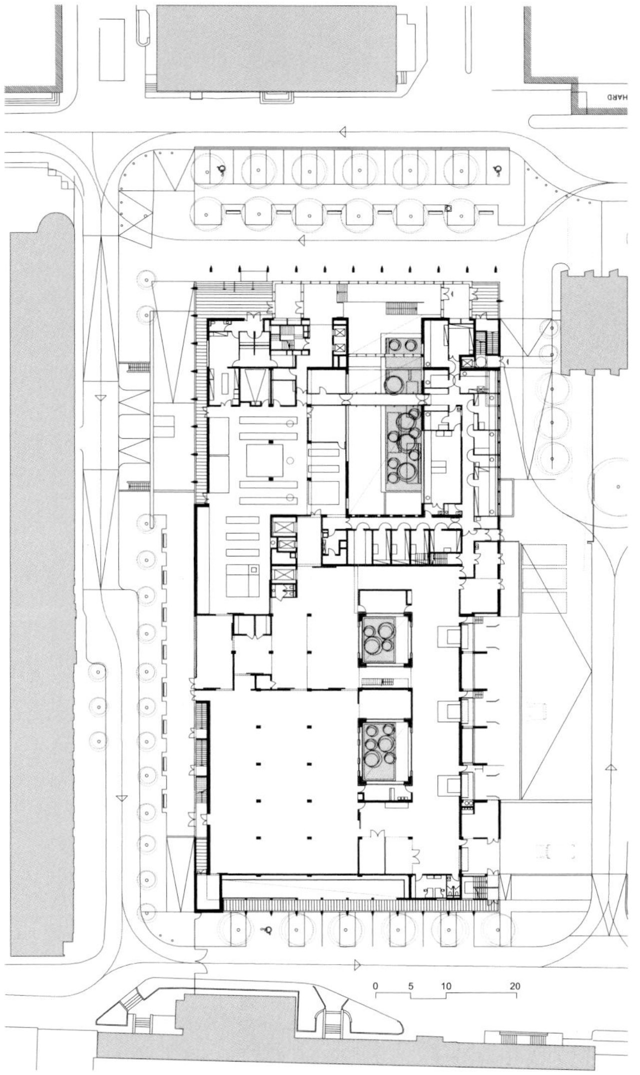

0 5 10 20

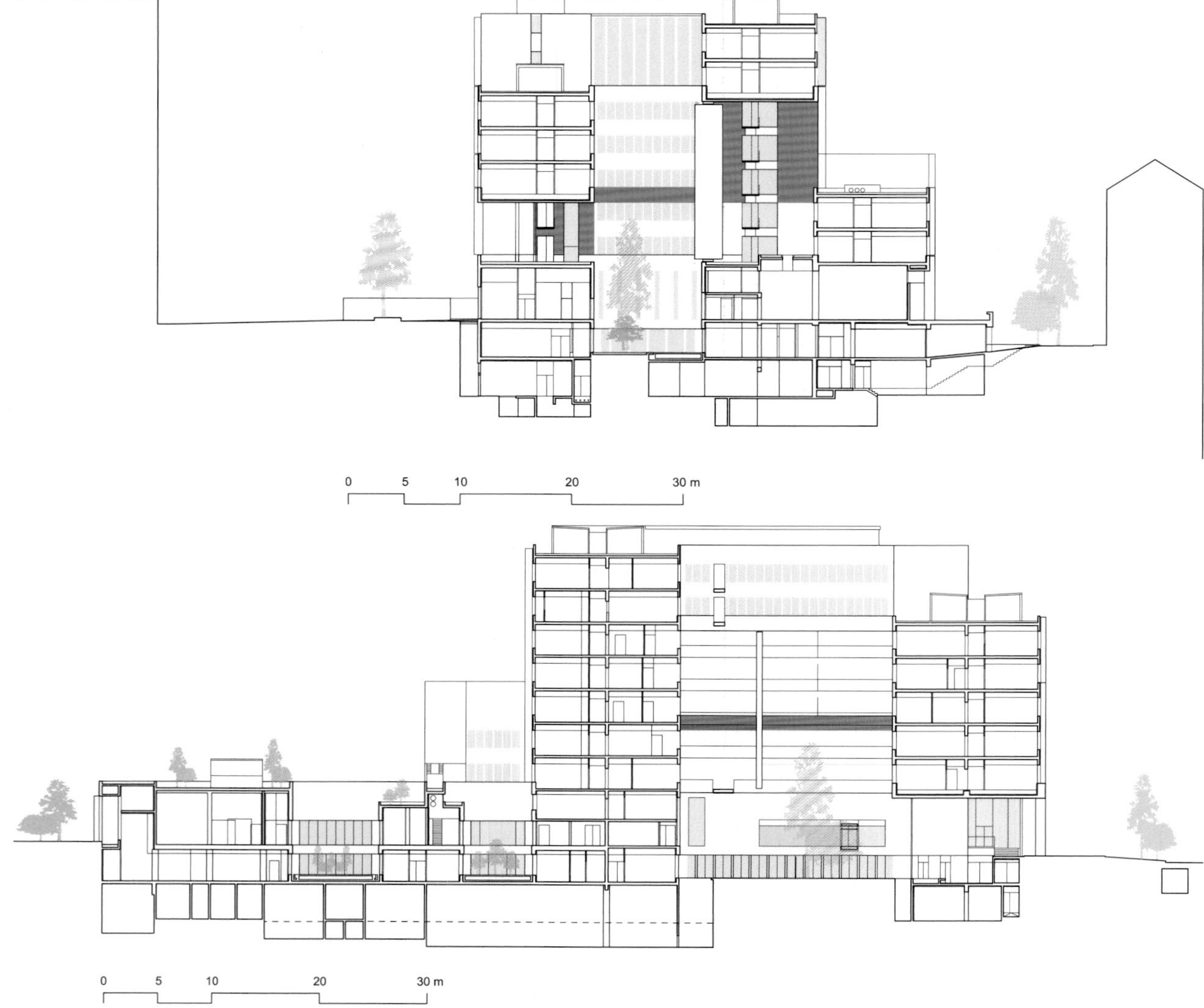
0
5
10
20
30 m
0
5
10
20
30 m

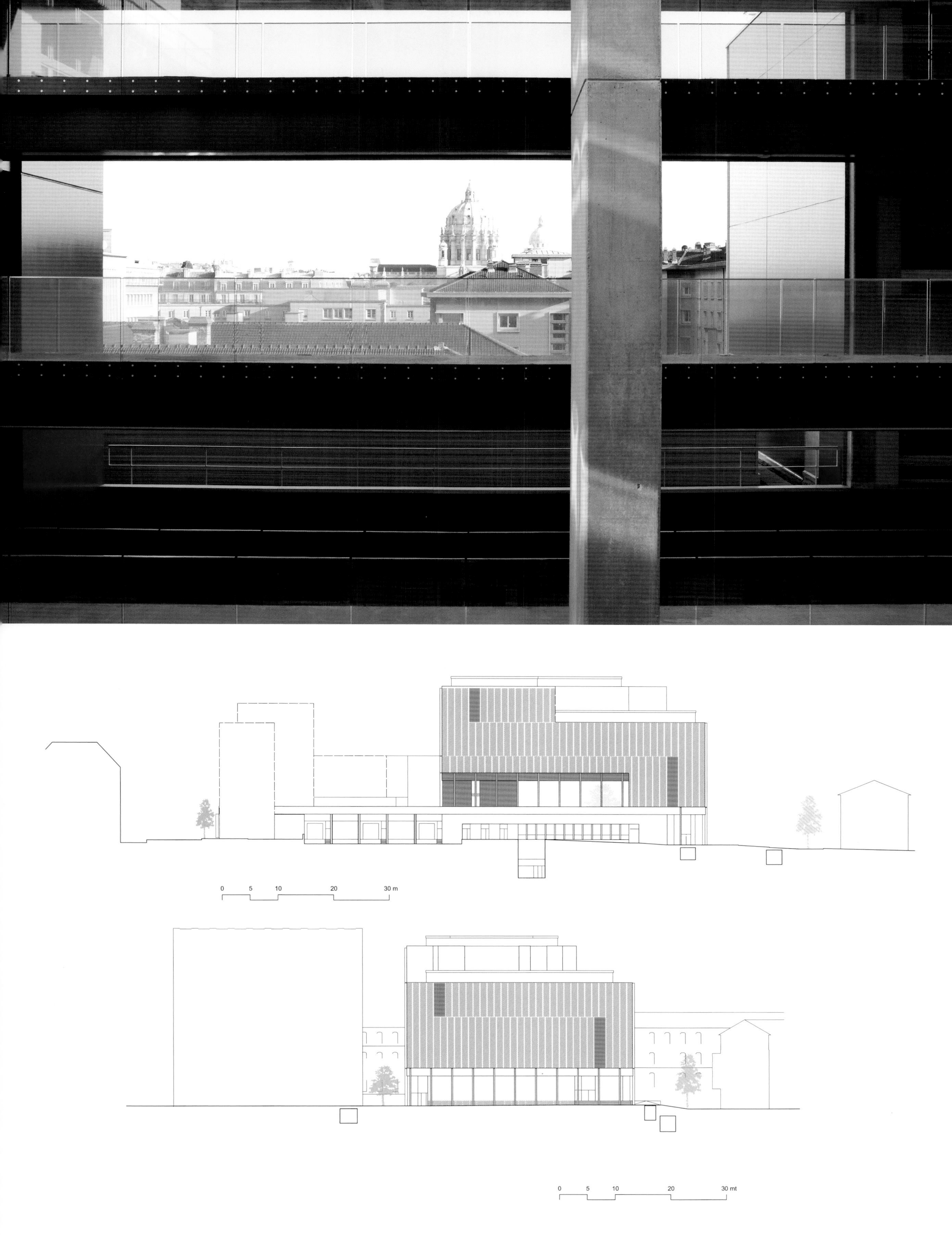
0 5 10 20 30 m
0 5 10 20 30 mt

再生医学中心

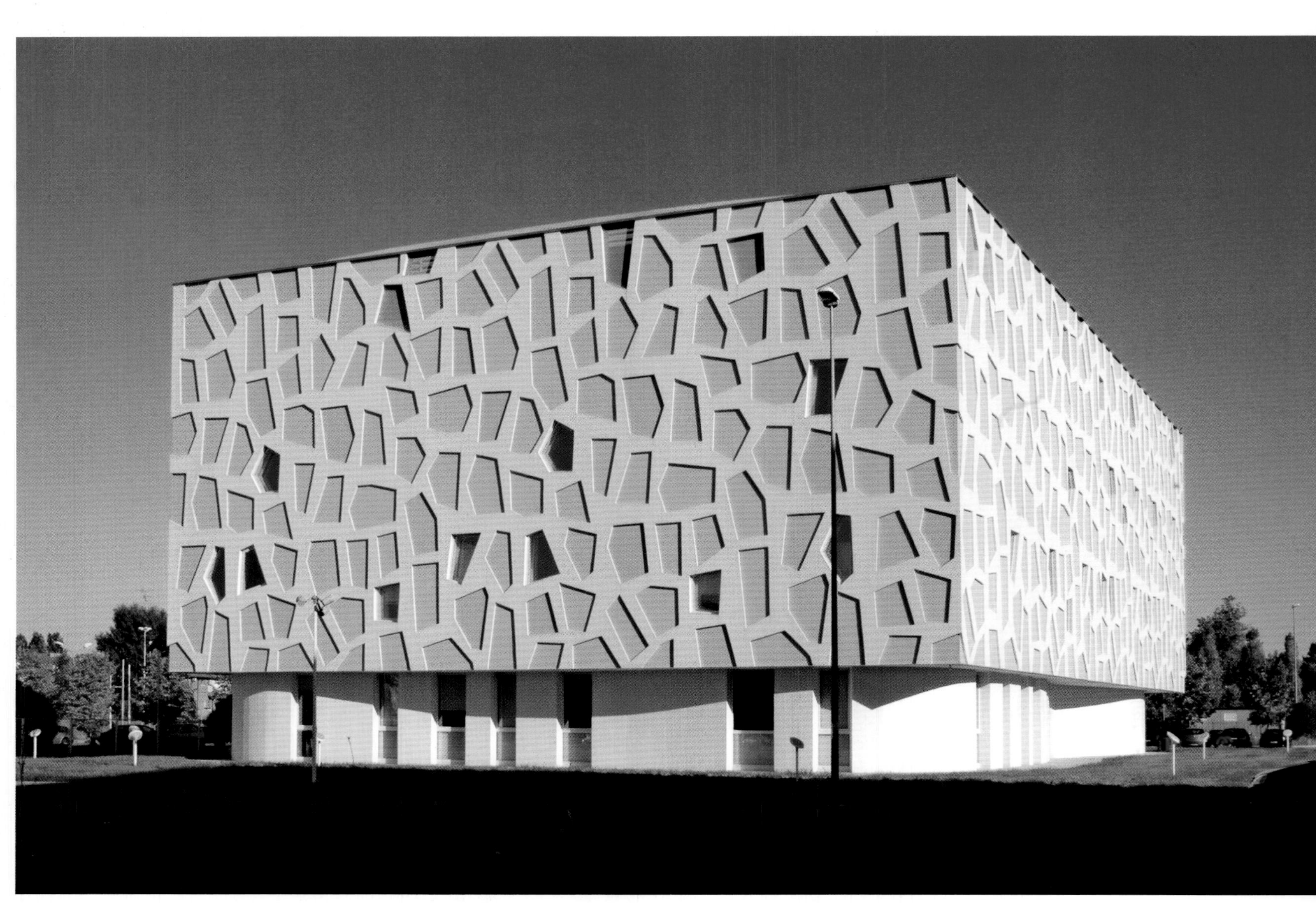

项目地点：意大利莫德纳
建筑设计：意大利 ZPZ 建筑师事务所
摄影：Alessandro Paderni, Eye Studio; Leonardo Corallini

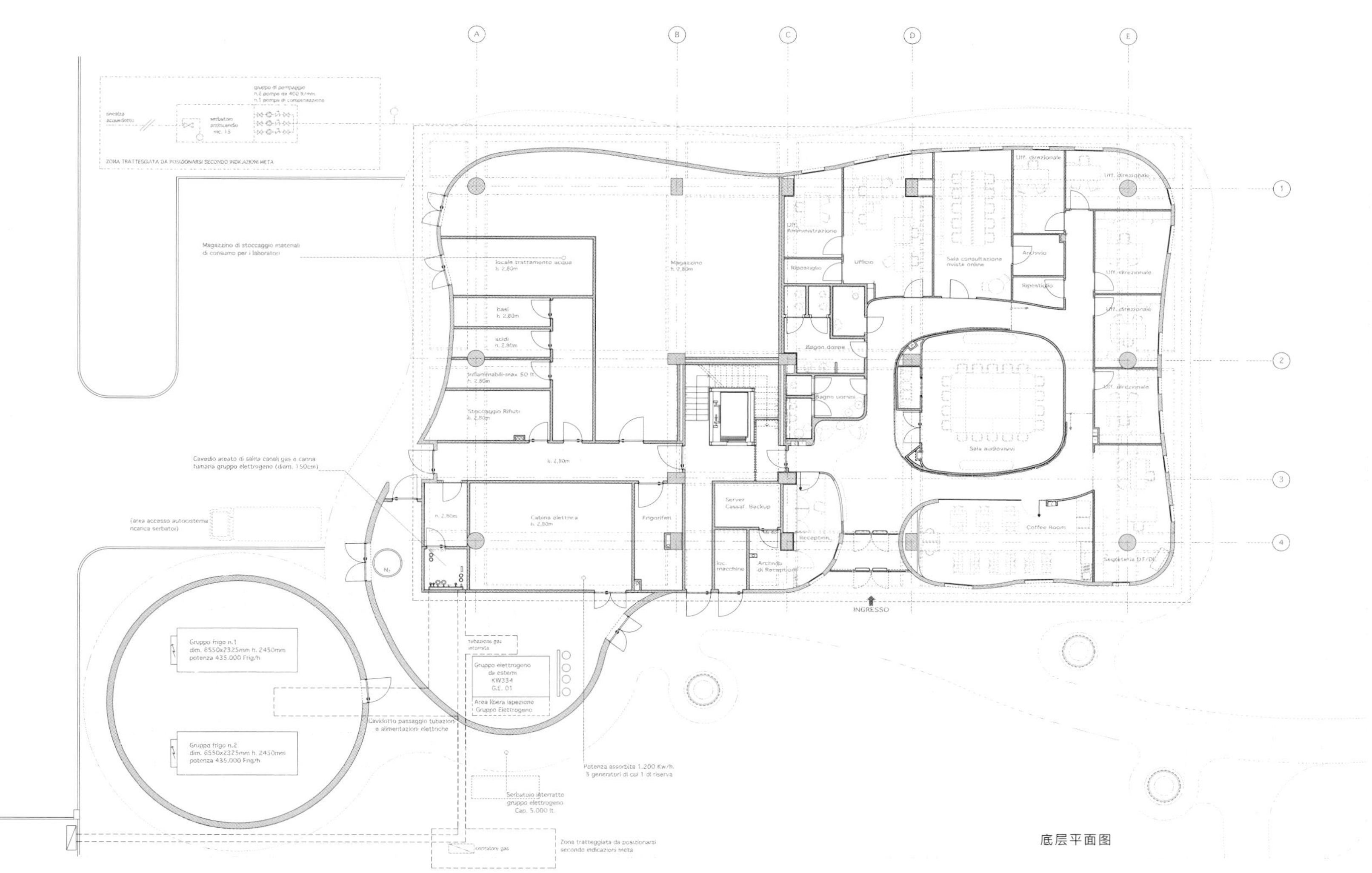

底层平面图

再生医学中心是一个先进的国际项目，为人体组织移植制作成体干细胞。

无论从概念还是从规模上来讲，这个创新项目可以说是欧洲的首例，它需要一个完全无菌的环境——没有自然光，与外界隔绝，50 名研究员的工作就在这个无菌、配有先进技术系统与设备的地方展开。

该中心的特点是它的外观，立面图案采用聚苯乙烯和玻璃纤维，可反映内部动静。紧凑的体块，长 40m，宽 25m，高 13.5m，共 3 层，计 1 000m^3。

研究和行政 / 管理空间在一楼，包括接待区、调研室、会议室、档案和咨询区、储存区和中央系统区域。做一般研究用的生化与生物实验室位于二楼，大约三分之一的空间留给了细胞培养实验室，布局由人或物体的消毒程序决定。三楼也主要是细胞培养实验室，遵守 BLS3 污染控制协议，高度防腐。

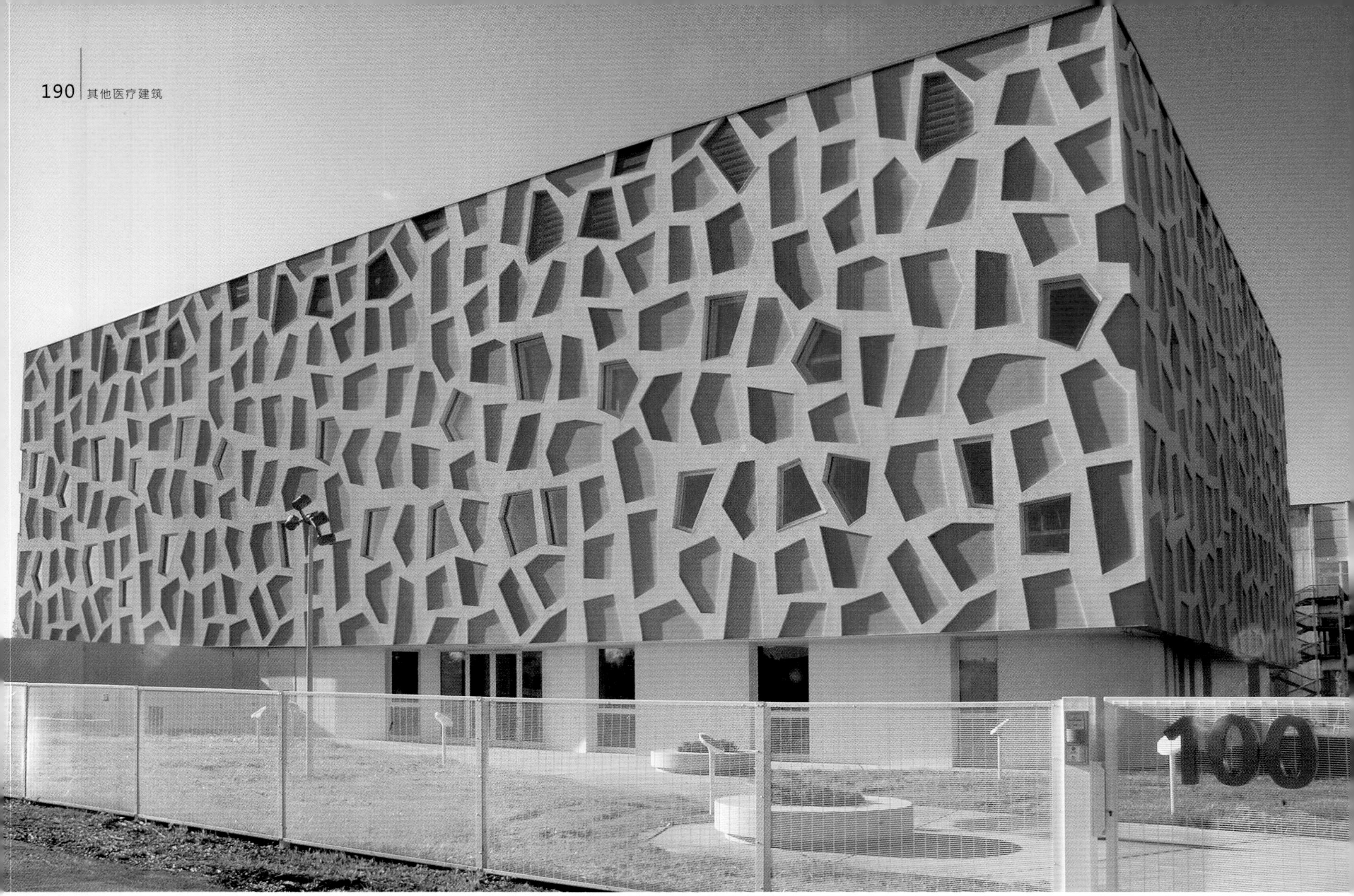
100

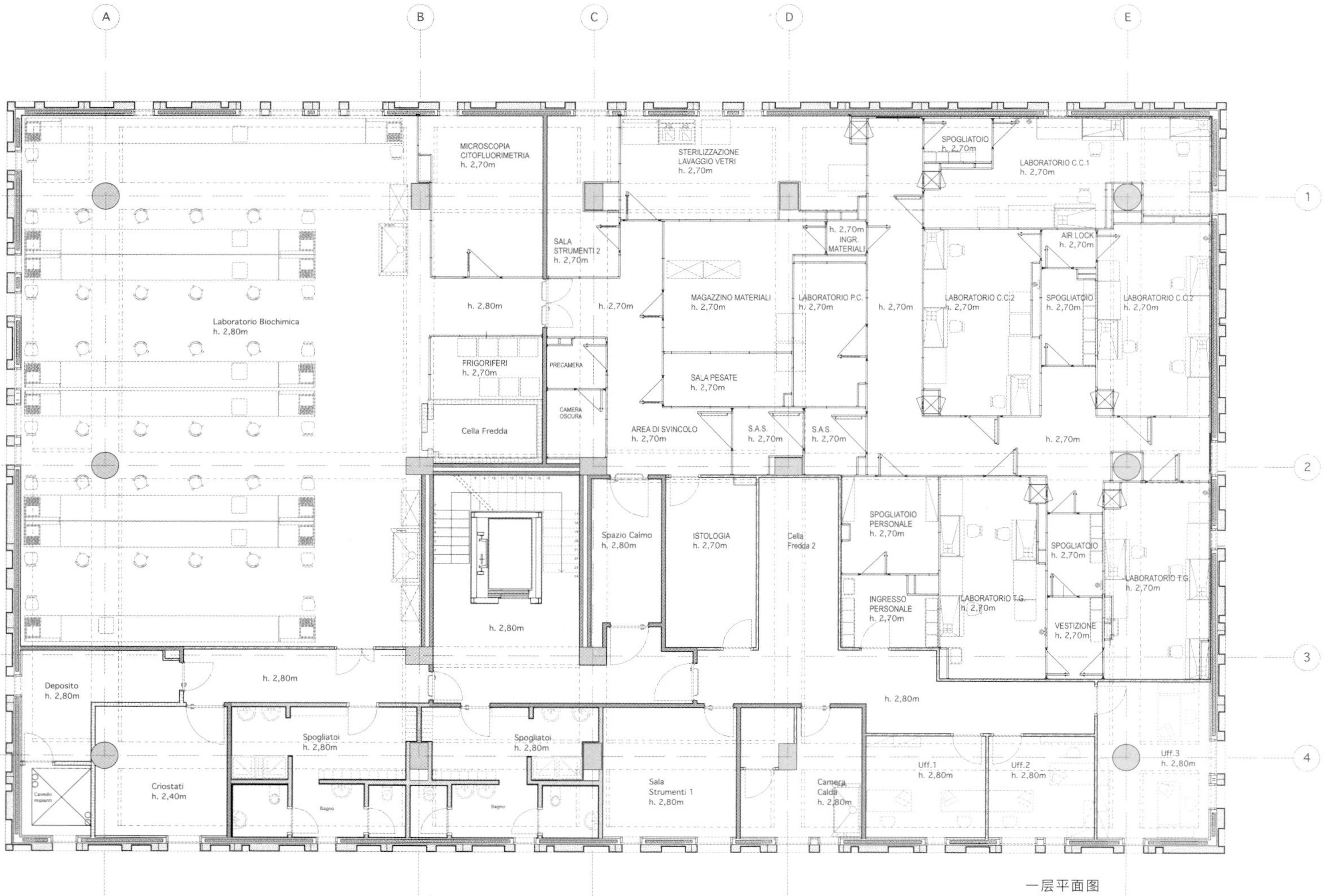
A
B
C
D
E
1
2
3
4
MICROSCOPIA CITOFLUORIMETRIA h. 2,70m
STERILIZZAZIONE LAVAGGIO VETRI h. 2,70m
SPOGLIATOIO h. 2,70m
LABORATORIO C.C.1 h. 2,70m
SALA STRUMENTI 2 h. 2,70m
h. 2,70m INGR. MATERIALI
AIR LOCK h. 2,70m
Laboratorio Biochimica h. 2,80m
h. 2,80m
h. 2,70m
MAGAZZINO MATERIALI h. 2,70m
LABORATORIO P.C. h. 2,70m
h. 2,70m
LABORATORIO C.C.2 h. 2,70m
SPOGLIATOIO h. 2,70m
LABORATORIO C.C.2 h. 2,70m
FRIGORIFERI h. 2,70m
PRECAMERA
CAMERA OSCURA
SALA PESATE h. 2,70m
Cella Fredda
AREA DI SVINCOLO h. 2,70m
S.A.S. h. 2,70m
S.A.S. h. 2,70m
h. 2,70m
Spazio Calmo h. 2,80m
ISTOLOGIA h. 2,70m
Cella Fredda 2
SPOGLIATOIO PERSONALE h. 2,70m
SPOGLIATOIO h. 2,70m
LABORATORIO T.G. h. 2,70m
INGRESSO PERSONALE h. 2,70m
LABORATORIO T.G. h. 2,70m
VESTIZIONE h. 2,70m
h. 2,80m
Deposito h. 2,80m
h. 2,80m
h. 2,80m
Spogliatoi h. 2,80m
Spogliatoi h. 2,80m
Uff.3 h. 2,80m
Criostati h. 2,40m
Bagno
Bagno
Sala Strumenti 1 h. 2,80m
Camera Calda h. 2,80m
Uff.1 h. 2,80m
Uff.2 h. 2,80m

一层平面图

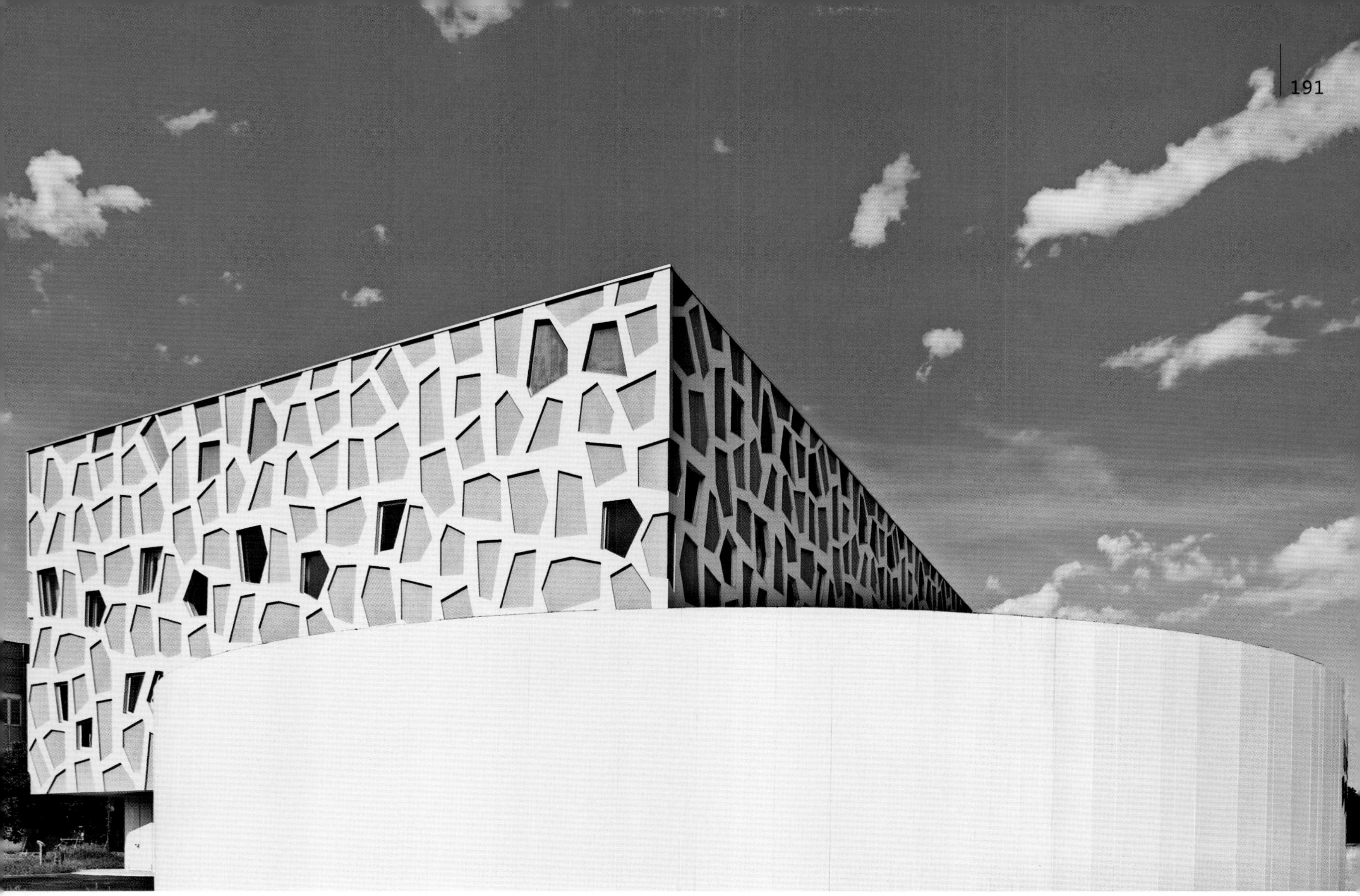

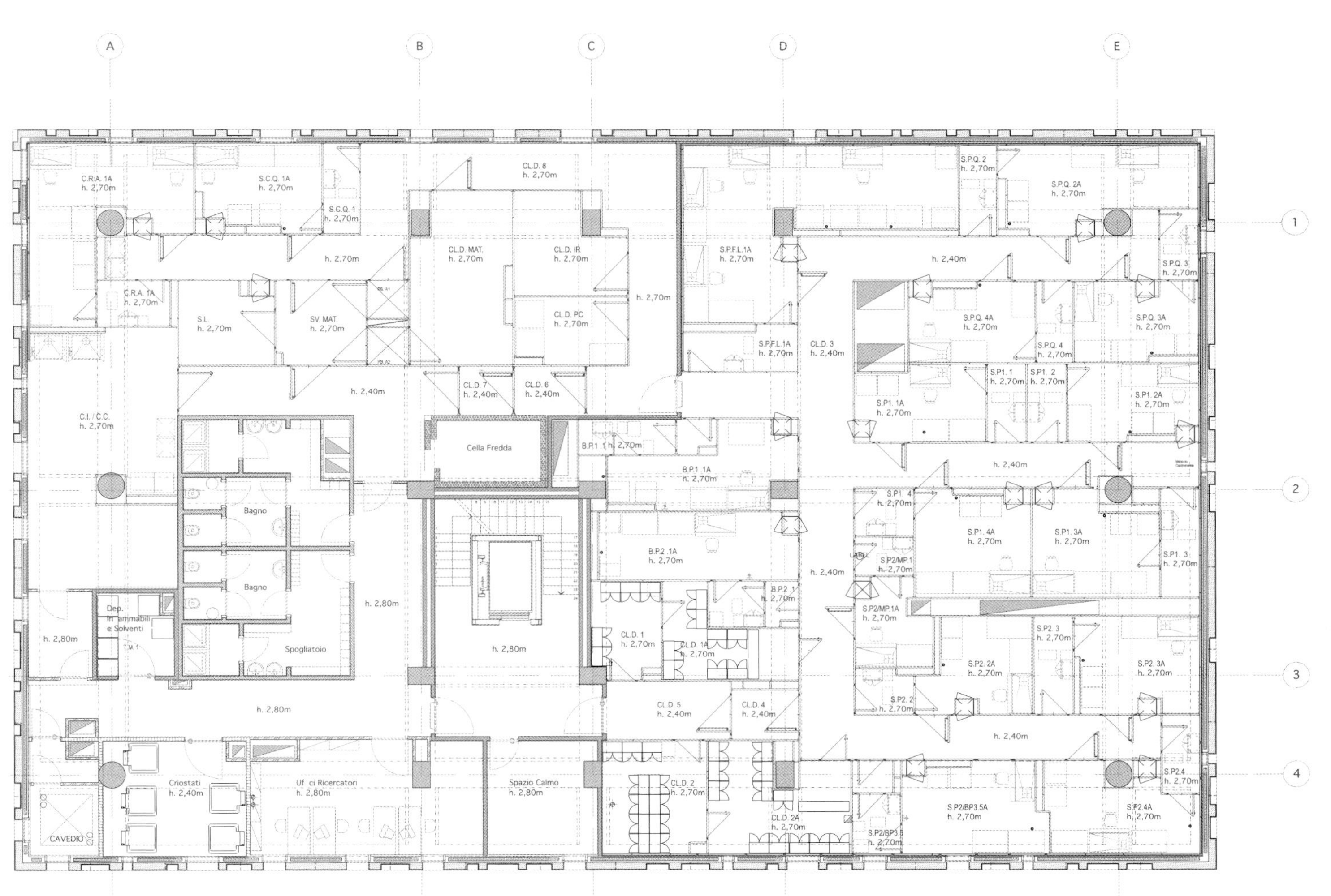

A
B
C
D
E
1
2
3
4
C.R.A. 1A
h. 2,70m
S.C.Q. 1A
h. 2,70m
S.C.Q. 1
h. 2,70m
CL.D. 8
h. 2,70m
S.P.Q. 2
h. 2,70m
S.P.Q. 2A
h. 2,70m
h. 2,70m
CL.D. MAT.
h. 2,70m
CL.D. IR
h. 2,70m
S.P.F.L.1A
h. 2,70m
h. 2,40m
S.P.Q. 3
h. 2,70m
C.R.A. 1A
h. 2,70m
S.L.
h. 2,70m
SV. MAT
h. 2,70m
CL.D. PC
h. 2,70m
h. 2,70m
S.P.Q. 4A
h. 2,70m
S.P.Q. 3A
h. 2,70m
S.P.F.L.1A
h. 2,70m
CL.D. 3
h. 2,40m
S.P.Q. 4
h. 2,70m
h. 2,40m
CL.D. 7
h. 2,40m
CL.D. 6
h. 2,40m
S.P.1. 1
h. 2,70m
S.P.1. 2
h. 2,70m
C.I. / C.C.
h. 2,70m
S.P.1. 1A
h. 2,70m
S.P.1. 2A
h. 2,70m
Cella Fredda
B.P.1. 1
h. 2,70m
B.P.1. 1A
h. 2,70m
h. 2,40m
Bagno
S.P.1. 4
h. 2,70m
S.P.1. 4A
h. 2,70m
S.P.1. 3A
h. 2,70m
B.P.2. 1A
h. 2,70m
S.P.1. 3
h. 2,70m
Bagno
S.P2/MP.1
h. 2,70m
h. 2,40m
B.P.2. 1
h. 2,70m
Dep.
Infiammabili
e Solventi
h. 2,80m
S.P2/MP.1A
h. 2,70m
h. 2,80m
CL.D. 1
h. 2,70m
CL.D. 1A
h. 2,70m
S.P2. 3
h. 2,70m
Spogliatoio
h. 2,80m
S.P2. 2A
h. 2,70m
S.P2. 3A
h. 2,70m
S.P2. 2
h. 2,70m
h. 2,80m
CL.D. 5
h. 2,40m
CL.D. 4
h. 2,40m
h. 2,40m
Criostati
h. 2,40m
Uf ci Ricercatori
h. 2,80m
Spazio Calmo
h. 2,80m
CL.D. 2
h. 2,70m
S.P2.4
h. 2,70m
S.P2/BP3.5A
h. 2,70m
S.P2.4A
h. 2,70m
CAVEDIO
CL.D. 2A
h. 2,70m
S.P2/BP3.5
h. 2,70m

二层平面图

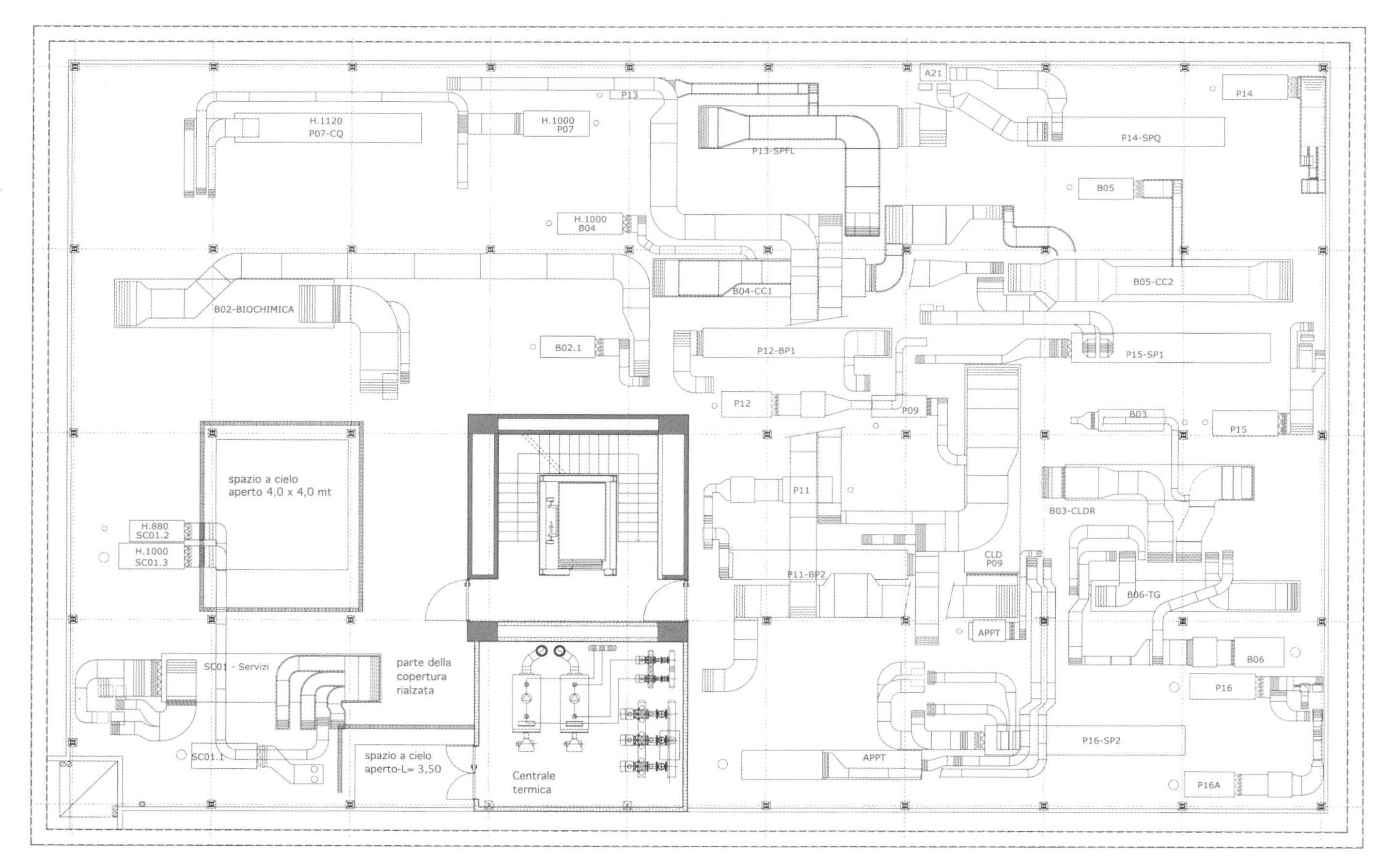

A21
P14
H.1120
P07-CQ
H.1000
P07
P13
P13-SPFL
P14-SPQ
B05
H.1000
B04
B04-CC1
B05-CC2
B02-BIOCHIMICA
B02.1
P12-BP1
P15-SP1
P12
P09
B03
P15
spazio a cielo
aperto 4,0 x 4,0 mt
P11
B03-CLDR
H.880
SC01.2
H.1000
SC01.3
CLD
P09
P11-BP2
B06-TG
APPT
SC01 - Servizi
parte della
copertura
rialzata
B06
P16
SC01.1
spazio a cielo
aperto-L= 3,50
Centrale
termica
APPT
P16-SP2
P16A

Prospetto ovest laterale
Prospetto sud
Prospetto est
Prospetto nord lato ingresso

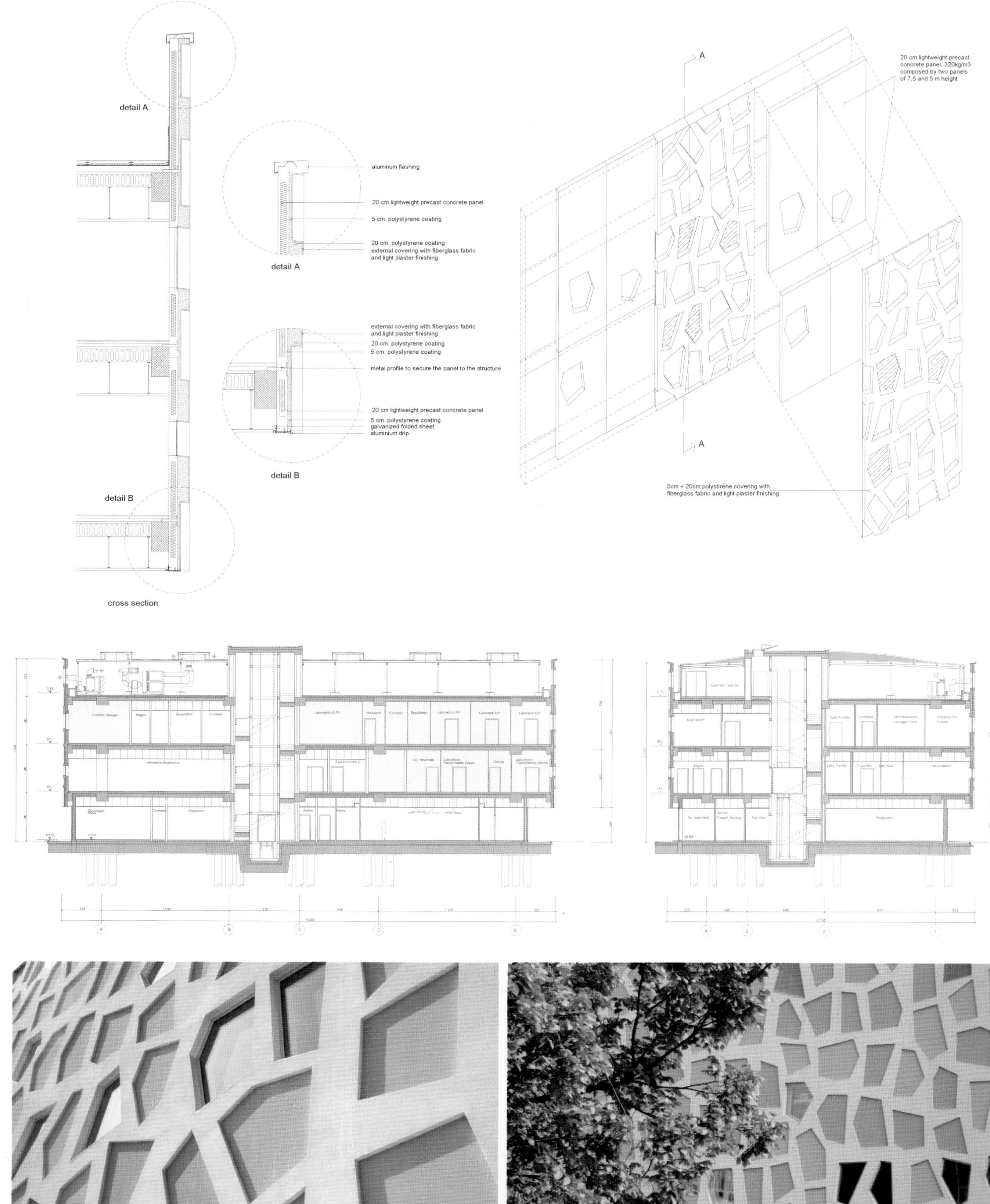
detail A
aluminum flashing
20 cm lightweight precast concrete panel
5 cm. polystyrene coating
20 cm. polystyrene coating
external covering with fiberglass fabric
and light plaster finishing
detail A
external covering with fiberglass fabric
and light plaster finishing
20 cm. polystyrene coating
5 cm. polystyrene coating
metal profile to secure the panel to the structure
20 cm lightweight precast concrete panel
5 cm. polystyrene coating
galvanized folded sheet
aluminium drip
detail B
detail B
cross section
A
A
20 cm lightweight precast
concrete panel, 320kg/m3
composed by two panels
of 7,5 and 5 m height
5cm + 20cm polystyrene covering with
fiberglass fabric and light plaster finishing

© Alessandro Paderni, Eye Studio

卡勒基医院中心行政大楼与主入口

项目地点：意大利佛罗伦萨
建筑设计：意大利 Ipostudio 建筑师事务所
建筑筑师：Carlo Terpolilli
建成面积：19 500 m^2
摄影：Pietro Savorelli

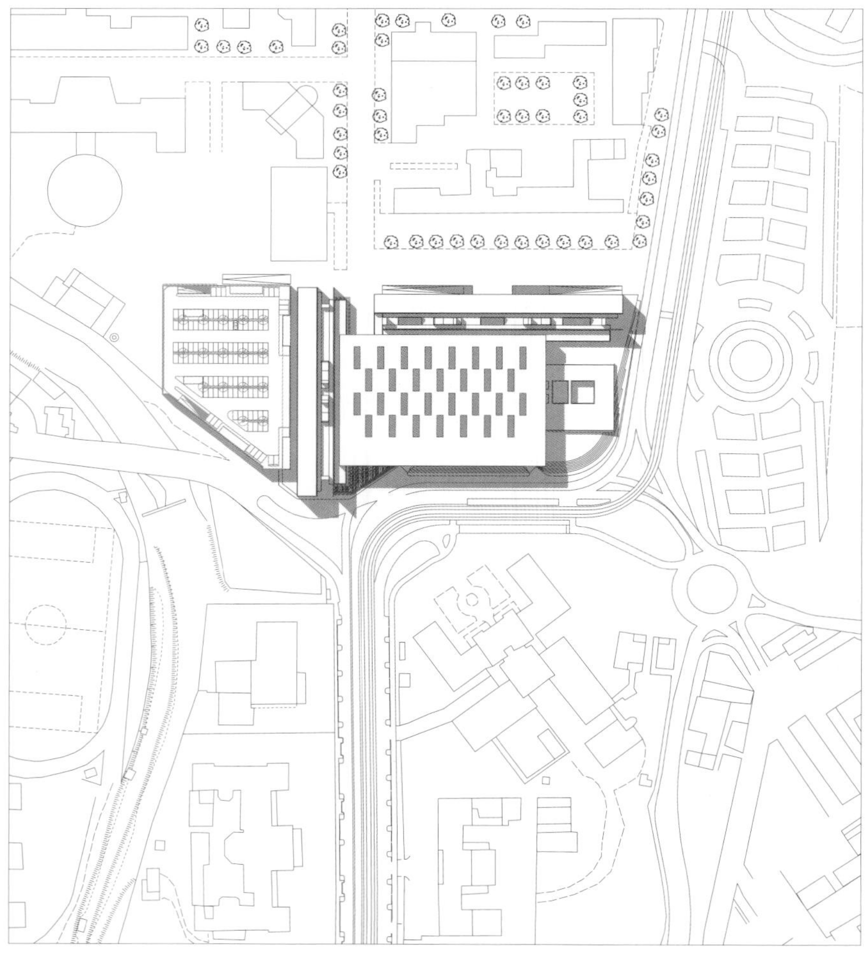

总平面图

卡勒基医院中心行政大楼与主入口既是佛罗伦萨的城市节点，也代表着该城与医院的建筑仪态。它位于医院的北部，是整个医院的主入口。

这个综合体包括医院的行政医疗办公室、大学、入口大厅和停车场。大大的屋顶就像一个盖子把各个部分聚合成了一个整体。

行政大楼除了给公众提供信息之外还有一些服务项目，大学和商务设施呈集中式结构，面向城市，迎接人们的到来。行人广场上的覆盖层由细长的钢柱支撑着，过道完全采用玻璃，构成了整个综合体的核心部分，也证明了这里是医院，而不是冷酷无情与世隔绝之地。主入口不仅仅只是一个供人们通行的入口，在这里，人们还可以散步、聊天或聚会。

带有高高的天花板的入口大厅是整个系统的核心部分，管理、行政、医疗办公楼位于大厅的最高层，通过两座天桥与医院和大学连接起来。

部分有顶的内外皆可通行的露台引至行人区，该区包括商店和其它商业设施，如餐厅、酒吧、报摊、药房和一个容纳300座的礼堂。表面积达2 500 m^2 的玻璃拱廊能调节局部的气候，控制温度，冬暖夏凉。

项目采用节能技术和节能材料，假平顶皆由木材制成，建筑的中心部分天然气汽轮机为整个区域提供清洁能源和暖气，也为内部建筑提供电力。

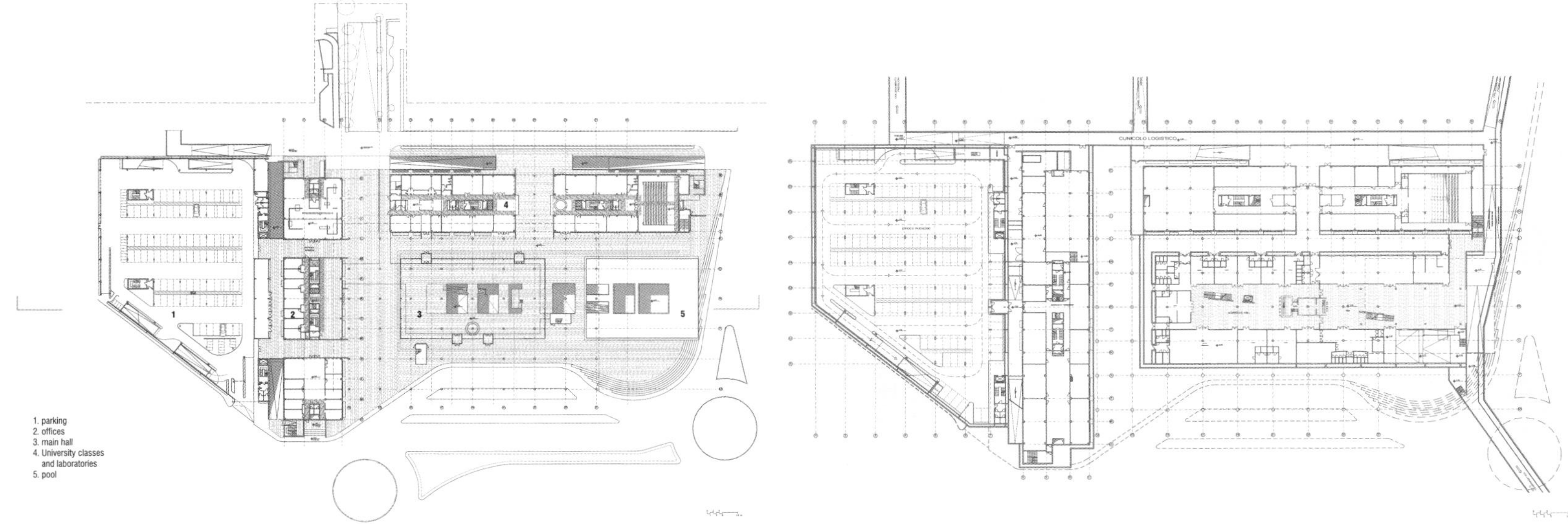

0 2 4
1 3 5 10 m

0 2 4
1 3 5 10 m

0 2 4
1 3 5 10 m

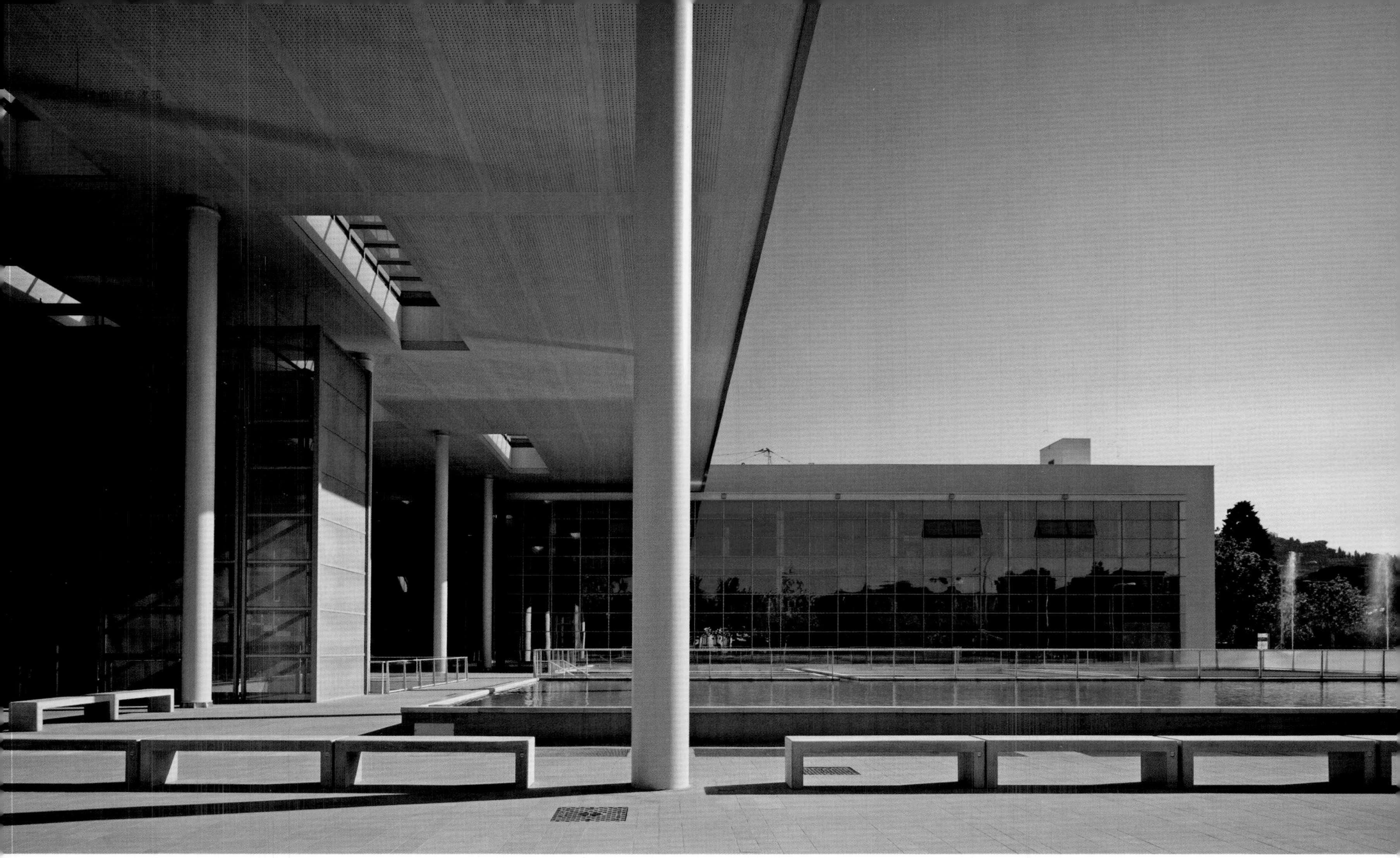

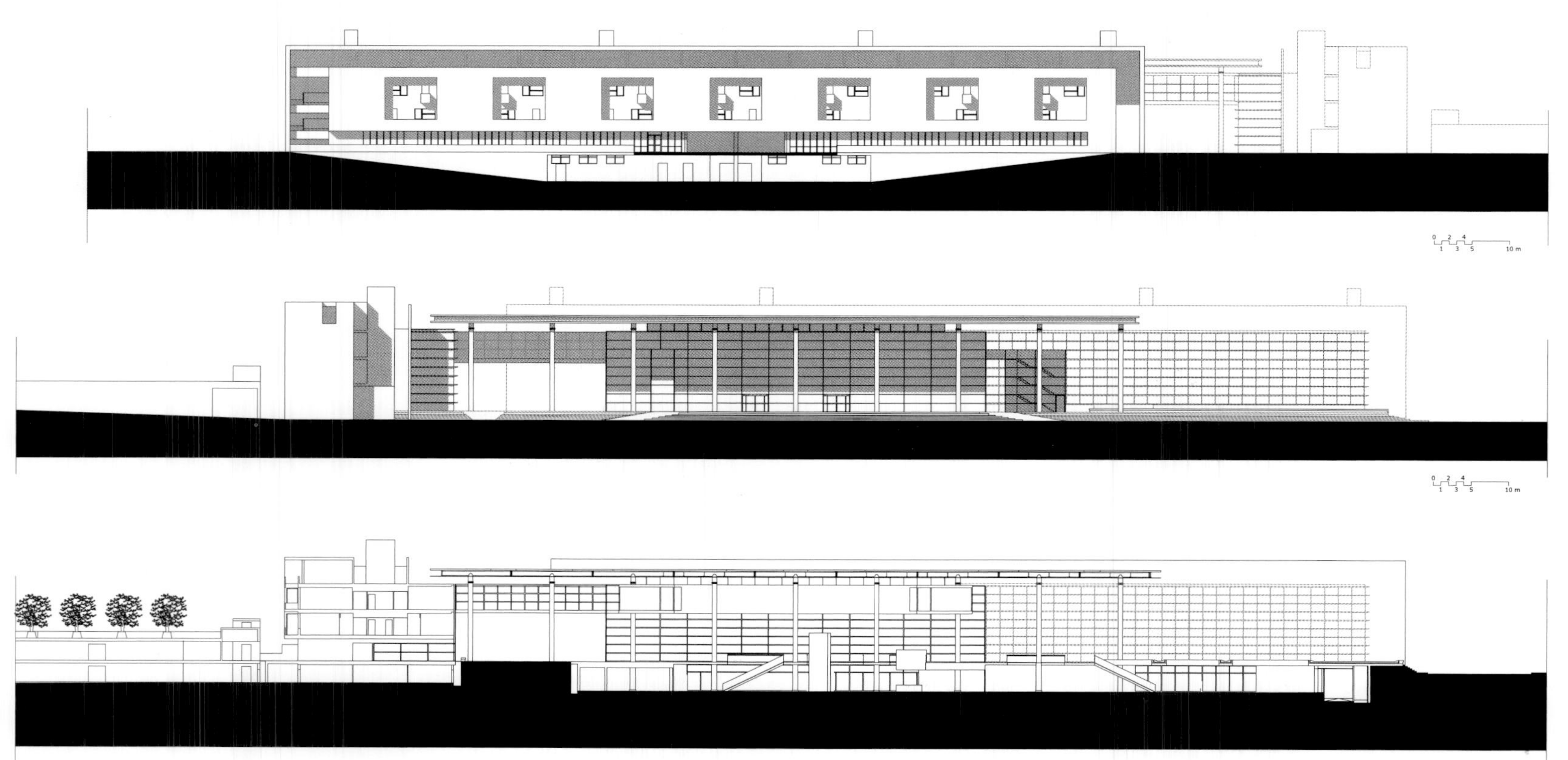

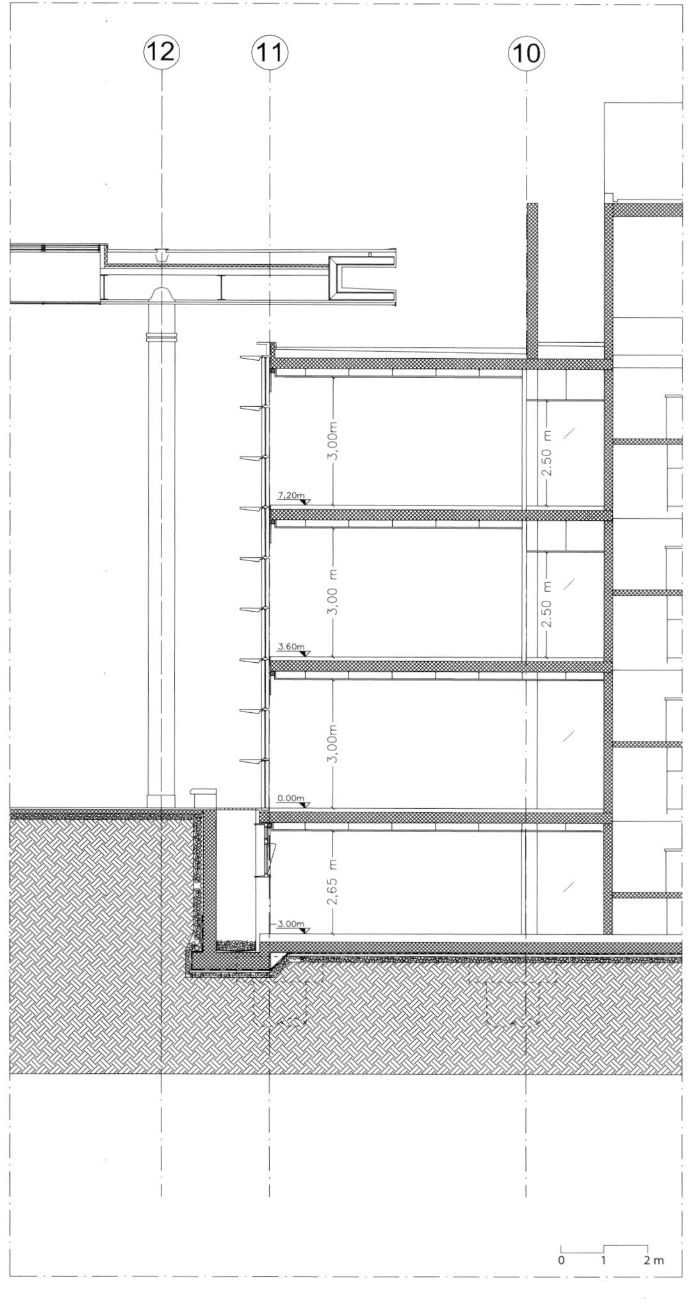
12
11
10
3,00m
2.50 m
7.20m
3,00 m
2.50 m
3.60m
3,00m
0.00m
2,65 m
-3.00m
0
1
2 m

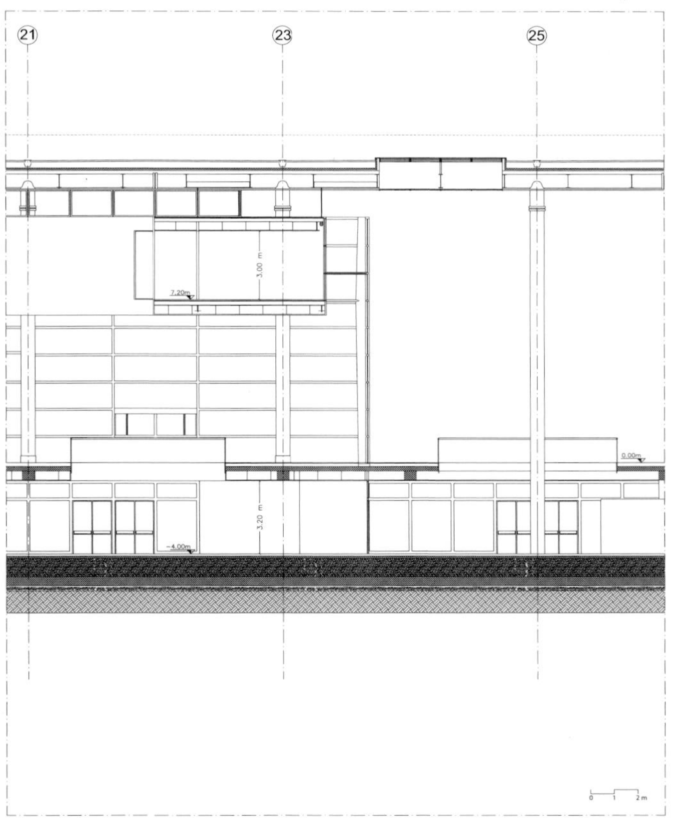
21
23
25

克拉玛精神病疗养院

COLLEGE DES PETITS PONTS
ACCES PARKING
BATIMENT EXISTANT
A DEMOLIR
AVENUE GENERAL DE GAULLE

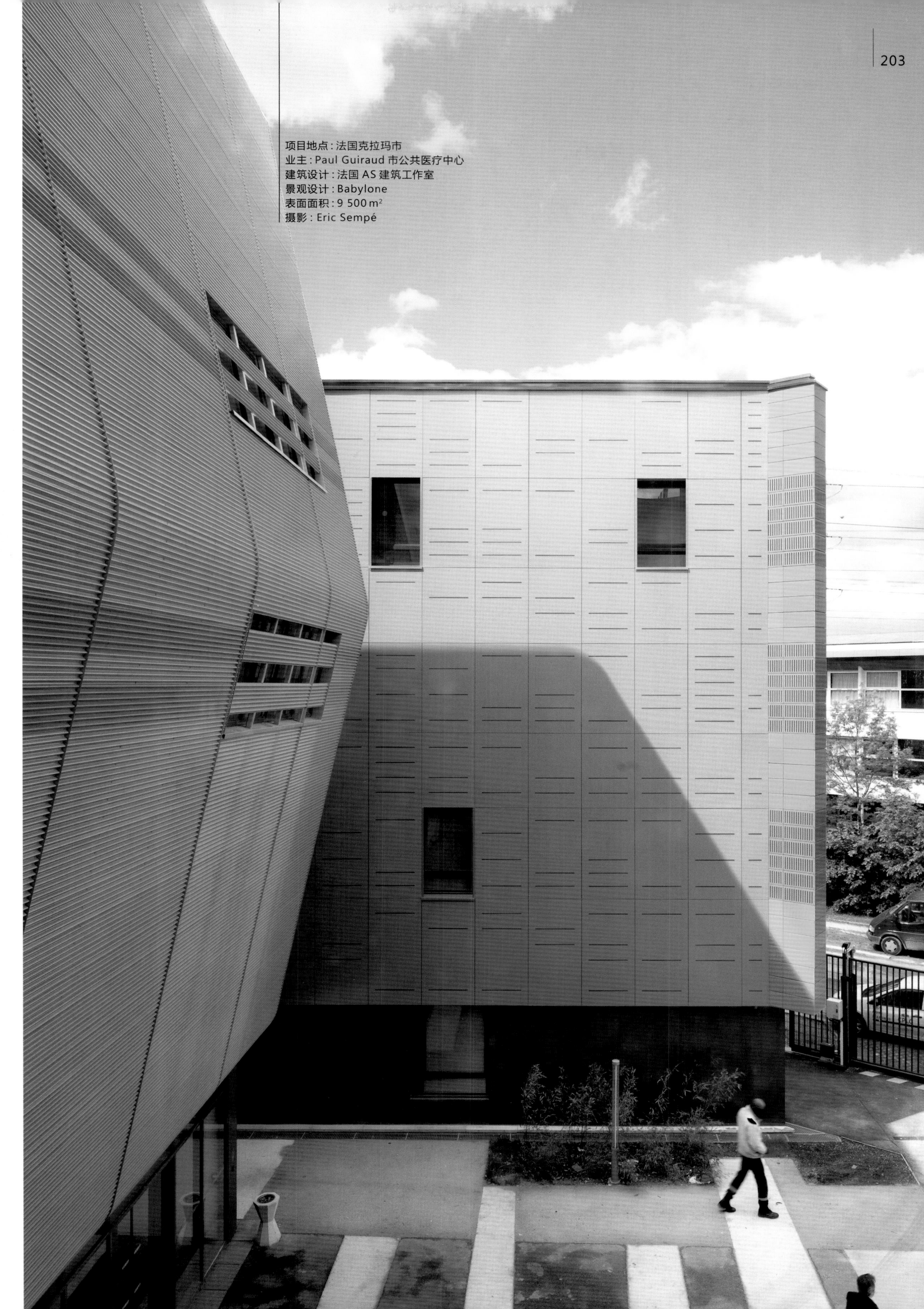

项目地点：法国克拉玛市
业主：Paul Guiraud 市公共医疗中心
建筑设计：法国 AS 建筑工作室
景观设计：Babylone
表面面积：9 500 m²
摄影：Eric Sempé

PLAN MASSE

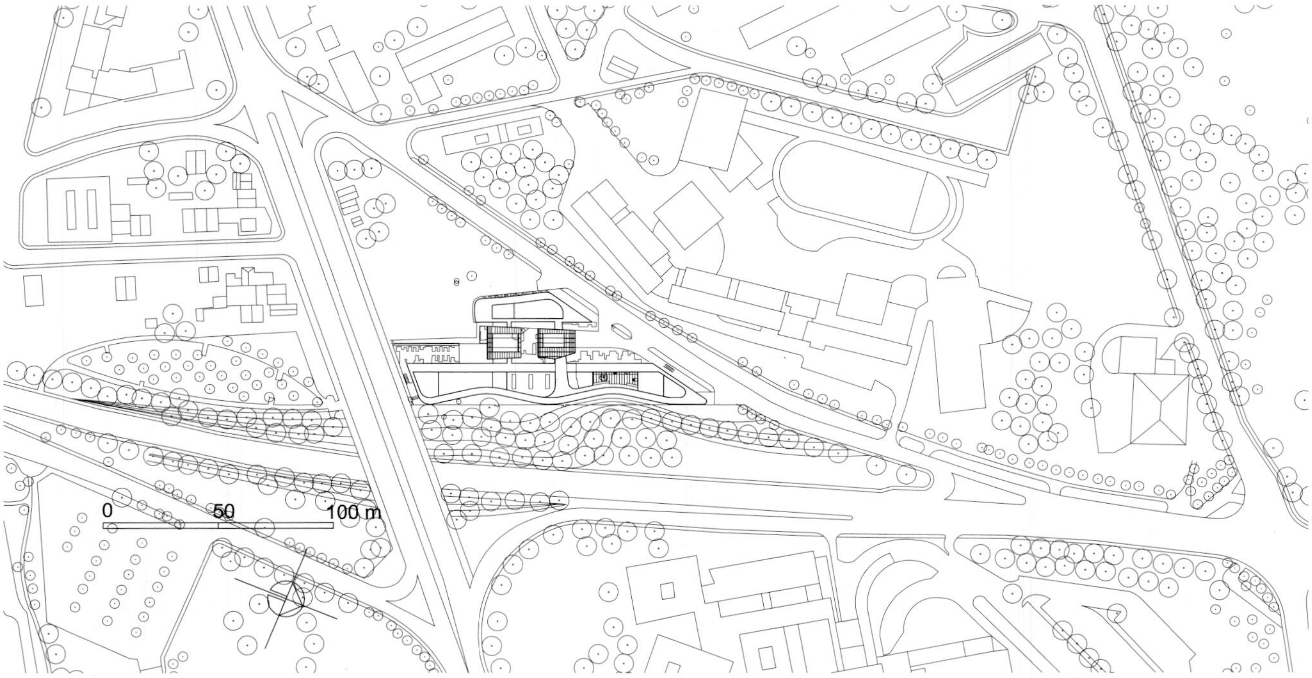

0 50 100 m

PLAN RDC

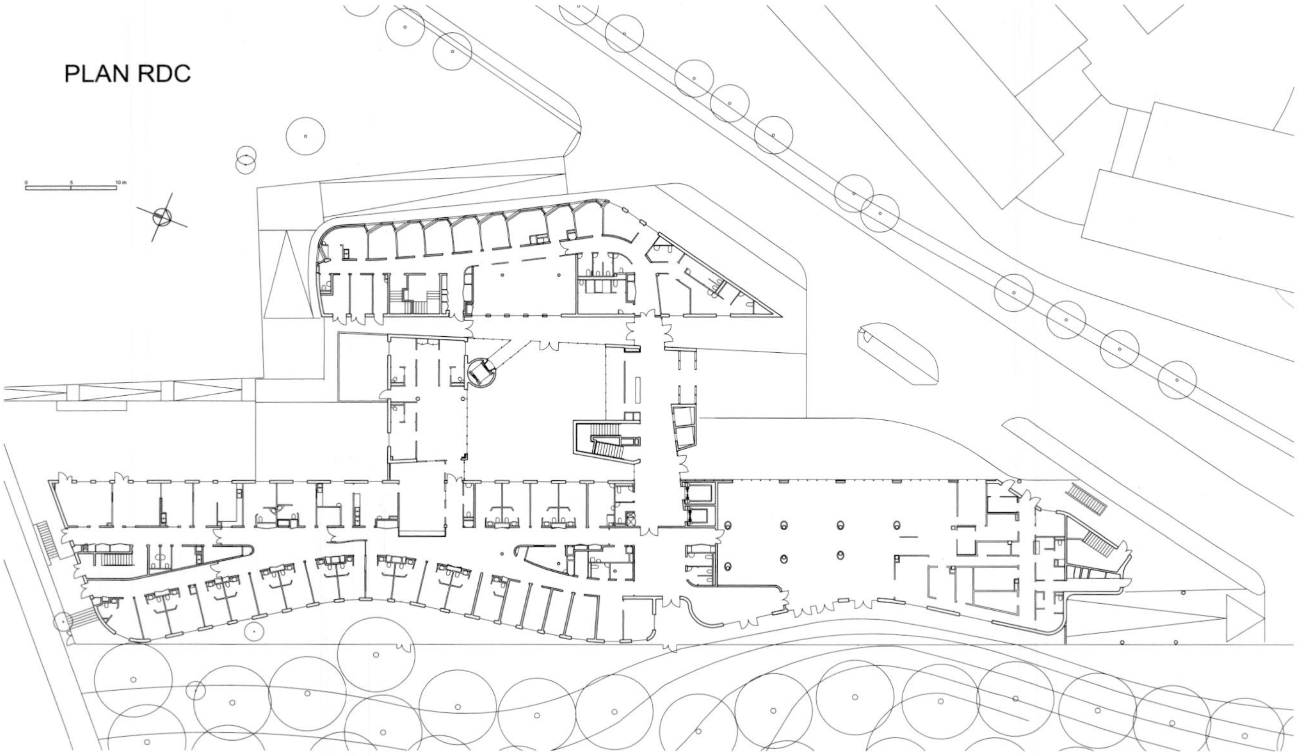

PLAN R+2

克拉玛市的这座新建成的精神病疗养院会重新定义当地的城市区域。建筑本身拥有简单而流畅的线条，和周边环境相映成趣，毫不突兀。该建筑设计最重要的理念，就是要为病人以及医务人员，提供一个安静而又舒适的环境。

延伸于疗养院中心的公园，绿树成荫，为病人创造一个庇荫地带。除了这个中心公园外，位于市内的音乐室以及绘画室也是这次设计的重中之重。从总体的规划图中可以看到，该疗养院与其附近的绿化带彼此相连，构成一道令人赏心悦目的风景线。

另外，该疗养院和当地的市政府以及健康护理机构的优势协作，必定会为精神疗法带来新的发展，为精神疗法绘出新的蓝图。

COUPE LONGITUDINALE A-A

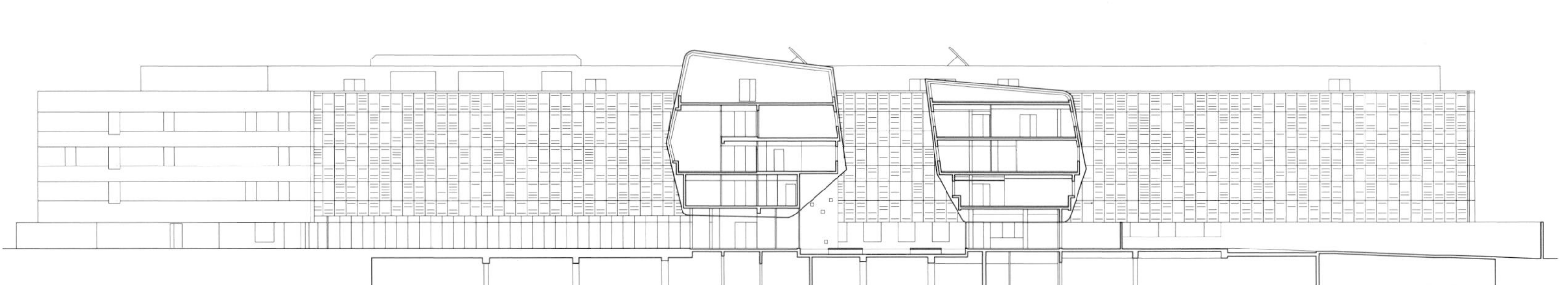

北地中海健康中心

项目地点：西班牙阿尔梅里亚
开发商：安达卢西政府
建筑设计：Ferrer Arquitectos
设计师：José Ángel Ferrer, Javier de Simón, Antonio Palenzuela, Manuel Alonso
合作设计：Laboratorio ICC
建筑面积：1 352.28 m²

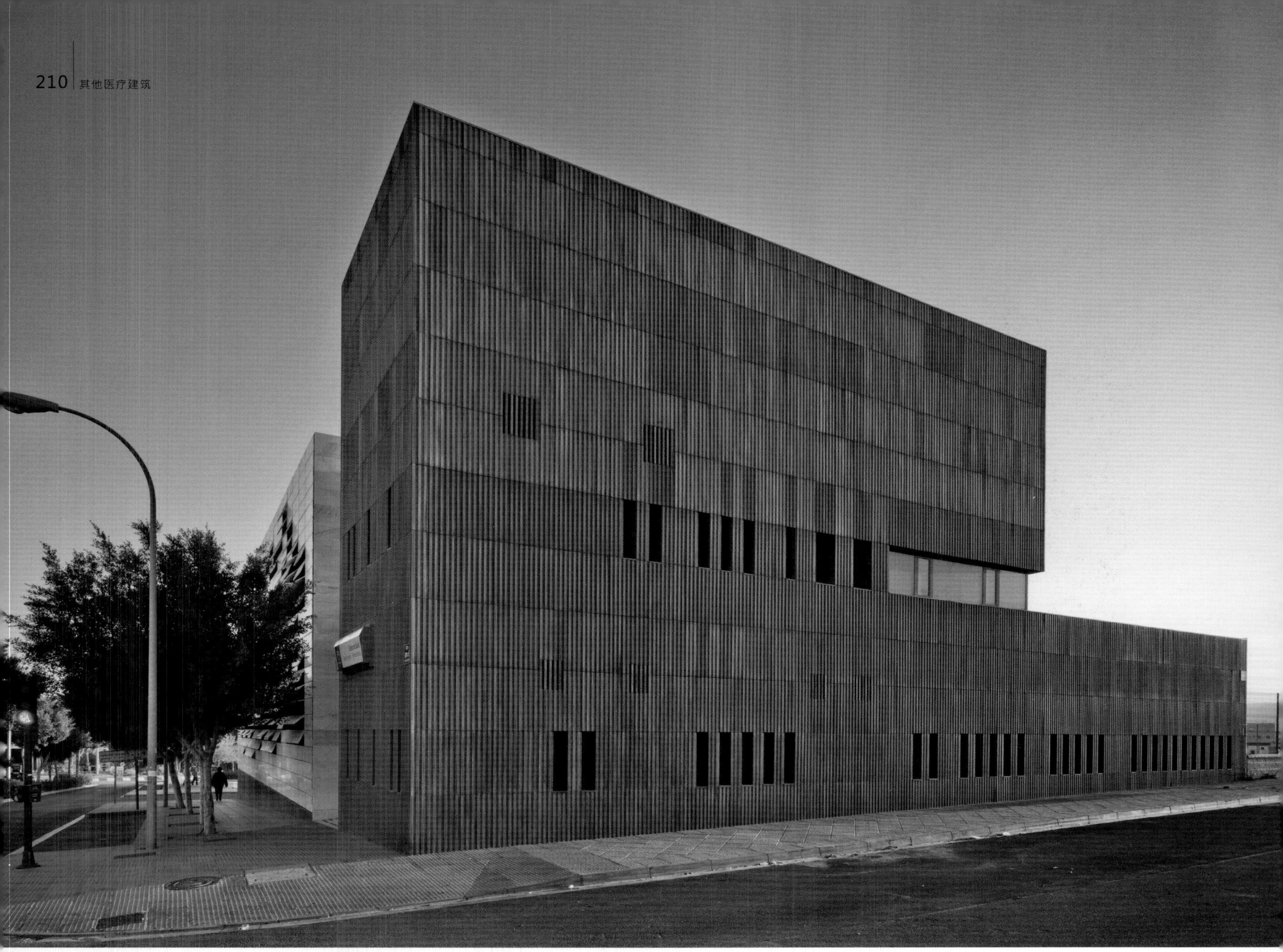

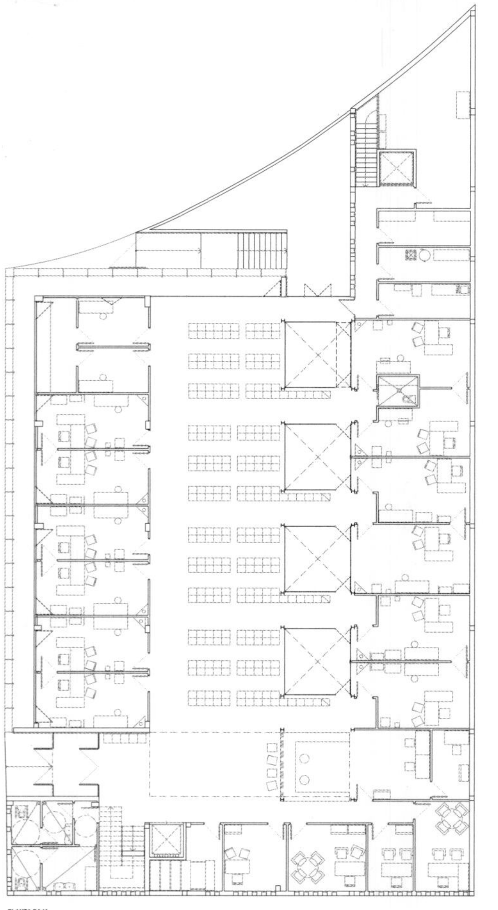

PLANTA BAJA

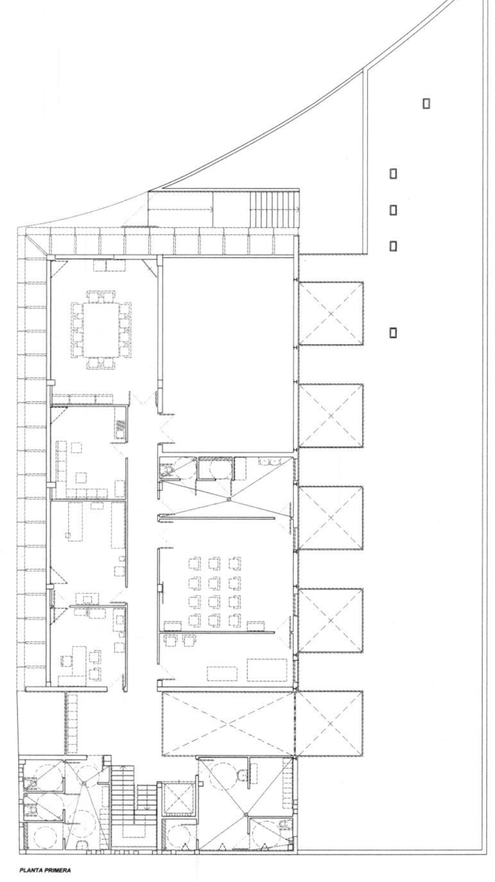

PLANTA PRIMERA

建筑分为地面楼层、第一层和地下室两层，作为车库和储藏室使用，平坦的楼顶只能作为维修通道。院落位于健康中心内部，保证了各个房间充足的通风和采光。建筑外部采用现代设计，用预制混凝土体块支撑起穿孔的陶瓷棱镜。地面楼层设有入口和接待区，还有行政管理区、成人诊所、小型手术诊所、儿科门诊和相关配套服务区。第一层作为健康教育、员工休息室和相关服务场所。

建筑立面采用双层表皮的设计：一个可活动的大理石板条，间接引入了分散的自然光，照亮了内部的空间，从而减少大楼对能源的需求和消耗，通过建筑设计的可持续标准响应了环境的可持续发展。

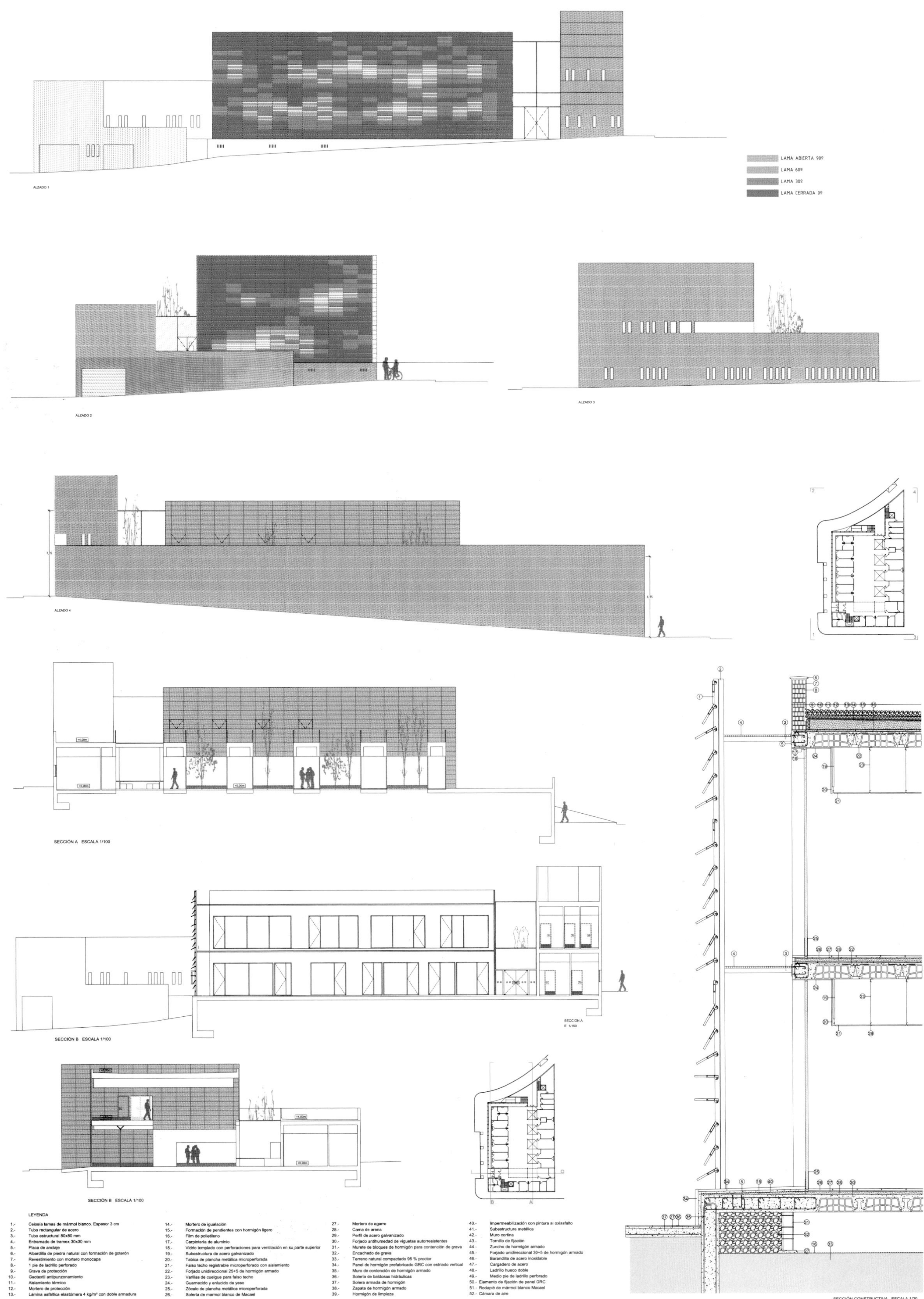

LAMA ABIERTA 90º
LAMA 60º
LAMA 30º
LAMA CERRADA 0º
ALZADO 1
ALZADO 2
ALZADO 3
ALZADO 4
SECCIÓN A ESCALA 1/100
SECCIÓN B ESCALA 1/100
SECCIÓN B ESCALA 1/100
SECCIÓN CONSTRUCTIVA ESCALA 1/20
LEYENDA
1.- Celosía lamas de mármol blanco. Espesor 3 cm
2.- Tubo rectangular de acero
3.- Tubo estructural 80x80 mm
4.- Entramado de tramex 30x30 mm
5.- Placa de anclaje
6.- Albardilla de piedra natural con formación de goterón
7.- Revestimiento con mortero monocapa
8.- 1 pie de ladrillo perforado
9.- Grava de protección
10.- Geotextil antipunzonamiento
11.- Aislamiento térmico
12.- Mortero de protección
13.- Lámina asfáltica elastómera 4 kg/m² con doble armadura
14.- Mortero de igualación
15.- Formación de pendientes con hormigón ligero
16.- Film de polietileno
17.- Carpintería de aluminio
18.- Vidrio templado con perforaciones para ventilación en su parte superior
19.- Subestructura de acero galvanizado
20.- Tabica de plancha metálica microperforada
21.- Falso techo registrable microperforado con aislamiento
22.- Forjado unidireccional 25+5 de hormigón armado
23.- Varillas de cuelgue para falso techo
24.- Guarnecido y enlucido de yeso
25.- Zócalo de plancha metálica microperforada
26.- Solería de marmol blanco de Macael
27.- Mortero de agarre
28.- Cama de arena
29.- Perfil de acero galvanizado
30.- Forjado antihumedad de viguetas autorresistentes
31.- Murete de bloques de hormigón para contención de grava
32.- Encachado de grava
33.- Terreno natural compactado 95 % proctor
34.- Panel de hormigón prefabricado GRC con estriado vertical
35.- Muro de contención de hormigón armado
36.- Solería de baldosas hidráulicas
37.- Solera armada de hormigón
38.- Zapata de hormigón armado
39.- Hormigón de limpieza
40.- Impermeabilización con pintura al oxiasfalto
41.- Subestructura metálica
42.- Muro cortina
43.- Tornillo de fijación
44.- Zuncho de hormigón armado
45.- Forjado unidireccional 30+5 de hormigón armado
46.- Barandilla de acero inoxidable
47.- Cargadero de acero
48.- Ladrillo hueco doble
49.- Medio pie de ladrillo perforado
50.- Elemento de fijación de panel GRC
51.- Rodapié de mármol blanco Macael
52.- Cámara de aire

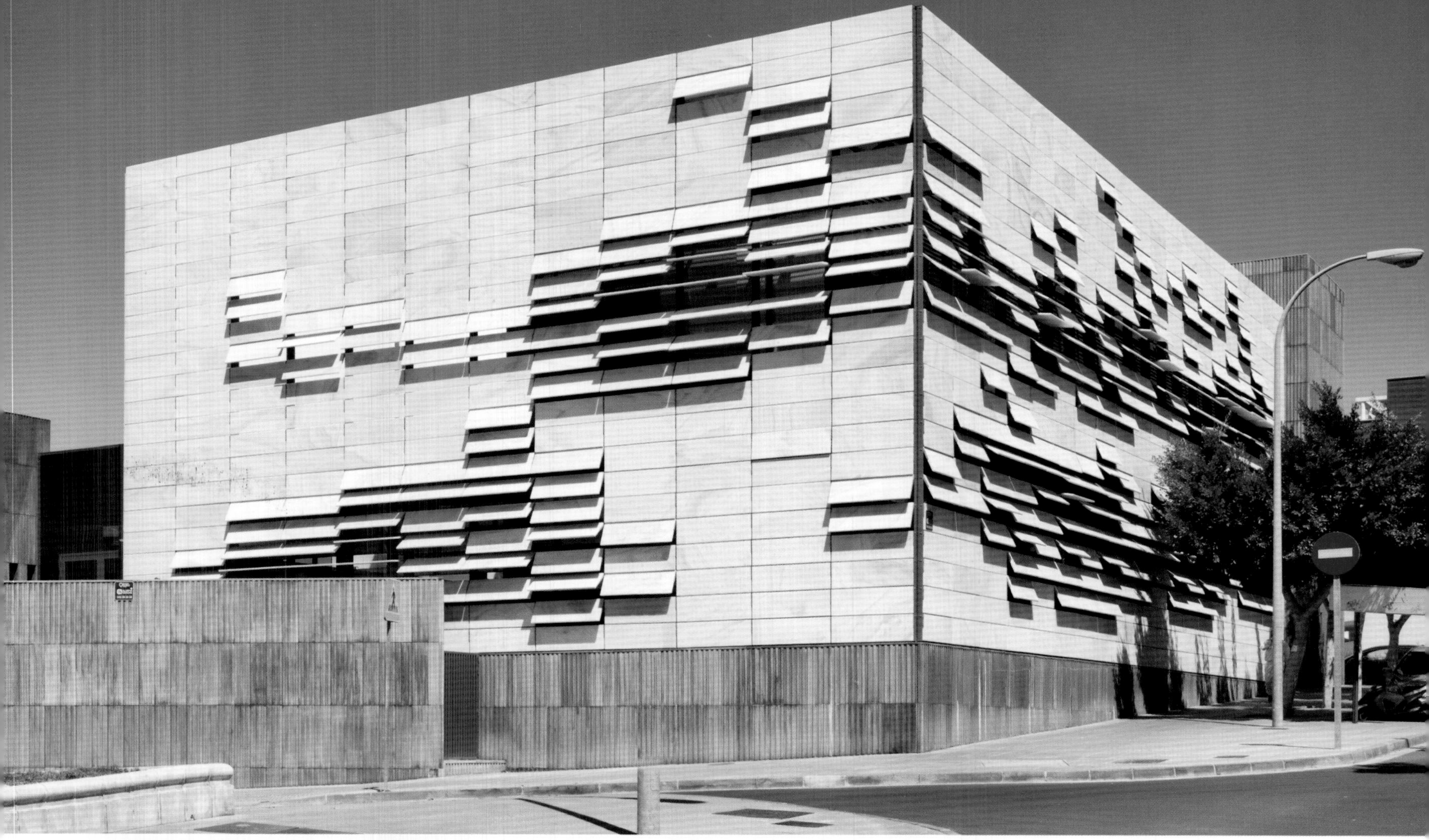

ESPERE SU TURNO, GRACIAS
ESPERE SU TURNO, GRACIAS

CAP 卫生服务中心

项目地点：西班牙巴塞罗那 La Garriga
客户：Servei Català de la Salut / Gestió d' Infraestructures, S.A.U.
建筑设计：Roldán + Berengué
设计师：José Miguel Roldán y Mercè Berengué
合作设计：Vicenç Sanz, Isis Campos, Irma Arribas, Núria Monfort
占地面积：1 202 m²
建筑面积：1 690 m²
摄影：Jordi Surroca

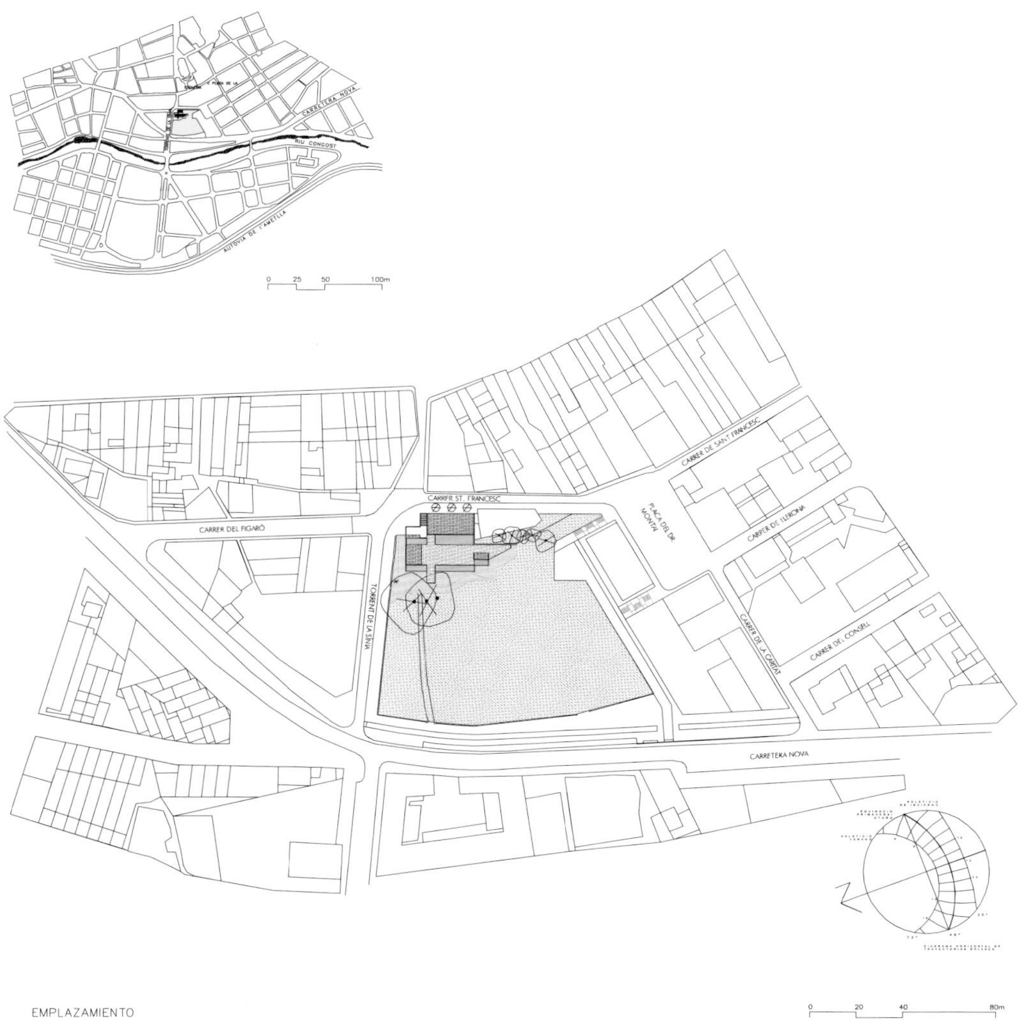

EMPLAZAMIENTO

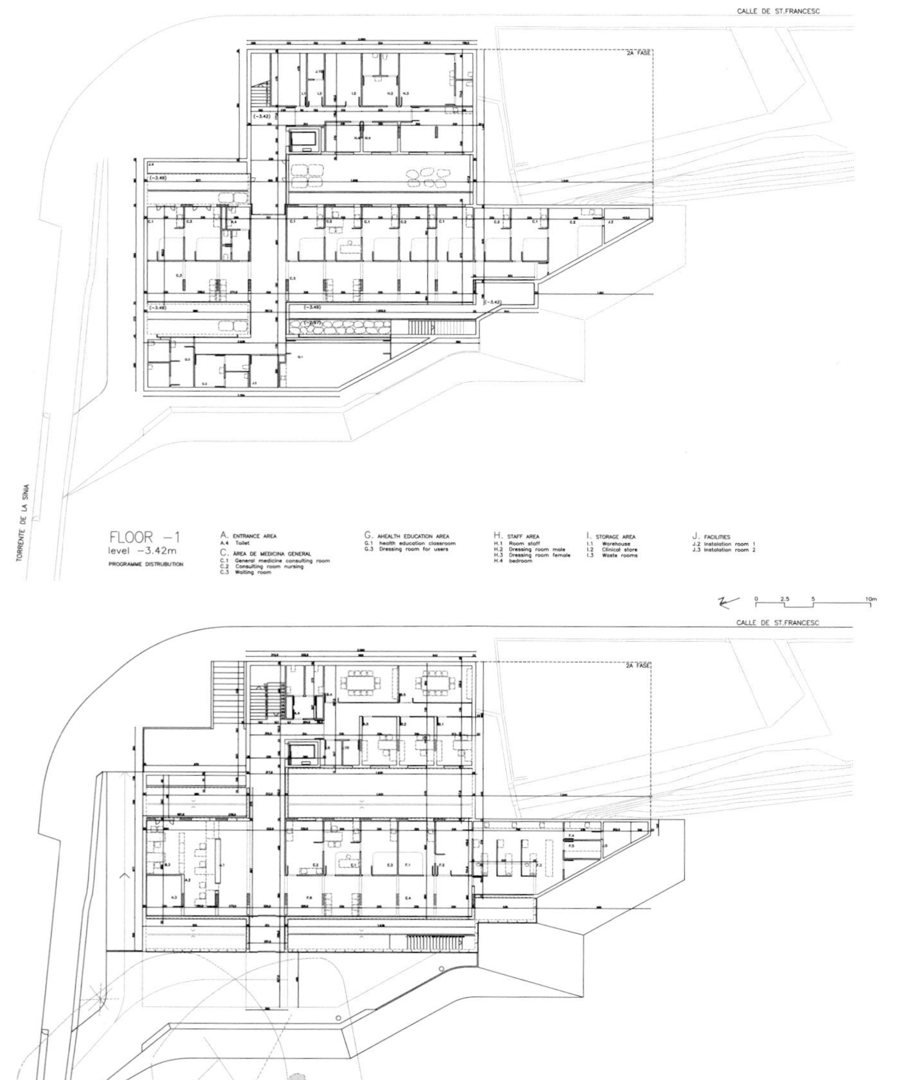

该项目因其面积大小、地形条件和其位于一个公园角落的位置而显得比较特别。建筑有五层楼高，但因其半埋于地下，从圣弗朗西斯街看过去只是一座两层高的建筑。建筑内部采用天井设计，60% 的范围位于地下。

平面和剖面所导致的复杂几何形状被附加上颜色参数以区分不同的两个层次区域，就好像从圣弗朗西斯街延伸过来的新楼层。该楼层是浮动的黄色水磨石表层，下沉构筑了建筑内部的天井，从坑道中发掘出来的河石被用来作为装饰。

从等候区看过来，甲板即为建筑的正面，在甲板上不仅有建筑体块，还有一些相关的设置，如烟囱和天窗。

除了屋顶，建筑还采用了朴实的材料和颜色：浅灰、浅黄色的混凝土墙和结构，外墙和格网采用的自然彩色铝型材，室内的白色、黄色装修。

设计采用了多种被动式架构：通风外立面和屋顶，双层玻璃网窗户，半埋在地下的建筑，通过内饰质量材料控制和利用自然光。建筑立面系统被再次工业化，60%的材料得到回收和 100%的再利用。

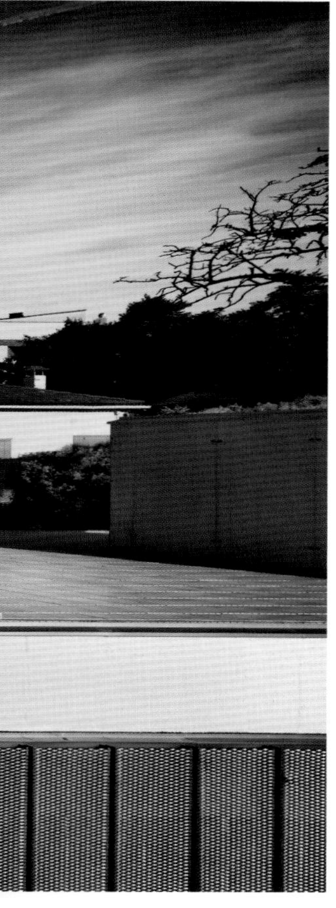

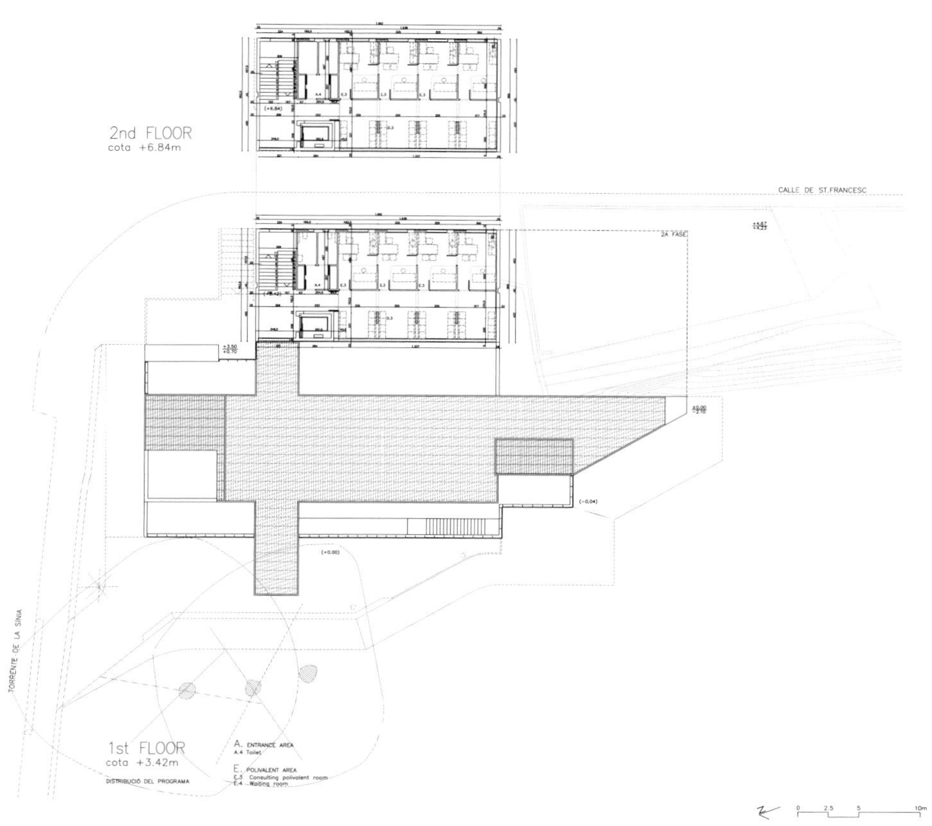

2nd FLOOR
cota +6.84m
CALLE DE ST.FRANCESC
2A FASE
TORRENTE DE LA SINIA
1st FLOOR
cota +3.42m
DISTRIBUCIÓ DEL PROGRAMA
A. ENTRANCE AREA
A.4 Toilet
E. POLIVALENT AREA
E.3 Consulting polivalent room
E.4 Waiting room
0 2.5 5 10m

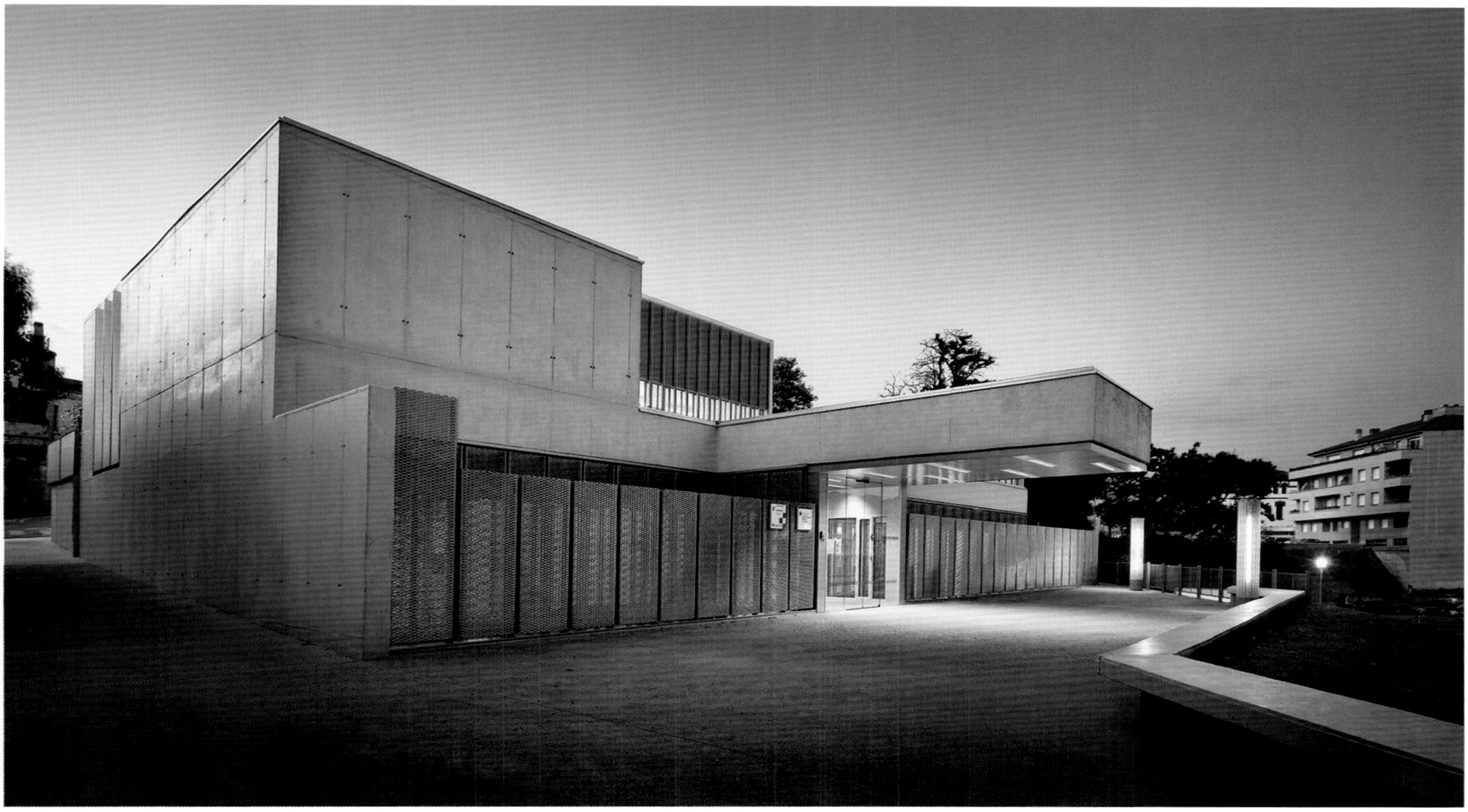

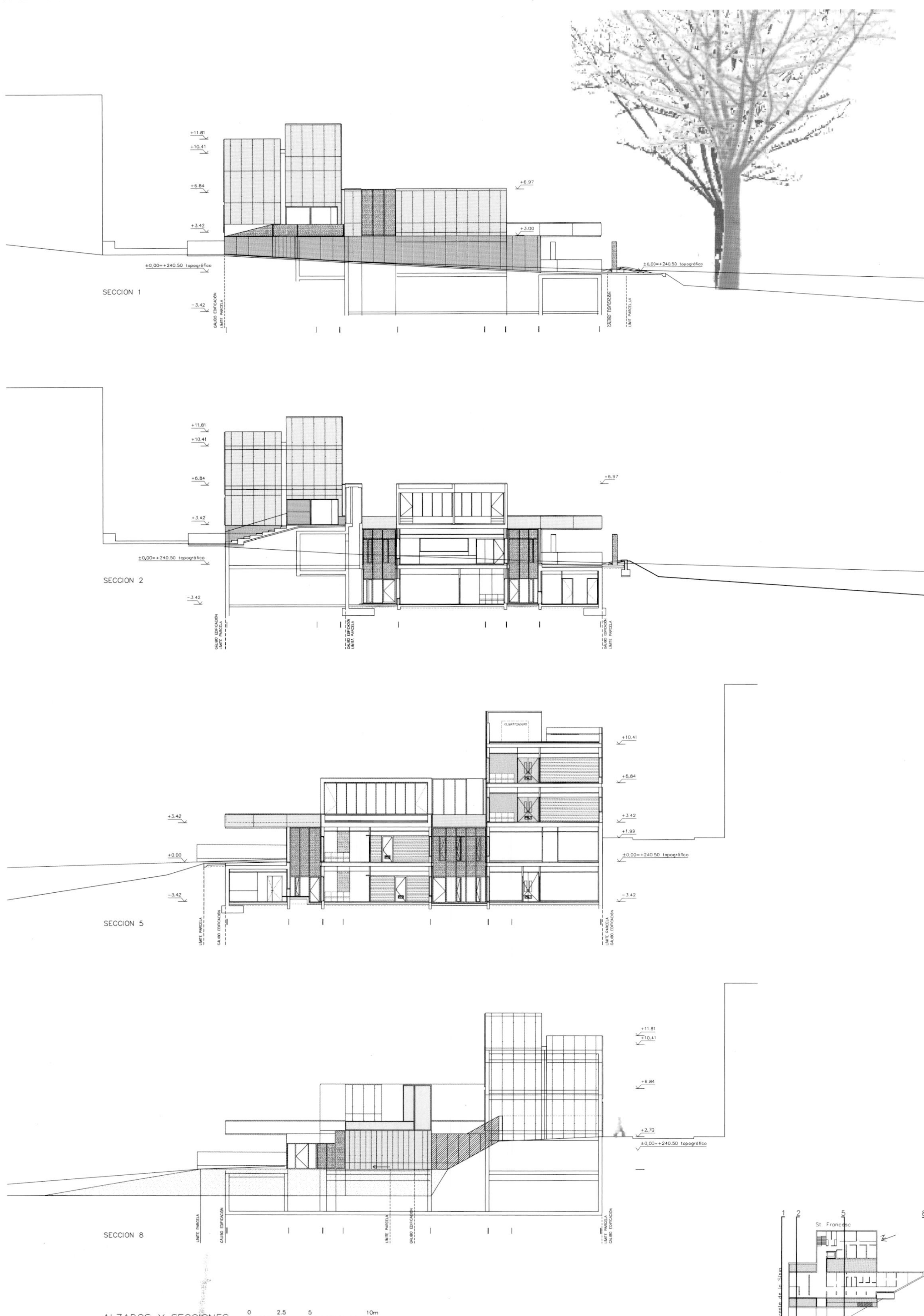
SECCION 1
SECCION 2
SECCION 5
SECCION 8
ALZADOS Y SECCIONES
0 2.5 5 10m
St. Francesc

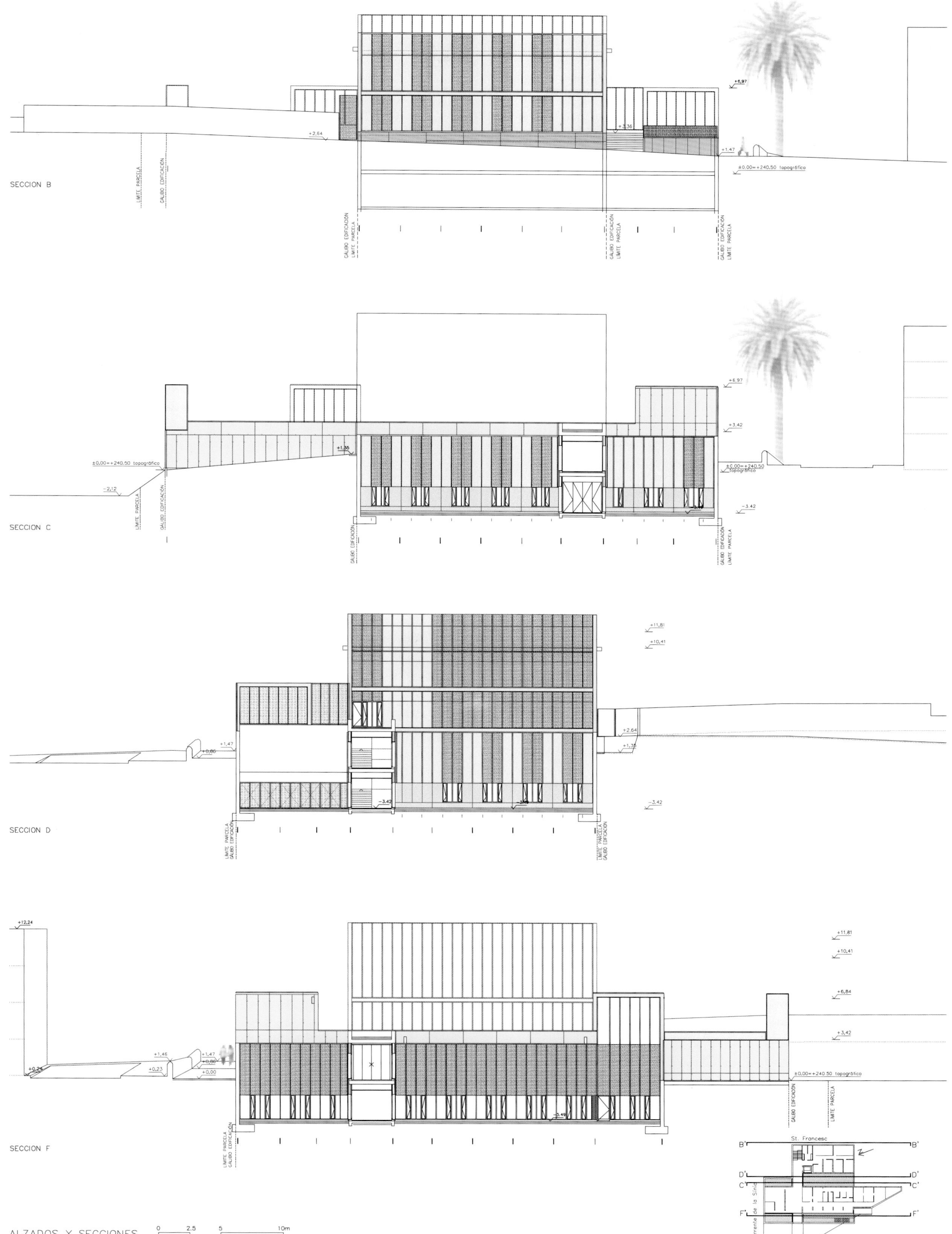
SECCION B
SECCION C
SECCION D
SECCION F
LIMITE PARCELA
GALIBO EDIFICACIÓN
±0.00=+240.50 topográfico
+6.97
+3.42
+2.64
+1.47
+1.35
-2.12
-3.42
+11.81
+10.41
+6.84
+12.24
+0.00
+0.23
St. Francesc
Torrente de la Sinia
ALZADOS Y SECCIONES
0 2.5 5 10m

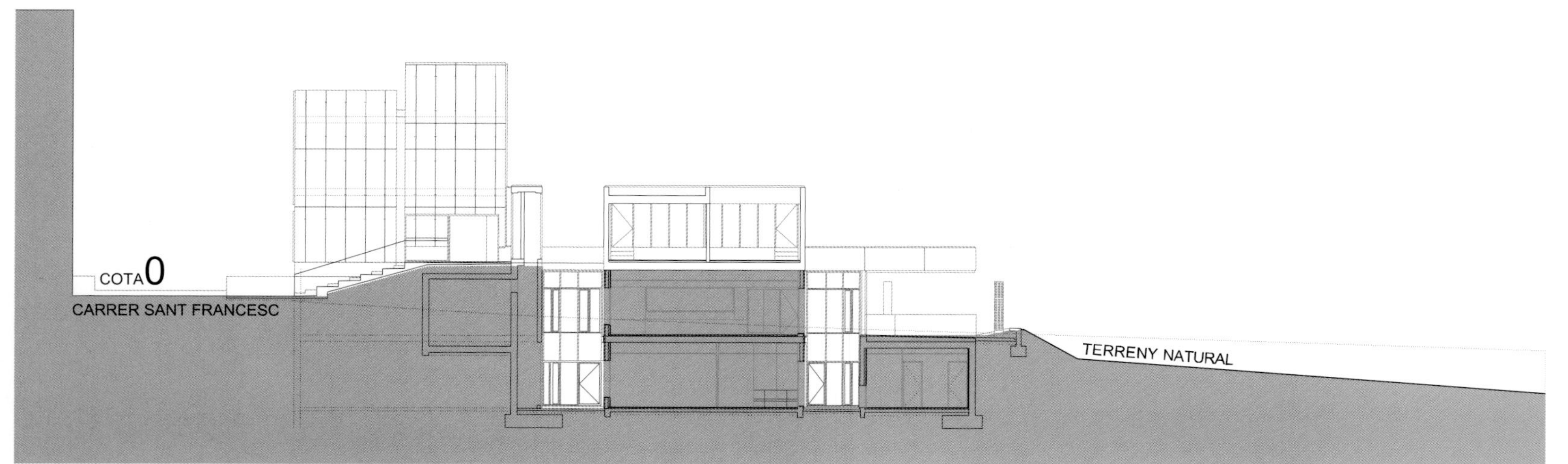

E X C A V A T E L A G A R R I G A

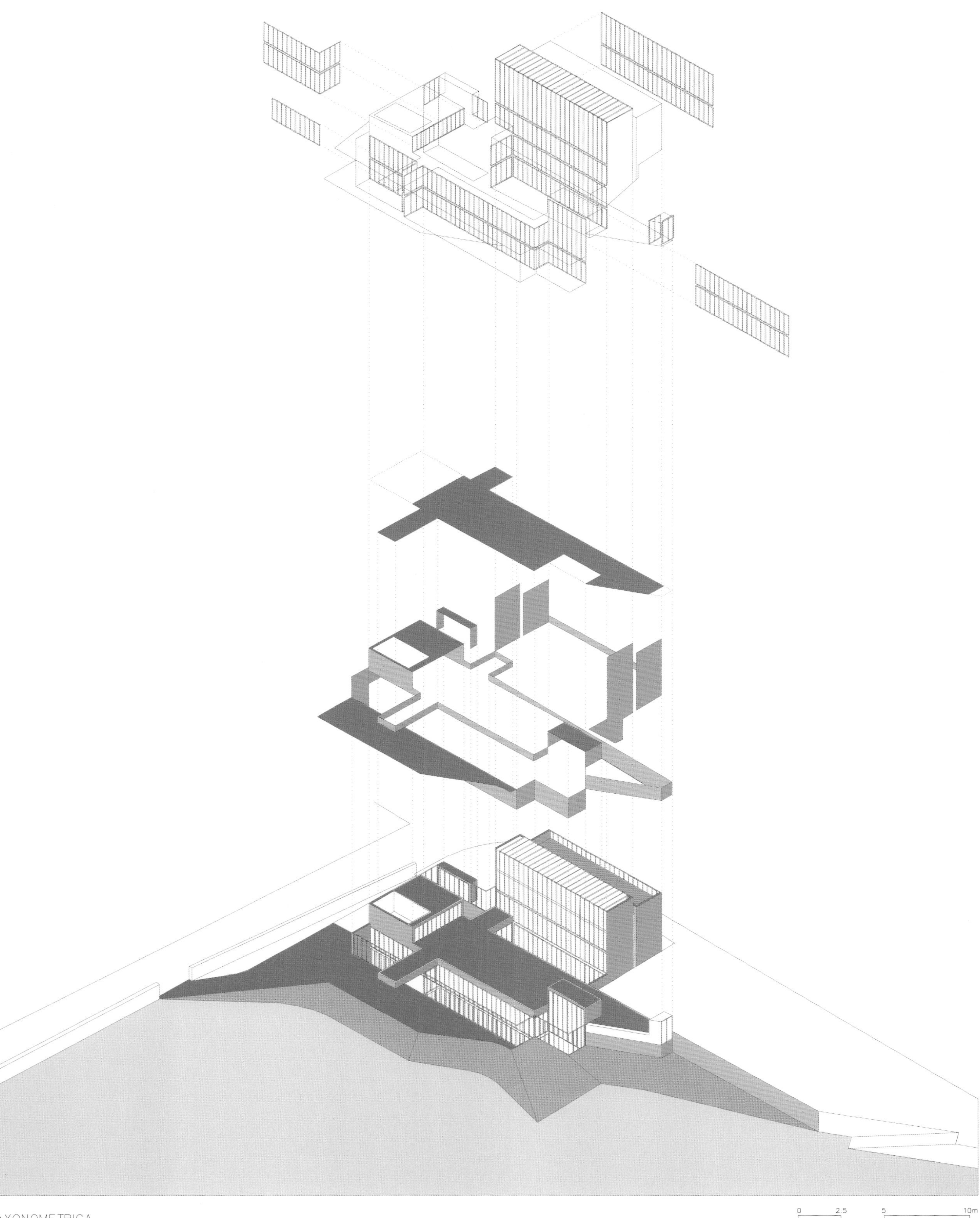

AXONOMETRICA

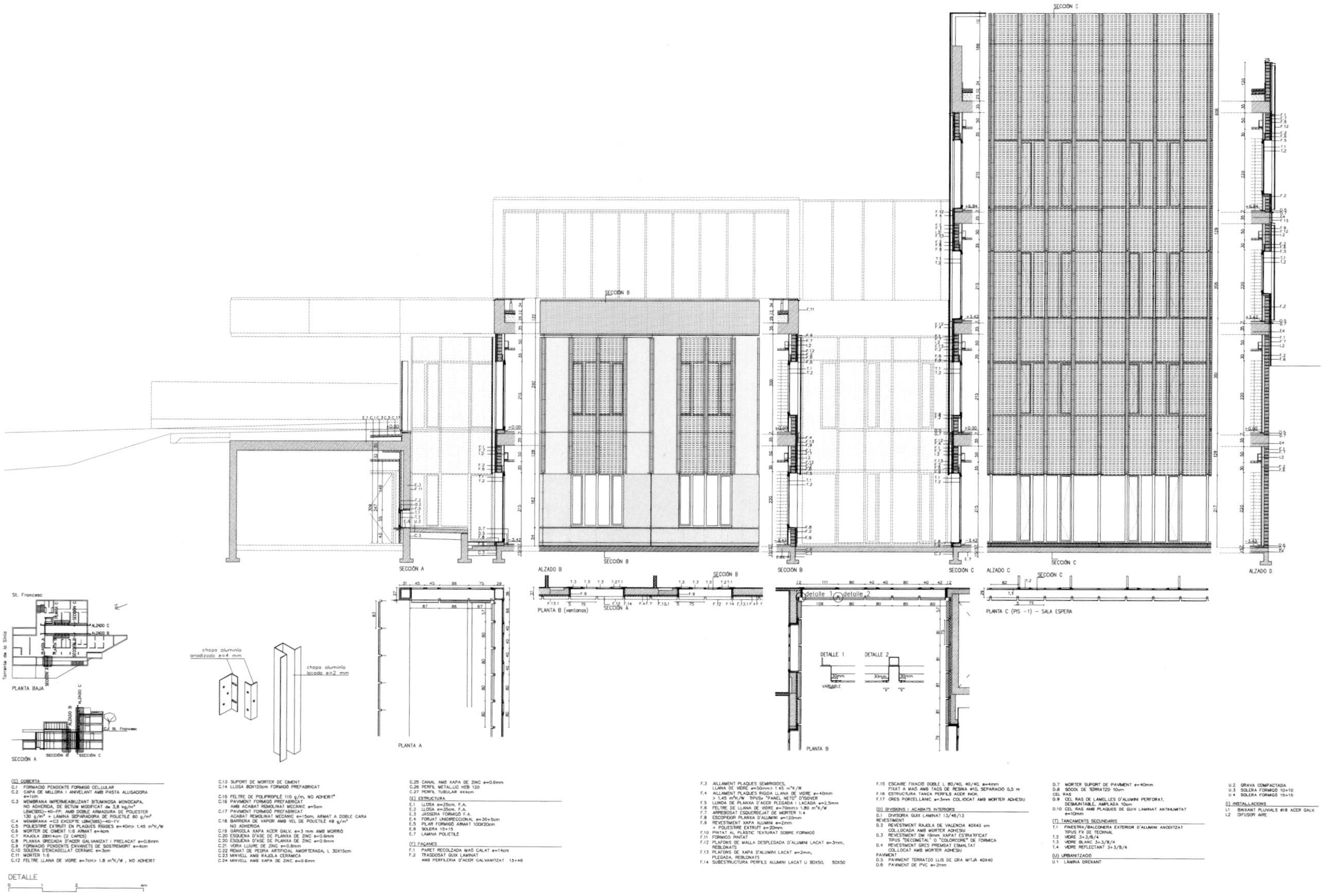

SECCIÓN A · ALZADO B · SECCIÓN B · SECCIÓN B · SECCIÓN C · ALZADO C · SECCIÓN C · ALZADO D

PLANTA B (ventanas) · SECCIÓN A · PLANTA C (PIS -1) – SALA ESPERA

PLANTA BAJA · SECCIÓN A · SECCIÓN B · SECCIÓN C · ALZADO B · ALZADO C · C/ St. Francesc

chapa aluminio anodizado e=4 mm · chapa aluminio lacado e=2 mm

PLANTA A · PLANTA B · DETALLE 1 · DETALLE 2

(C) COBERTA

C.1 FORMACIÓ PENDENTS FORMIGÓ CEL.LULAR
C.2 CAPA DE MILLORA I ANIVELANT AMB PASTA ALLISADORA e=1cm
C.3 MEMBRANA IMPERMEABILIZANT BITUMINOSA MONOCAPA, NO ADHERIDA, DE BETUM MODIFICAT de 3,8 kg/m² LBM(SBS)-40-FP, AMB DOBLE ARMADURA DE POLIESTER 130 g/m² + LÀMINA SEPARADORA DE POLIETILÈ 80 g/m²
C.4 MEMBRANA =C3 EXCEPTE LBM(SBS)-40-FV
C.5 POLIESTIRÈ EXTRUÏT EN PLAQUES RÍGIDES e=40m> 1.45 m²K/W
C.6 MORTER DE CIMENT 1:6 ARMAT e=4cm
C.7 RAJOLA 28X14cm (2 CAPES)
C.8 PLANXA GRECADA D'ACER GALVANITZAT I PRELACAT e=0.6mm
C.9 FORMACIÓ PENDENTS ENVANETS DE SOSTREMORT e=4cm
C.10 SOLERA D'ENCADELLAT CERÀMIC e=3cm
C.11 MORTER 1:6
C.12 FELTRE LLANA DE VIDRE e=7cm> 1.8 m²K/W , NO ADHERIT
C.13 SUPORT DE MORTER DE CIMENT
C.14 LLOSA 80X120cm FORMIGÓ PREFABRICAT
C.15 FELTRE DE POLIPROPILÈ 110 g/m, NO ADHERIT
C.16 PAVIMENT FORMIGÓ PREFABRICAT AMB ACABAT REMOLINAT MECÀNIC e=5cm
C.17 PAVIMENT FORMIGÓ PREFABRICAT ACABAT REMOLINAT MECÀNIC e=15cm, ARMAT A DOBLE CARA
C.18 BARRERA DE VAPOR AMB VEL DE POLIETILÈ 48 g/m² NO ADHERIDA
C.19 GÀRGOLA XAPA ACER GALV. e=3 mm AMB MORRIÓ
C.20 ESQUENA D'ASE DE PLANXA DE ZINC e=0.6mm
C.20 ESQUENA D'ASE DE PLANXA DE ZINC e=0.6mm
C.21 VORA LLIURE DE ZINC e=0.6mm
C.22 REMAT DE PEDRA ARTIFICIAL AMORTERADA, L 30X15cm
C.23 MINVELL AMB RAJOLA CERÀMICA
C.24 MINVELL AMB XAPA DE ZINC e=0.6mm
C.25 CANAL AMB XAPA DE ZINC e=0.6mm
C.26 PERFIL METAL.LIC HEB 120
C.27 PERFIL TUBULAR 4X4cm

(E) ESTRUCTURA

E.1 LLOSA e=25cm, F.A.
E.2 LLOSA e=35cm, F.A.
E.3 JÀSSERA FORMIGÓ F.A.
E.4 FORJAT UNIDIRECCIONAL e=30+5cm
E.5 PILAR FORMIGÓ ARMAT 100X20cm
E.6 SOLERA 15+15
E.7 LÀMINA POLIETILÈ

(F) FAÇANES

F.1 PARET RECOLZADA MAÓ CALAT e=14cm
F.2 TRASDOSAT GUIX LAMINAT AMB PERFILERIA D'ACER GALVANITZAT 13+48
F.3 AÏLLAMENT PLAQUES SEMIRIGIDES, LLANA DE VIDRE e=50mm> 1.45 m²K/W
F.4 AÏLLAMENT PLAQUES RIGIDA LLANA DE VIDRE e=40mm > 1.45 m²K/W TIPUSx "PANEL NETO" D'ISOVER
F.5 LLINDA DE PLANXA D'ACER PLEGADA I LACADA e=2,5mm
F.6 FELTRE DE LLANA DE VIDRE e=70mm> 1.80 m²K/W
F.7 ARREBOSAT ESQUERDEJAT DE MORTER 1:4
F.8 ESCOPIDOR PLANXA D'ALUMINI e=120mm
F.9 REVESTIMENT XAPA ALUMINI e=2mm + POLIESTIRÈ EXTRUÏT e=20mm
F.10 PINTAT AL PLÀSTIC TEXTURAT SOBRE FORMIGÓ
F.11 FORMIGÓ PINTAT
F.12 PLAFONS DE MALLA DESPLEGADA D'ALUMINI LACAT e=3mm, REBLONATS
F.13 PLAFONS DE XAPA D'ALUMINI LACAT e=2mm, PLEGADA, REBLONATS
F.14 SUBESTRUCTURA PERFILS ALUMINI LACAT U 80X50, 50X50
F.15 ESCAIRE FIXACIÓ DOBLE L 80/40, 40/40, e=4mm FIXAT A MAÓ AMB TACS DE RESINA Ø10, SEPARACIÓ 0,5 m
F.16 ESTRUCTURA TANCA PERFILS ACER INOX.
F.17 GRES PORCELLÀNIC e=3mm COL.LOCAT AMB MORTER ADHESIU

(D) DIVISIONS I ACABATS INTERIORS

D.1 DIVISÒRIA GUIX LAMINAT 13/48/13

REVESTIMENT

D.2 REVESTIMENT RAJOLA DE VALENCIA 40X40 cm COL.LOCADA AMB MORTER ADHESIU
D.3 REVESTIMENT DM 16mm XAPAT ESTRATIFICAT TIPUS "DECOMETAL" O "COLORCORE" DE FORMICA
D.4 REVESTIMENT GRES PREMSAT ESMALTAT COL.LOCAT AMB MORTER ADHESIU

PAVIMENT

D.5 PAVIMENT TERRATZO LLIS DE GRA MITJÀ 40X40
D.6 PAVIMENT DE PVC e=2mm
D.7 MORTER SUPORT DE PAVIMENT e=40mm
D.8 SÒCOL DE TERRATZO 10cm

CEL RAS

D.9 CEL RAS DE LAMEL.LES D'ALUMINI PERFORAT, DESMUNTABLE, AMPLADA 10cm
D.10 CEL RAS AMB PLAQUES DE GUIX LAMINAT ANTIHUMITAT e=10mm

(T) TANCAMENTS SECUNDARIS

T.1 FINESTRA/BALCONERA EXTERIOR D'ALUMINI ANODITZAT TIPUS FX DE TECHNAL
T.2 VIDRE 3+3/8/4
T.3 VIDRE BLANC 3+3/8/4
T.4 VIDRE REFLECTANT 3+3/8/4

(U) URBANITZACIÓ

U.1 LÀMINA DRENANT
U.2 GRAVA COMPACTADA
U.3 SOLERA FORMIGÓ 10+10
U.4 SOLERA FORMIGÓ 15+15

(I) INSTALLACIONS

I.1 BAIXANT PLUVIALS Ø18 ACER GALV.
I.2 DIFUSOR AIRE

DETALLE

0 1 2 4m

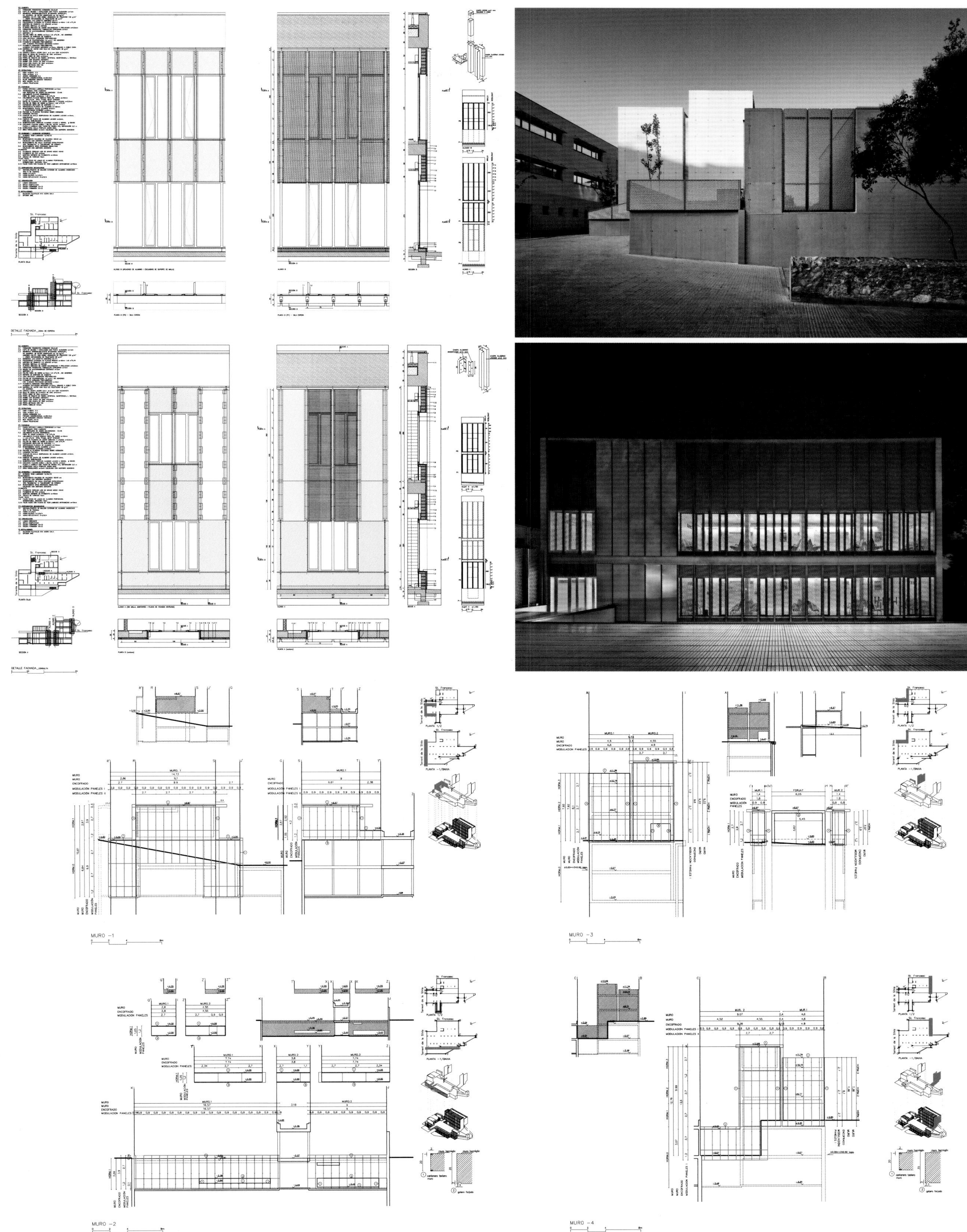

Planta 1
Planta -1

温安洛学院——教育和医学研究中心

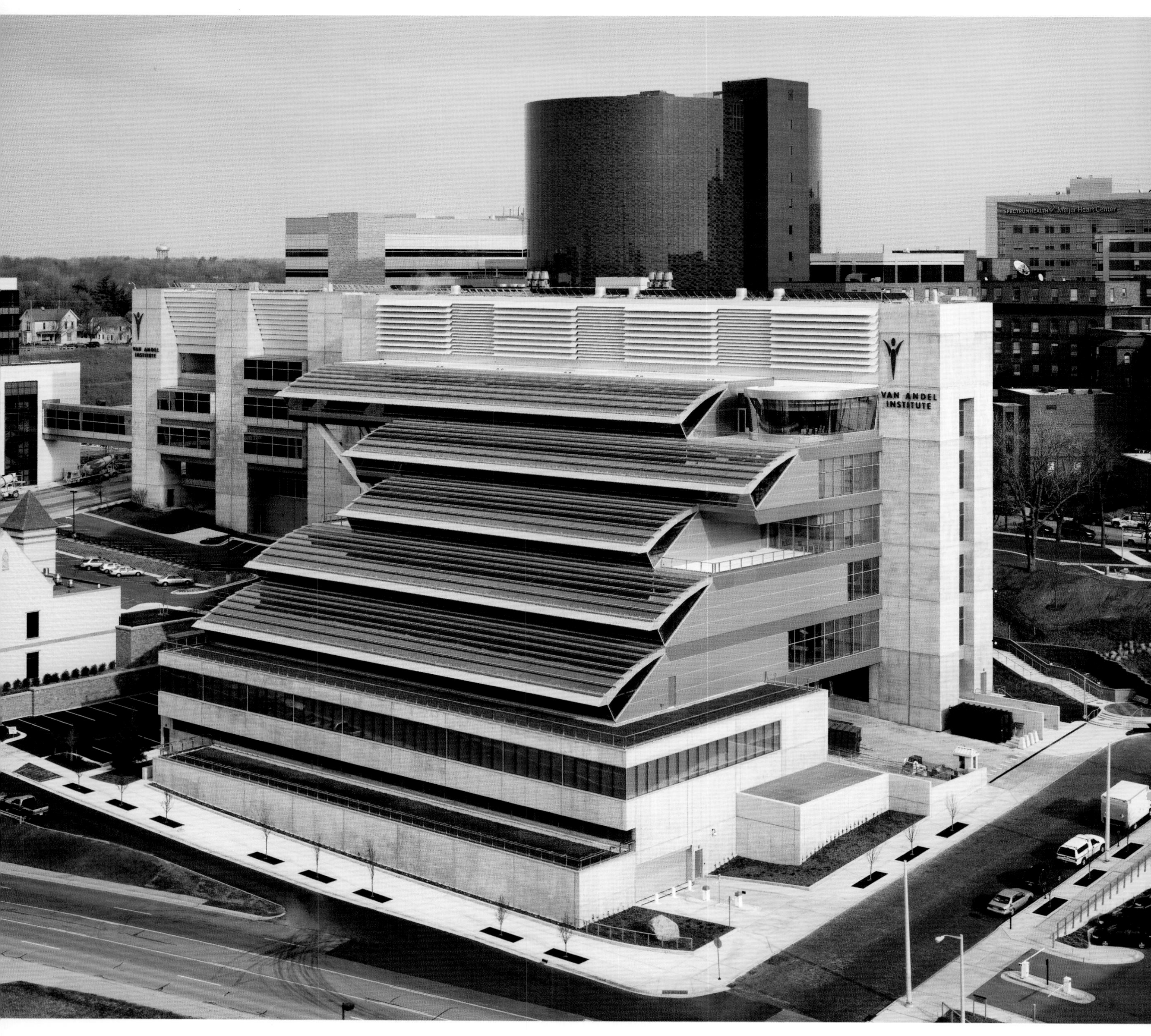

项目地点：美国密歇根州大溪城
建筑设计：Rafael Viñoly Architects 建筑事务所
建筑面积：一期：15 056 m²
二期：22 399 m²

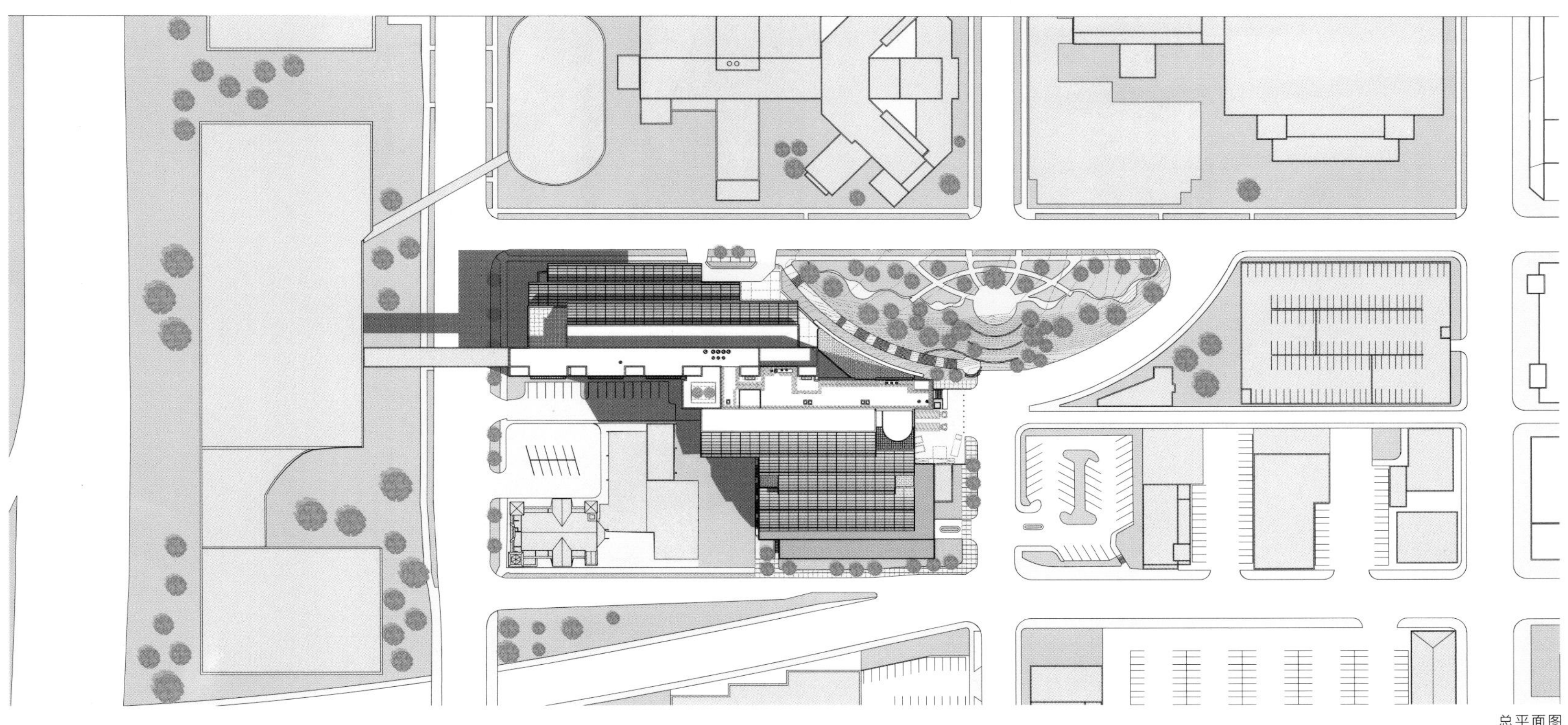

总平面图

温安洛学院坐落在密歇根州的大溪城，其串联式天窗屋顶呈弧形环绕在每个弧形底板上，以附近格兰德河的急流为背景，建立起一个高端癌症研究所。

楼层呈阶梯状分布，室内两层高的内庭以及倾斜陡峭的地形形成了此建筑的大致轮廓。分段弧形天窗由多孔半透明的玻璃组成，让自然光照下的研究实验室呈现出这类建筑的一个不同寻常的特性。研究区是最大的项目区域，设计也最灵活。所有的固定设备设施都安置在相邻的配套区。典型的固定实验工作台，被设计为一个可移动的实验专用桌，安装了工作照明灯和电力 / 数据管理系统。电力 / 数据管理系统采用真空设计和特种气体管道。公共环流区的设置便于研究人员之间的相互交流。配有 350 个座位的礼堂和动物植物园，设置在建筑的底层，邻近山地。

用来建造核心交流区和功能服务区的垂直混凝土结构打造出建筑屋顶的轮廓线。随着项目二期的竣工，这个垂直核心结构成为了整个建筑的中央支柱。在其东侧，3 层带有天窗的实验室和行政区，位于主要入口广场上，毗邻 Bostwick 街。在其西侧，建筑沿着山景而建，给研究人员和管理员带来宽阔的视野，可以欣赏到市中心的大溪城美景和远处的格兰德河。3 楼的主入口直接连通公共空间，可以到达会议和活动区、自助餐厅和图书馆。底层的停车场可以停放 100 辆汽车，还设有仓库、植物园和备用空间。

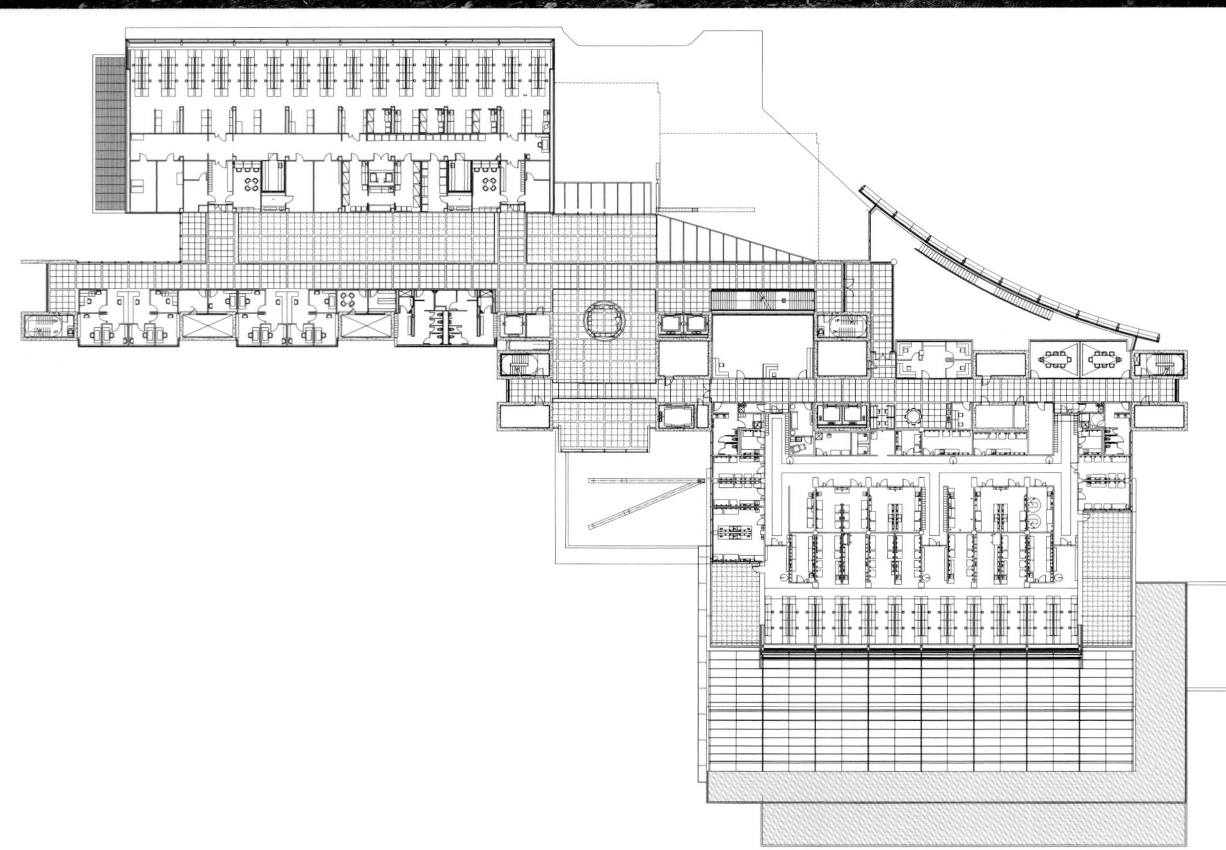

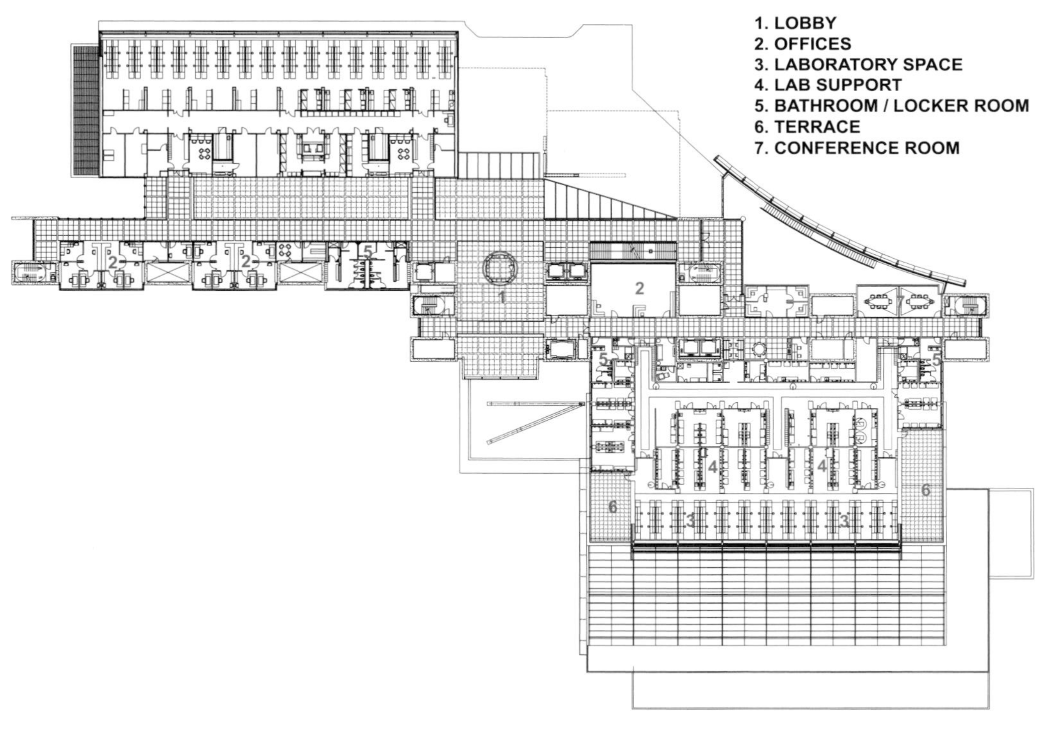

0 25 50 100 200ft

VAN ANDEL INSTITUTE PHASE II - FLOOR 4 - TYPICAL LAB PLAN 1/64" = 1'-0"

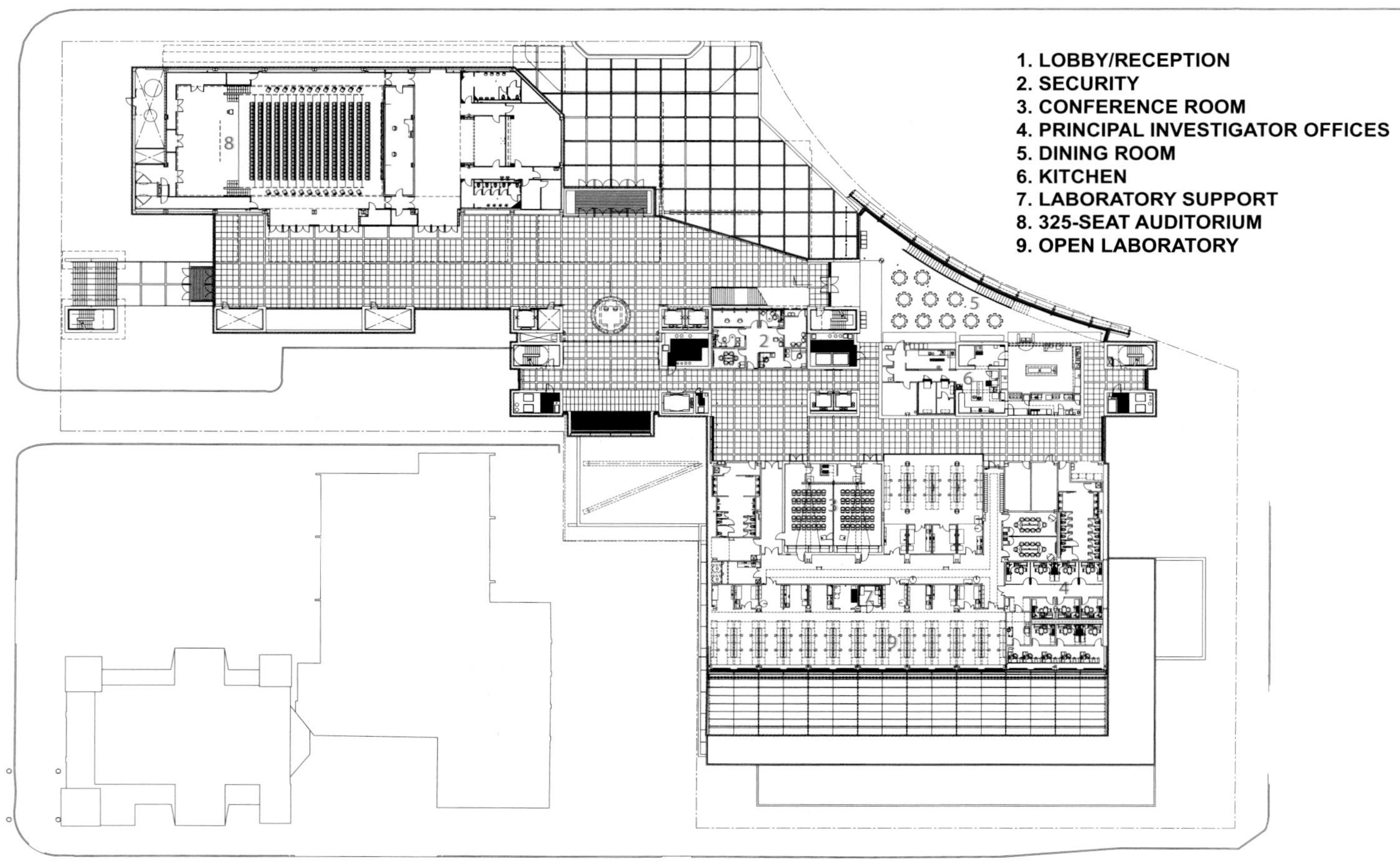

N

VAN ANDEL INSTITUTE PHASE II - FLOOR 3 - ENTRY LEVEL 1/64" = 1'-0"

0 25 50 100 200ft

VAN ANDEL INSTITUTE PHASE II - SECTION 1/32" = 1'-0"

0 25 50 100ft

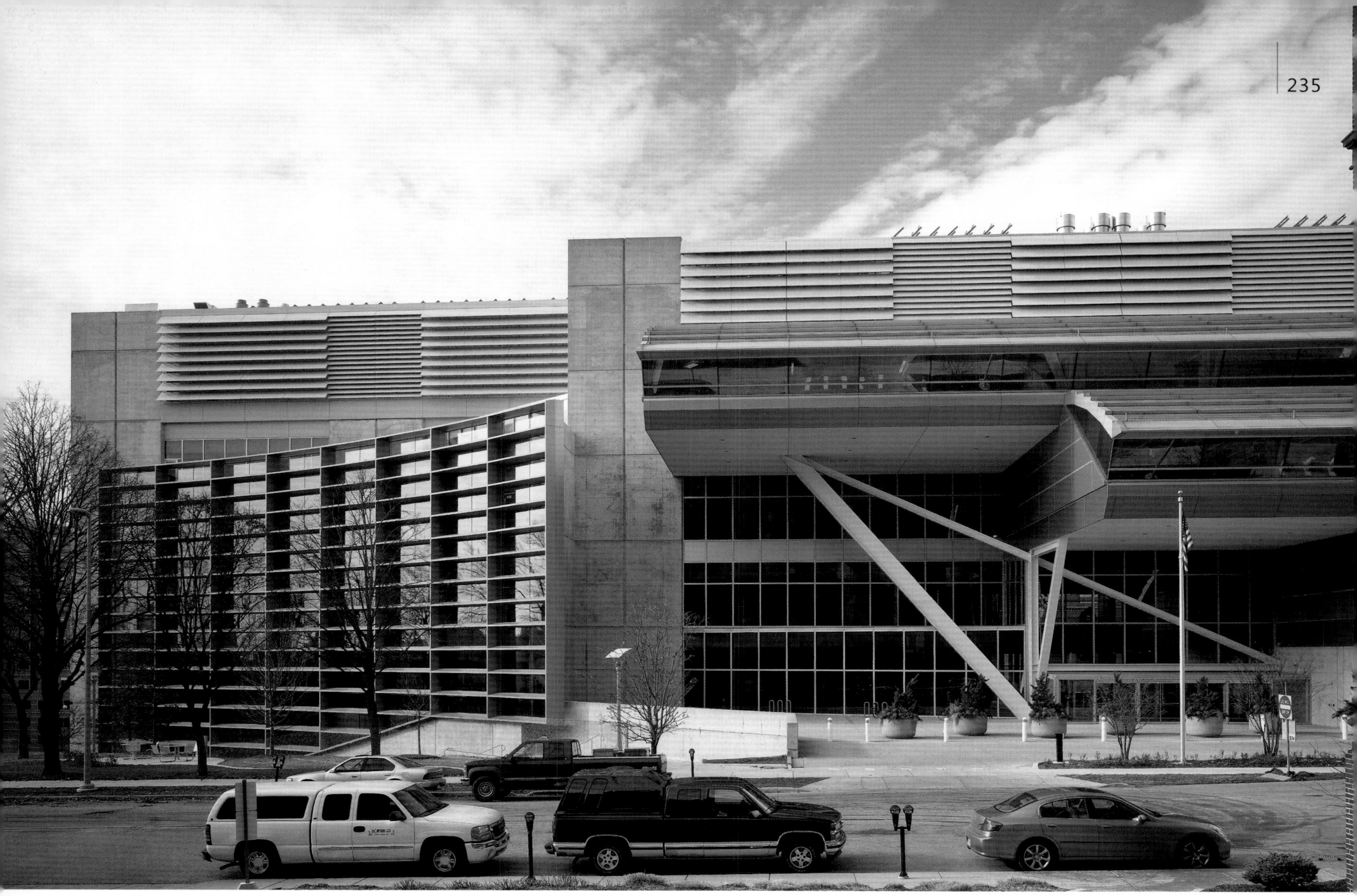

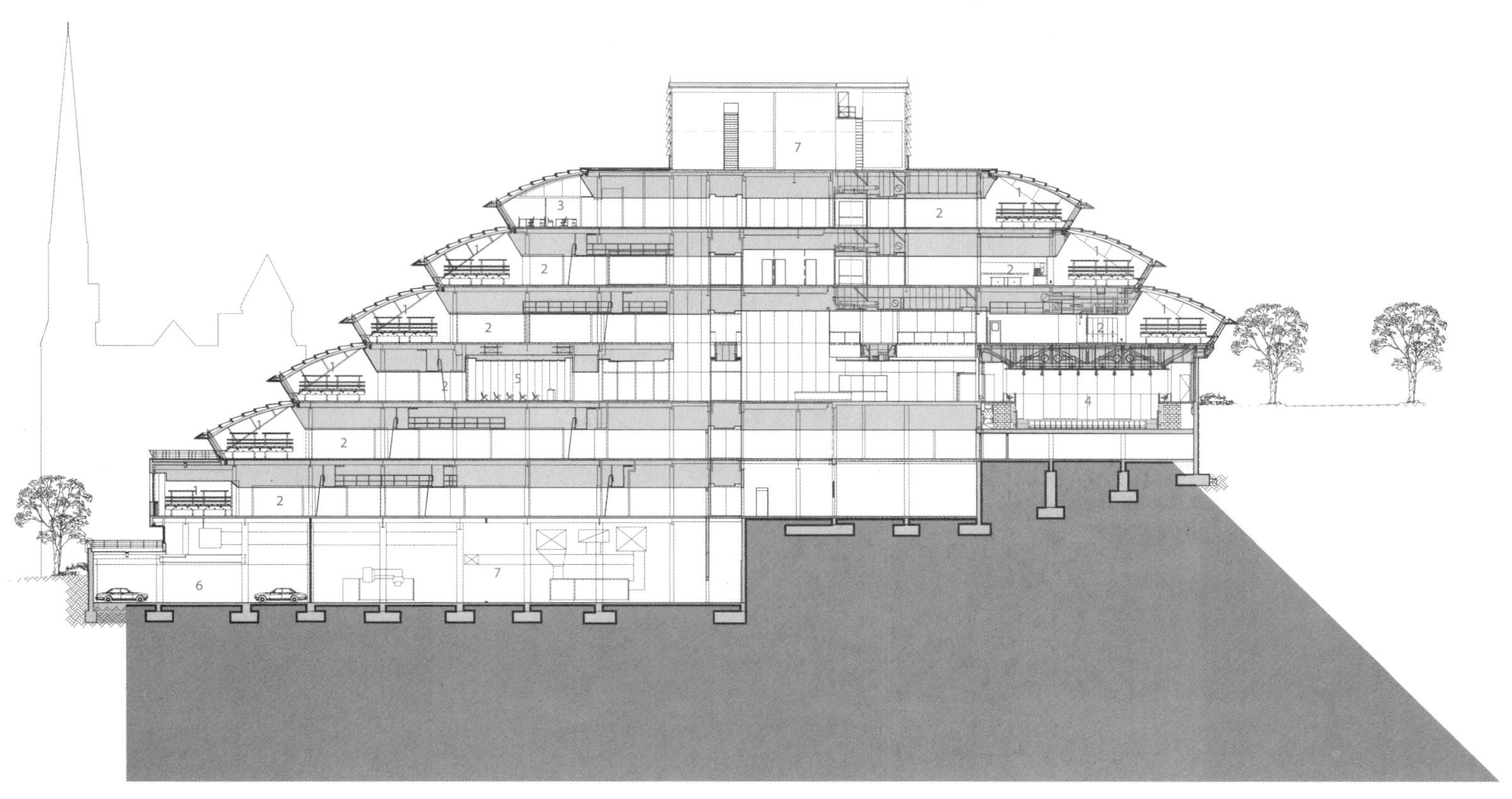

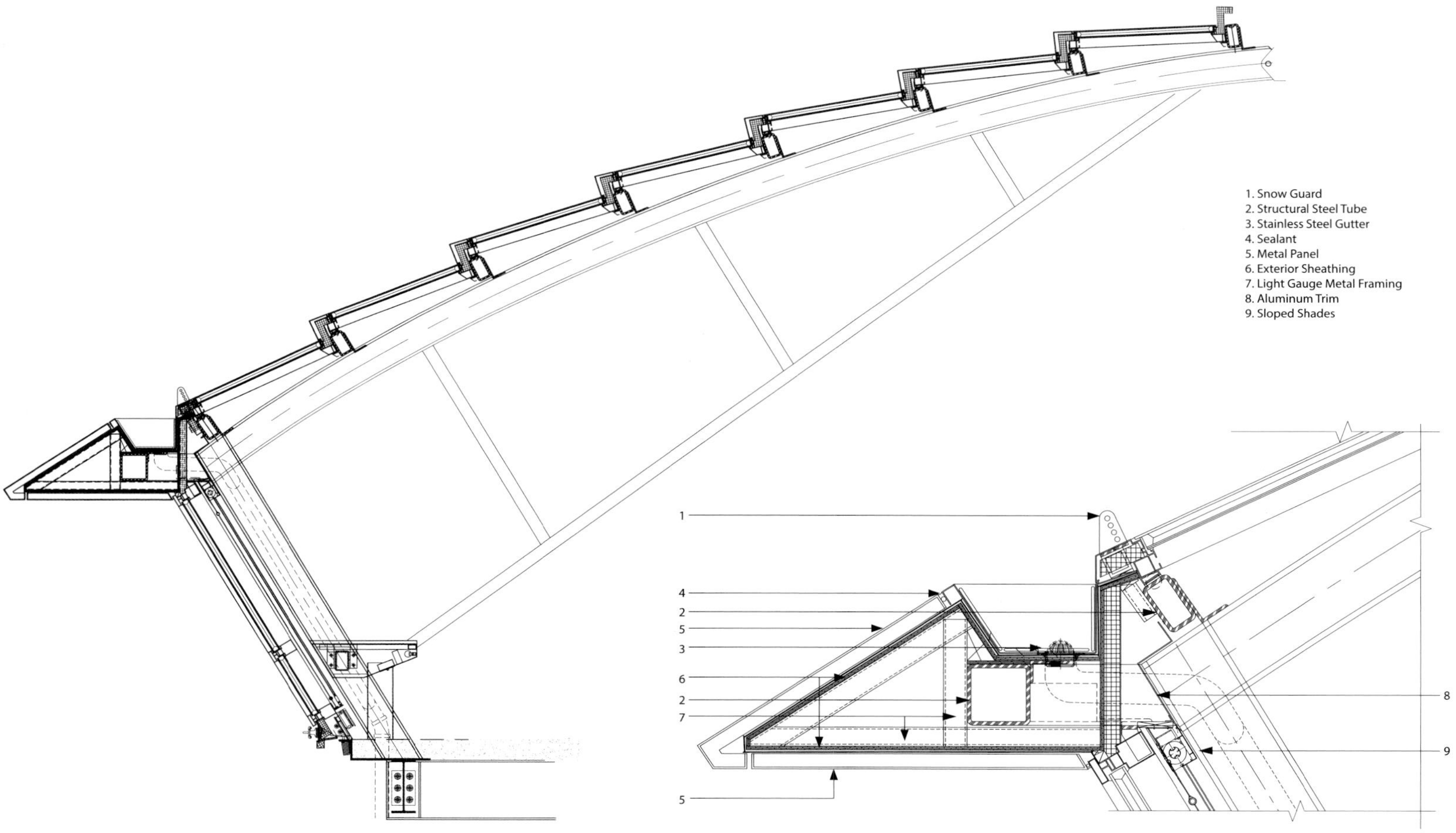

1. Snow Guard
2. Structural Steel Tube
3. Stainless Steel Gutter
4. Sealant
5. Metal Panel
6. Exterior Sheathing
7. Light Gauge Metal Framing
8. Aluminum Trim
9. Sloped Shades

EXIT

Groot Klimmendaal 康复中心

项目地点：荷兰阿纳姆
建筑设计：荷兰 Koen van Velsen 建筑师事务所
摄影：René de Wit

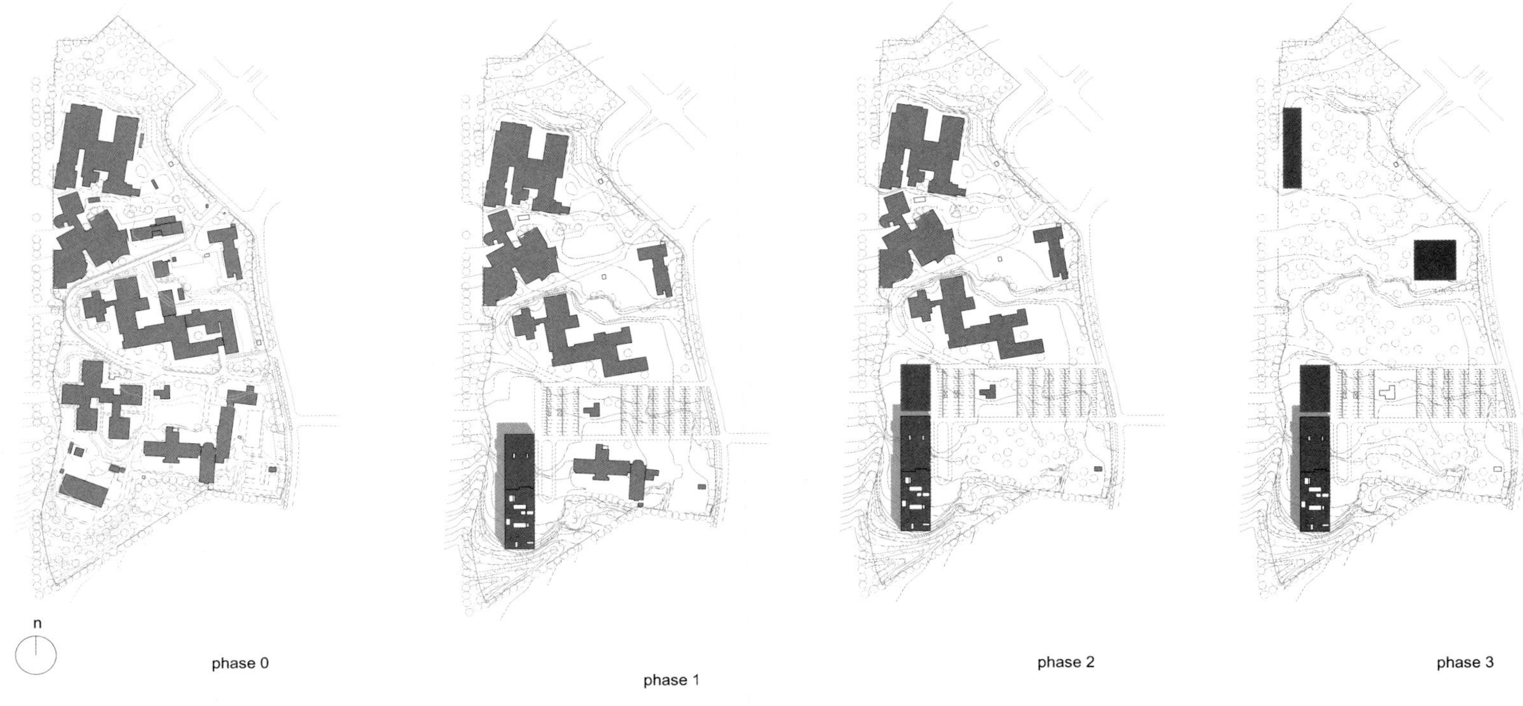

masterplan

在荷兰东部阿纳姆附近的波状森林中，人们可以发现“Groot Klimmendaal”康复中心像一只安静的小鹿一般矗立在树木之间。该中心的占地面积较小，它是逐渐向上并利用悬挑结构向周围区域扩展的。虽然规模不大，但棕金色的阳极氧化铝立面使这座接近 14 000m^2 的建筑与周围的自然景色融为一体。

连接中心大楼室内各个部分的中心区域安装了整层楼高的玻璃窗，它将建筑的室内和室外景物连接在一起。餐厅一侧的波浪形幕墙不仅使康复中心成为一个林中建筑，它也将森林元素带到了室内。周围的自然风景无论是在视觉上还是实体上都融入到了建筑里，这使得病人在散步的时候能够心情开阔、得到康复。

Groot Klimmendaal 康复中心只是由 Koen van Velsen 建筑事务所设计的总体开发计划中的一项而已。总体规划是要将这里开发成为一个单层和双层建筑的区域，使之逐渐成为一个公园景区。

康复中心的空间布局非常明了。一楼是办公区域，二楼是医疗区域，屋顶则是有自己标志的麦当劳快餐店。这座双层高的建筑的一楼入口层设有许多功能区域，如运动馆、健身房、游泳池、餐馆和剧院等。不仅仅是这里的病人，当地社区（如学生、演出团体等）的人也经常使用这里的设施。这样，无论是康复中心还是其大楼本身都成为当地社区的中心。

康复中心的设计理念是提供一个积极、令人鼓舞的医疗场所，来提高病人的健康水平，并帮助他们恢复健康。设计的宗旨并不是建造一个徒有医疗建筑面貌的大楼，而是要建造一个能够融入社区和周围环境的建筑。

Groot Klimmendaal 康复中心的建筑本身传达着一种“相信自己，控制自己”的理念。它开阔的、欢迎式的设计不仅为患者提供了一个天然疗养地点，同时也让患者和社区居民可以在这里进行其他的各种活动。例如，一个凹陷式的木制楼梯连通了建筑的整个室内空间，它不仅方便人们在不同的楼层之间走动，还形成了几个其它可以在楼内行走的路线，因此无形中鼓励人们做一些体育运动。建筑里几个或大或小的空旷空间和光井将不同的楼层连接起来，同时也使光线能够深入到这个宽达 30m 的大楼的中心区域。楼内几种醒目但又恰如其分的色调彼此融合，它们与自然光线和灯光光线融合在一起，使中心室内美丽而柔和。

减少能源使用只是大楼紧凑的室内布局和特殊的机电装置达成的环保设计之一。其中效率最高的就是热量储存设备（包括储藏热量和冷气两种），它们大大减少了能源的消耗。同时，地板饰面、天花板和幕墙等都使用了环保材料和需要维修较少的材料，它们不但使建筑维修的次数减少，也延长了建筑使用的寿命。

尽管这座建筑是为康复病人量身打造的，但是特殊的设计还使得建筑可以多功能使用，通过对室内空间进行重新布局和设计，客户便可以赋予它其他的用途。

Groot Klimmendaal 康复中心既多元又简约，融合了医疗、运动和公共设施几种用途。明亮、连续、分层、多样、光线与遮阴元素的融合、自然元素的融入，共同构成了这个勉励人心的医疗综合建筑。

cross sections

south and north elevation

longitudinal section

0
20 m
east elevation

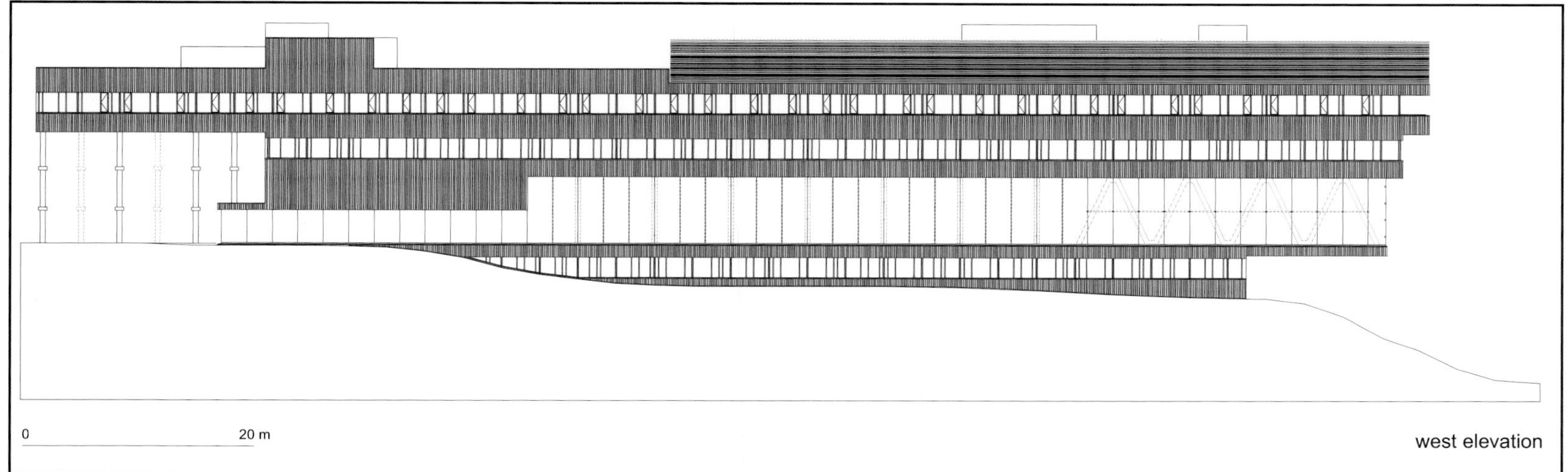
0
20 m
west elevation

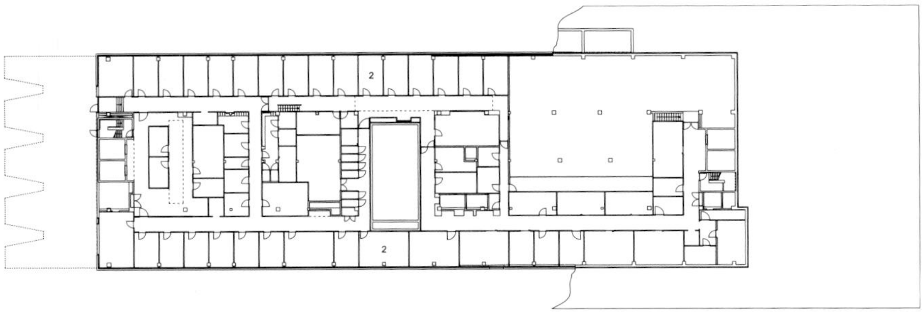

0 20 m

level -1

1 entrance
2 office
3 gymnasium
4 swimming pool
5 theatre
6 restaurant
7 fitness centre
8 room for patient
9 living room
10 ronald mcdonald house
11 void
12 patio

0 20 m

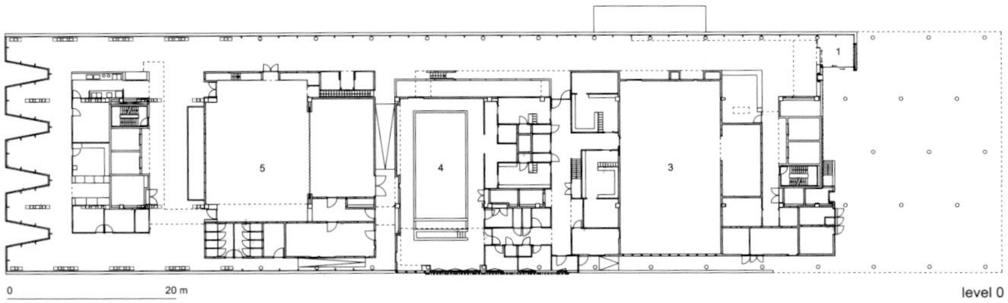

level 0

1 entrance
2 office
3 gymnasium
4 swimming pool
5 theatre
6 restaurant
7 fitness centre
8 room for patient
9 living room
10 ronald mcdonald house
11 void
12 patio

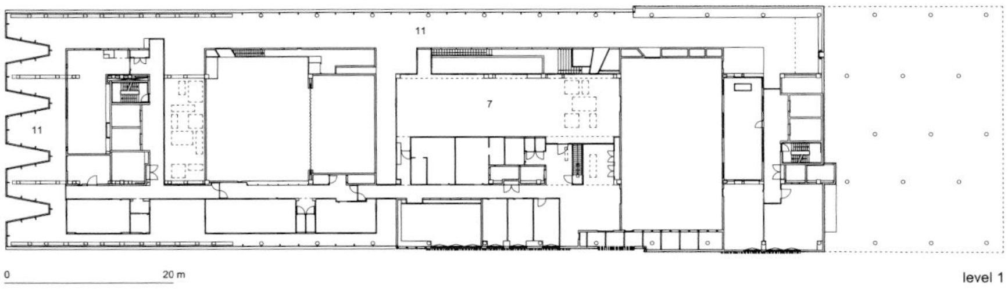

0 20 m

level 1

1 entrance
2 office
3 gymnasium
4 swimming pool
5 theatre
6 restaurant
7 fitness centre
8 room for patient
9 living room
10 ronald mcdonald house
11 void
12 patio

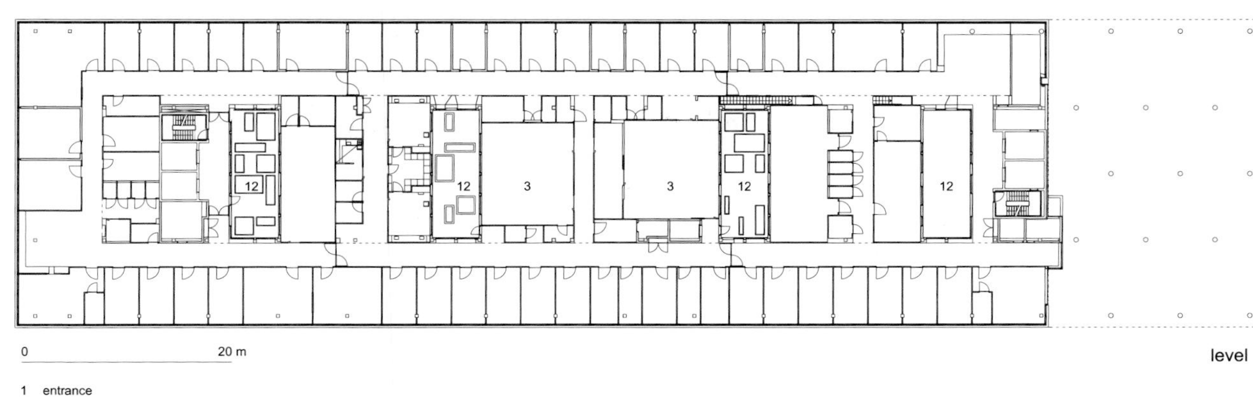

0 20 m

level 2

1 entrance
2 office
3 gymnasium
4 swimming pool
5 theatre
6 restaurant
7 fitness centre
8 room for patient
9 living room
10 ronald mcdonald house
11 void
12 patio

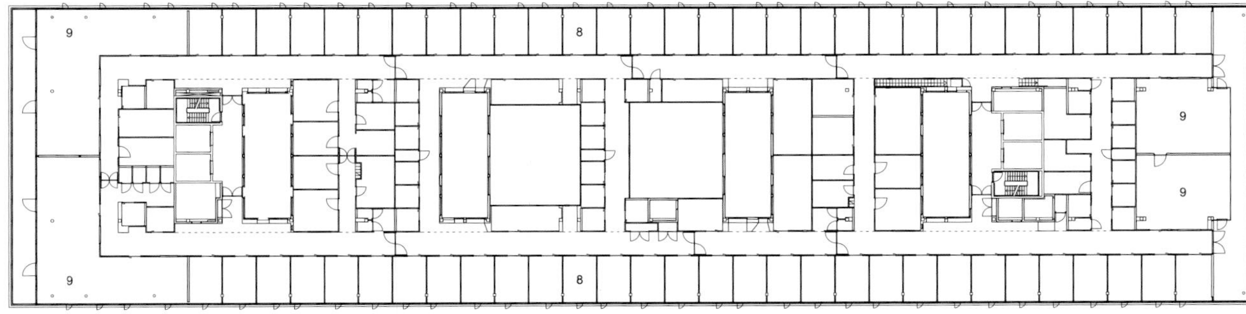

0 20 m

level 3

1 entrance
2 office
3 gymnasium
4 swimming pool
5 theatre
6 restaurant
7 fitness centre
8 room for patient
9 living room
10 ronald mcdonald house
11 void
12 patio

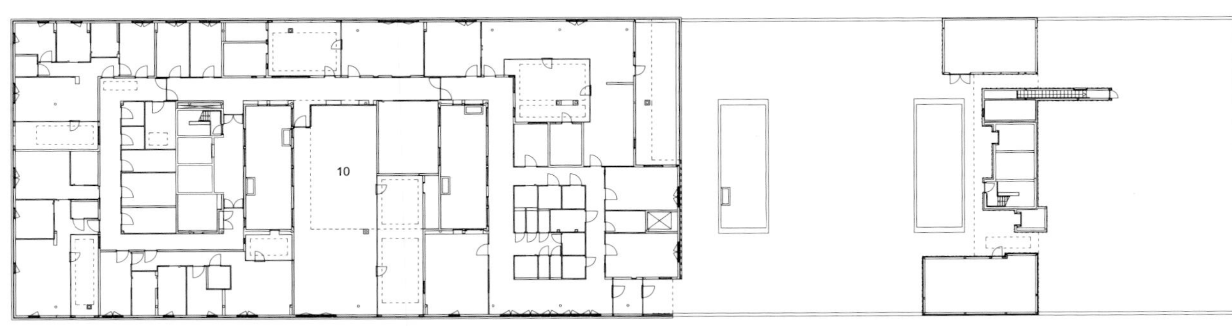

0 20 m

level 4

1 entrance
2 office
3 gymnasium
4 swimming pool
5 theatre
6 restaurant
7 fitness centre
8 room for patient
9 living room
10 ronald mcdonald house
11 void
12 patio

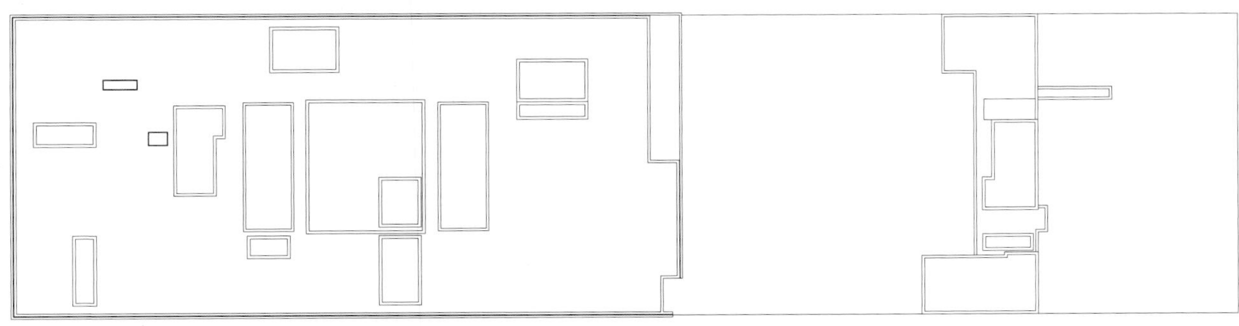

0 20 m

roof

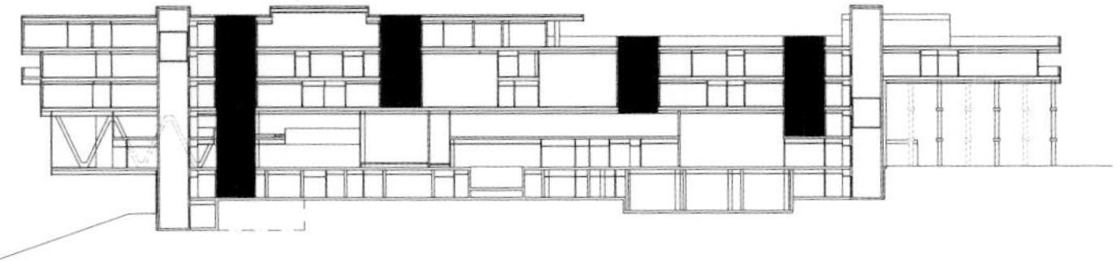

lightwells / voids from roof to ground and souterrain level

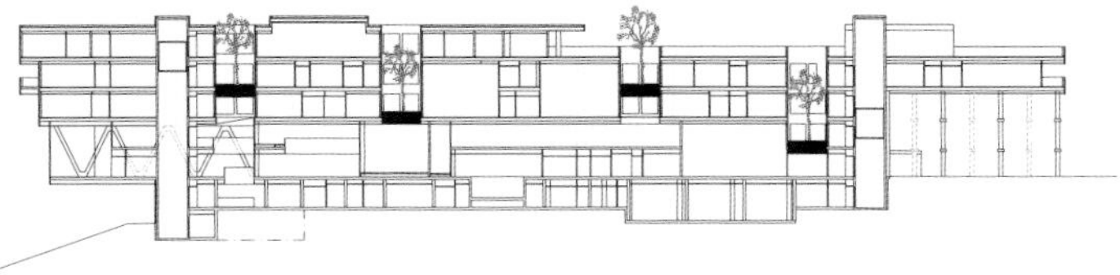

lightwells contain plants and trees

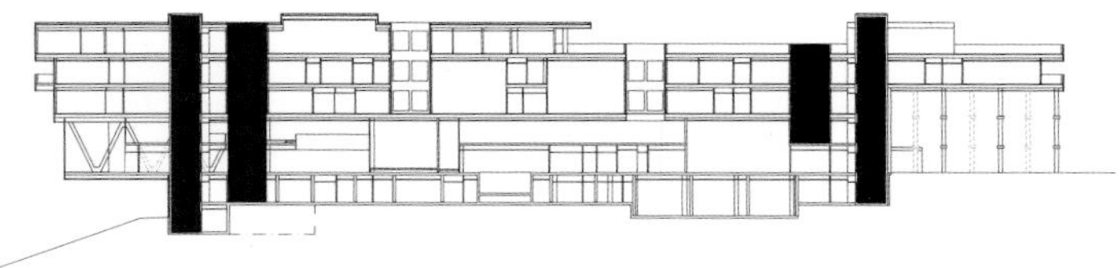

relation between vertical circulation and lightwells / voids

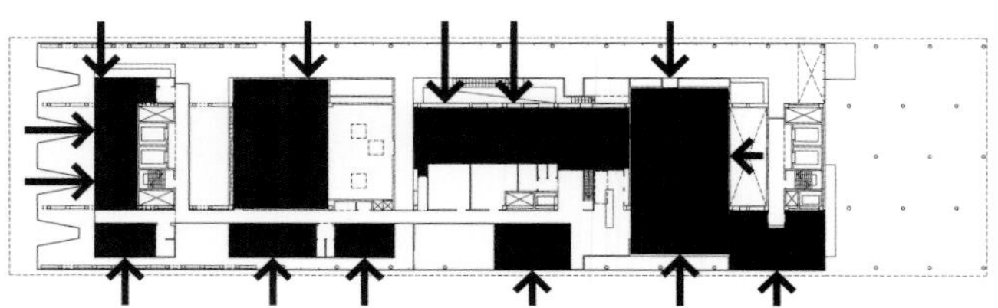

natural daylight to programme on ground and first floor

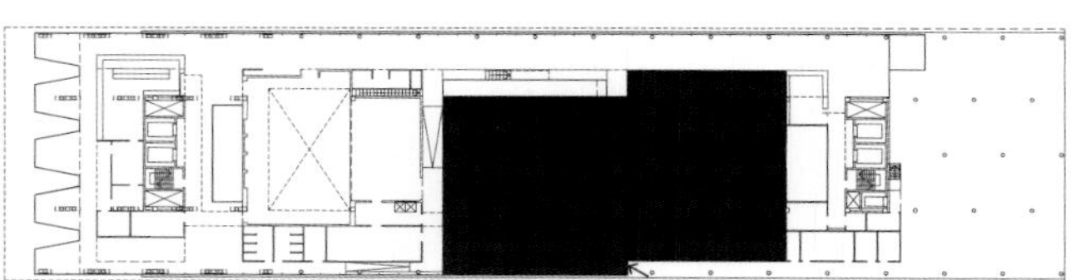

sports facilities also to be used separately and accessible directly from outside

vertical layering of the programme

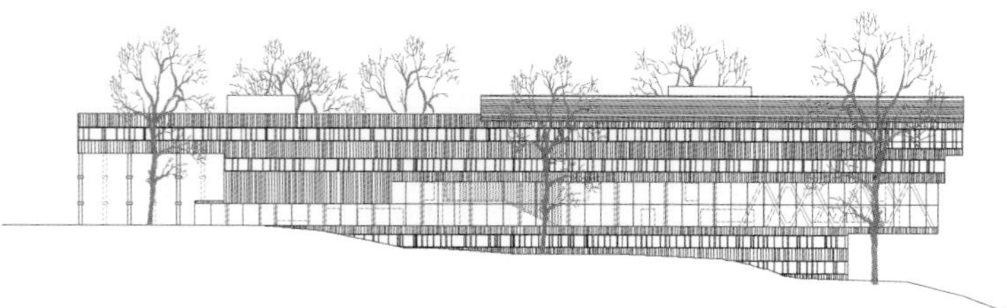

a strong relationship between the building's façade and it's immediate surrounding

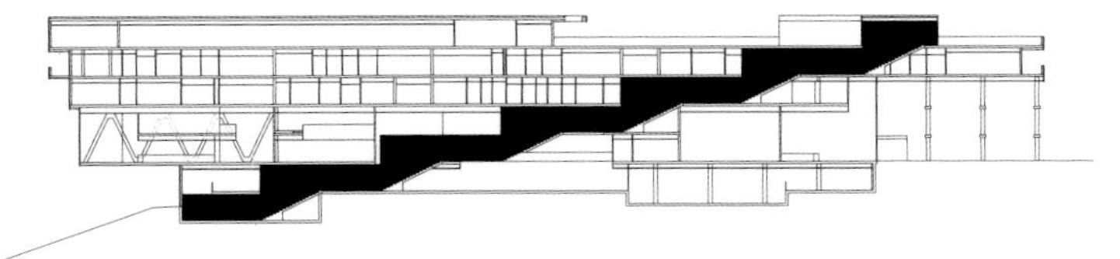

continuous staircase enables visual relation from roofgarden into the valley

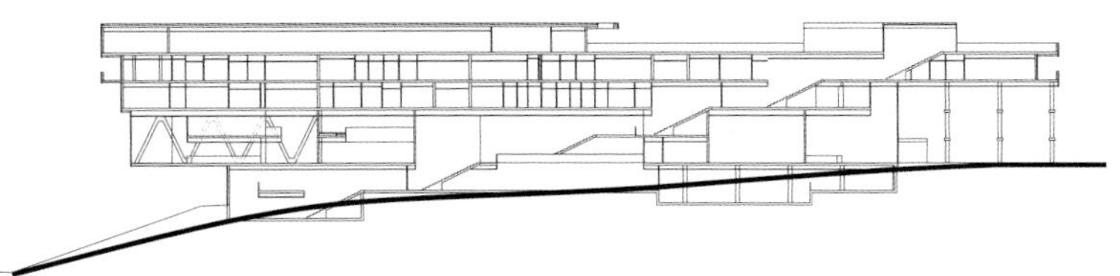

terrain is returned to original condition

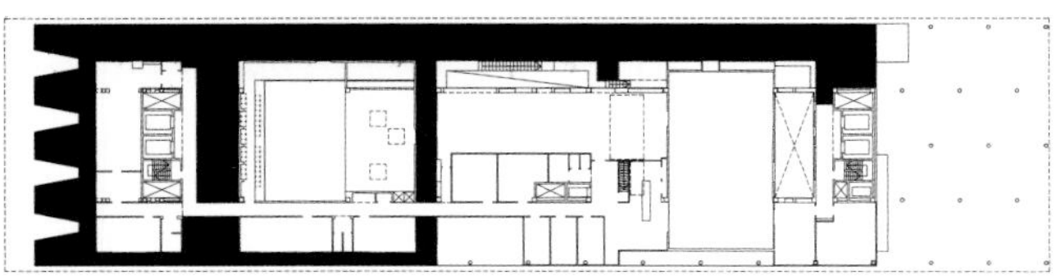

entrance level is double-height

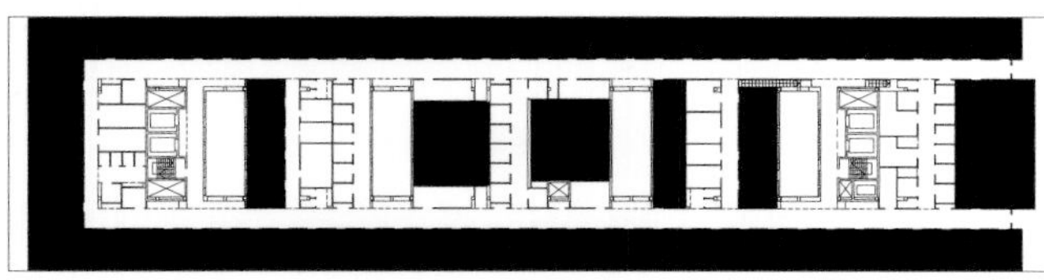

programme in need of daylight positioned along the facade and lightwells

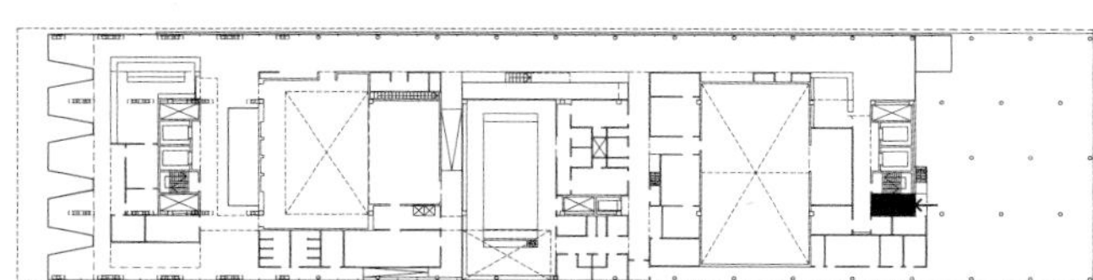

an individual entrance for the Ronald McDonald house

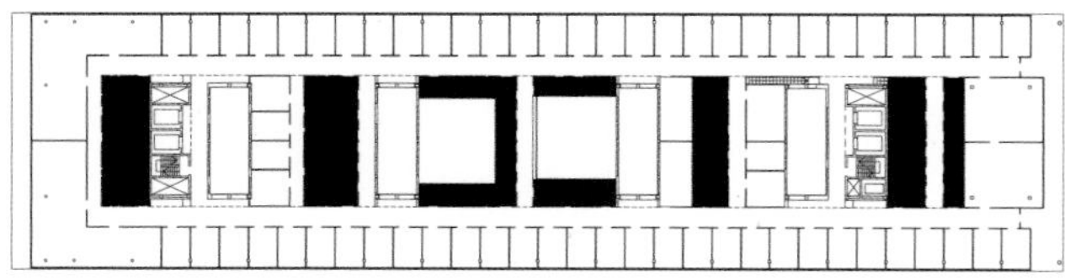

programme in need of daylight positioned along the facade and lightwells

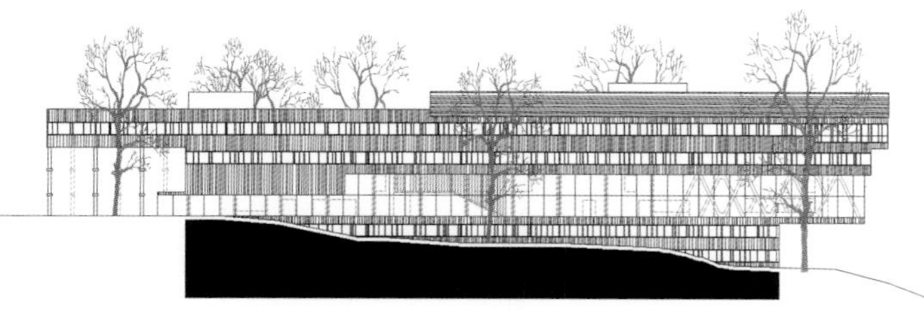

minimum footprint

Circle Bath 医院

项目地点：英国
建筑设计：福斯特事务所

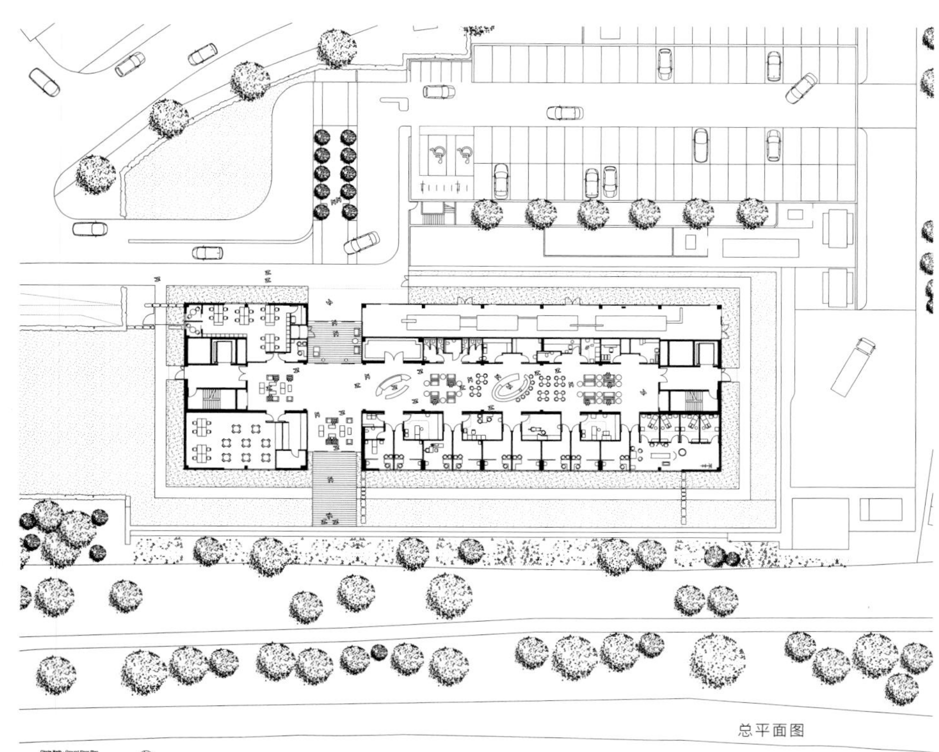

总平面图

"Circle"最初由私人投资，在英国建立了一系列的健康社区，将为患者提供全新的医疗保健服务。Circle Bath 是其中的第一家。设计师旨在打造成一座全新的人文医院。医院里的所有人，无论是外科医生、护士或搬运工，均被视为传递健康的"使者"，以促进患者康复为共同目标。

医院大楼设有手术室、卧室、咨询室、治疗和康复中心，同时还设有住院部和门诊部。紧凑的设计给人以社区感和幸福感。医院围绕一座光线充足的中庭而建，弥补了传统大医院方向感和亲切感的欠缺。各部门之间的间距尽量缩小，缓和了咨询处、治疗和康复中心对病人造成的压迫感，更减少了工作人员的行走距离。双层高度的中庭成为了病人、医务工作人员和来访者的焦点。私人咨询室设在一楼，而住院部则围绕中庭设在二楼。主要接待点、咖啡厅和护士站设在中庭，阳光透过圆形的采光瓦照射下来，经由半透明的布带变得柔和有形。主色调采用了温暖而亲切的土黄色与锈色的综合。顶部的天然木色吸音板中间穿插着玻璃板，将中庭的景观引入卧室。

该医院选址于一座山坡，外形低调。主入口设在道路南侧，直接通往一层的中庭。北立面由底层的黑色镶板组成，南立面则采用大面积的釉面材料，尽享周围绵延的田园景观。医院的 28 间病房集中在一个"浮"在上层的矩形楼体内，外围是反射的铝制瓦板。建筑设计之外，设计师充分利用了自然光照和景观。阳台一律设在建筑的南北两侧，最大限度地享有周围的田园风景。宜人的景观进一步强调了该治疗环境与周围其他医疗机构的不同。

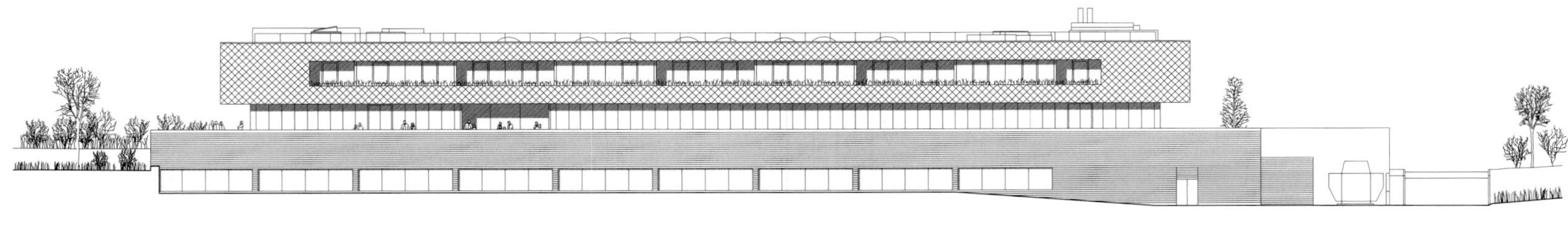

Circle Bath - South Elevation

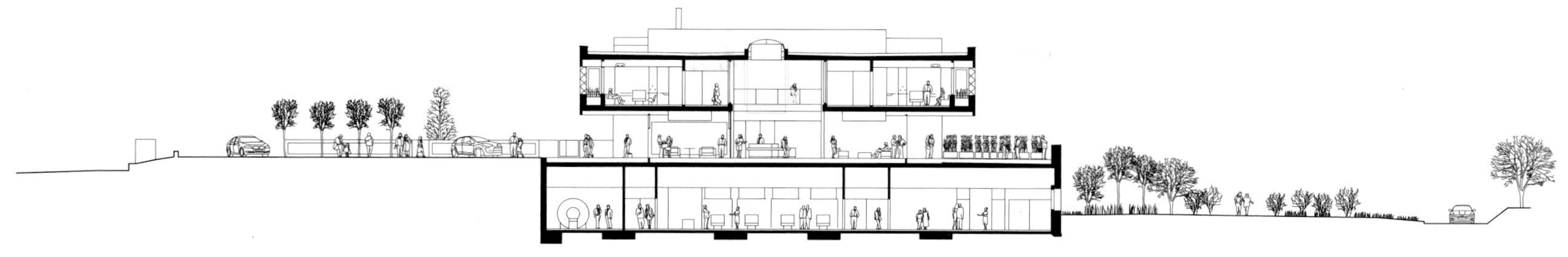

Circle Bath - Short Section Reception

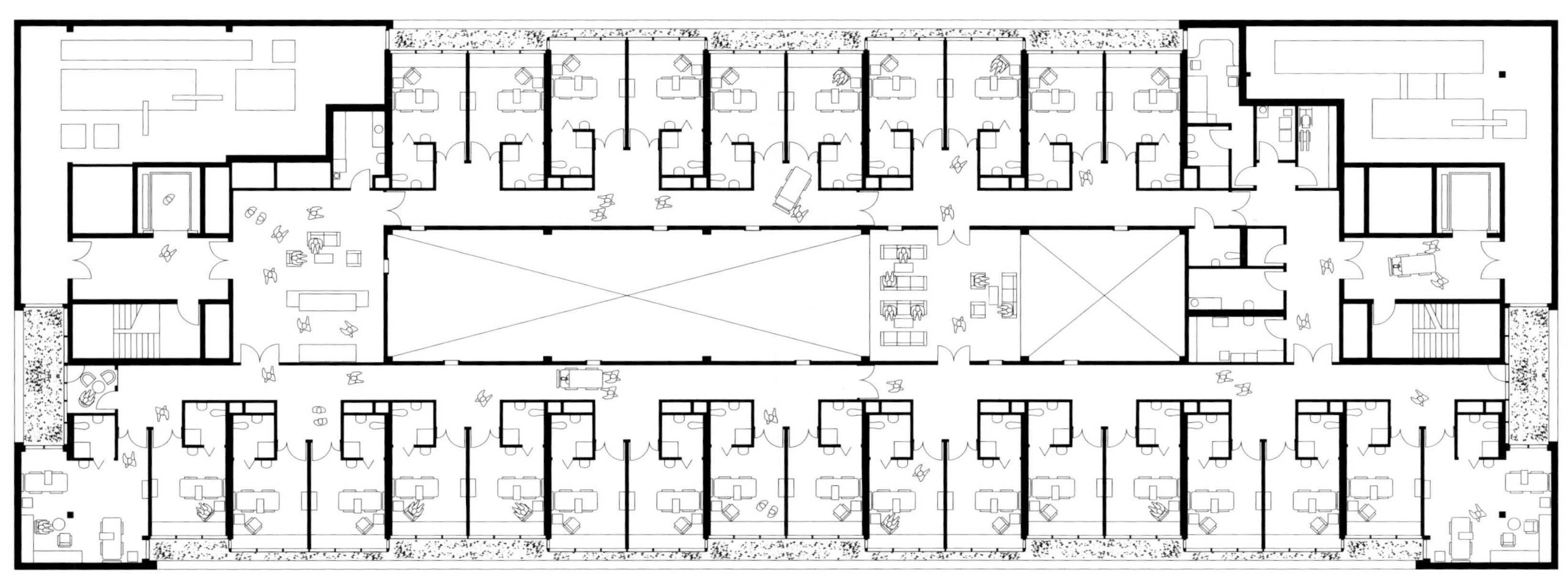

Circle Bath - First Floor Plan

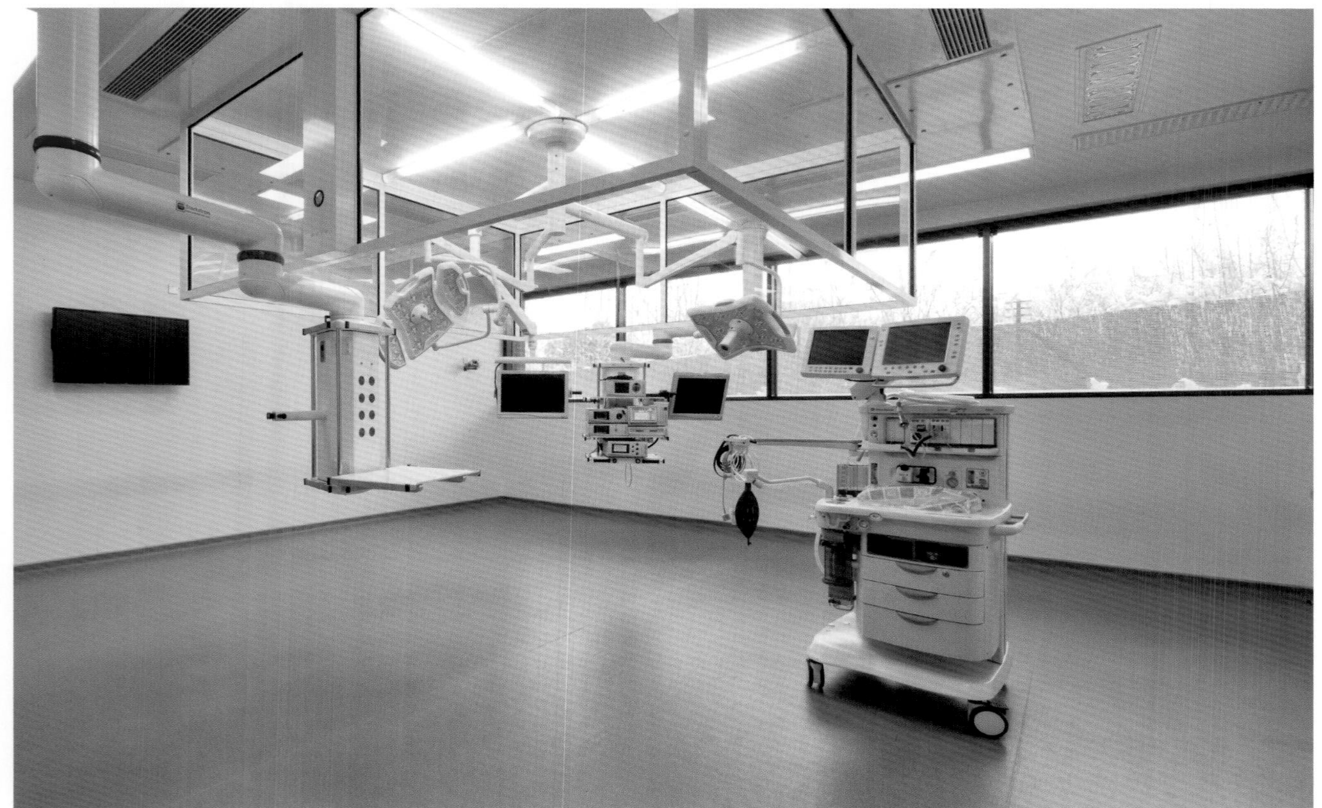

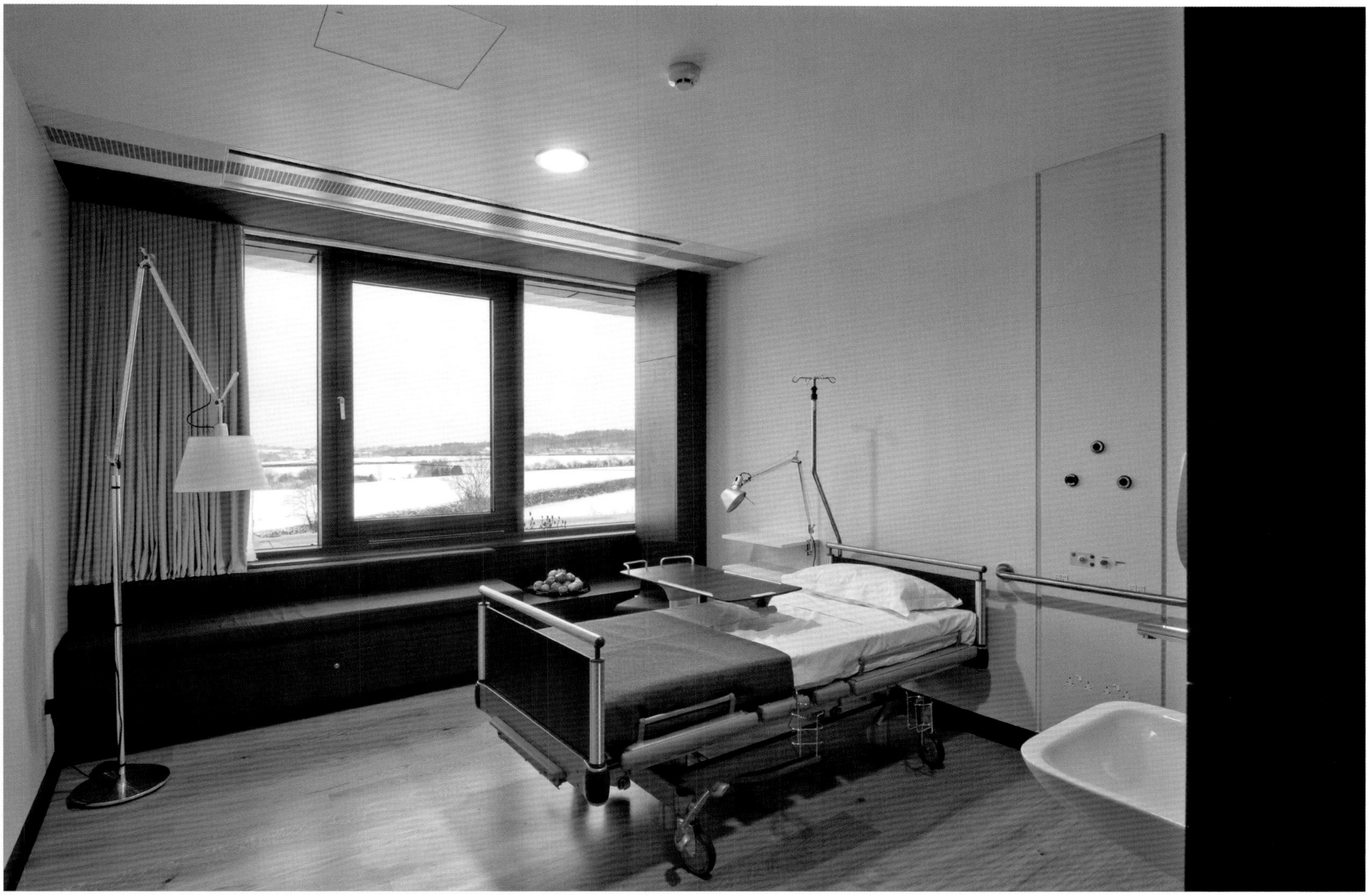

乡村私人诊所 Parkpraxis

项目地点： 奥地利 Kasten bei Böheimkirche
客户：Regina Fehrmann 医生
建筑设计：X Architeckten
建筑面积：224 m^2

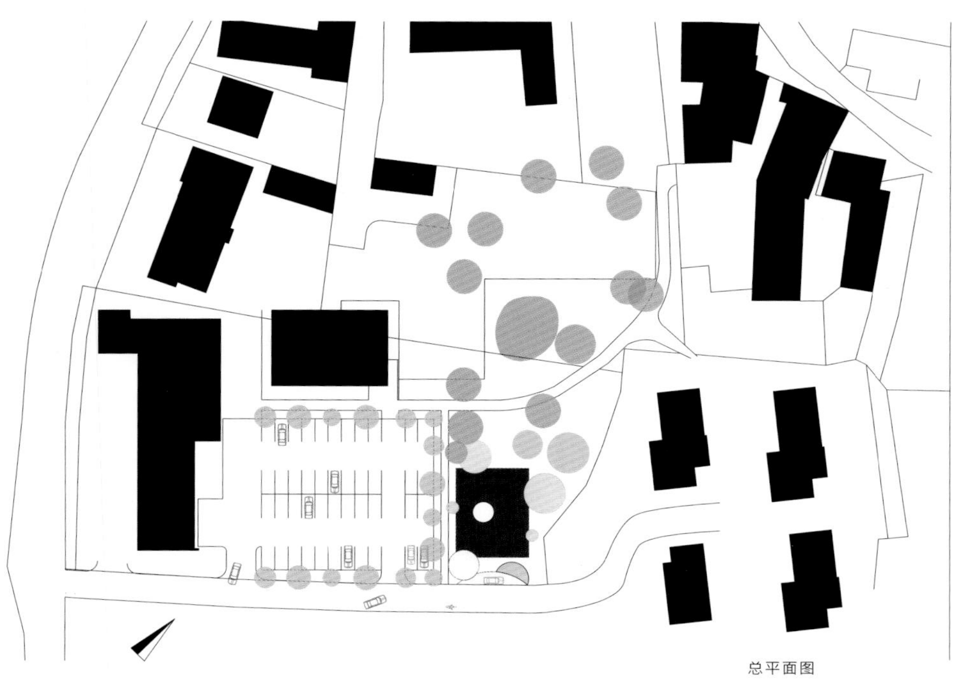

总平面图

这是由 X Architekten 事务所为一位医生设计的诊所项目，位于奥地利的一个社区中心。社区中心建筑群的三面被一个绿色公园包围，园区的第四面则延伸演变形成农田和草地。保留这片延续的绿色空间是这个项目的设计概念之一。

诊所采用叠加的矩形房间布局，而周围原有的绿树则呈现浪漫自由的分散布局，树与建筑之间形成合理渗透。为配合分散的树木布局，建筑外部形成了一个凹形结构，因此在建筑内部形成了一个圆形庭院。建筑的镜面表皮与公园之间产生更多的互动，公园通过镜像，视觉上增加了面积，建筑与自然之间的隔阂消失了。建筑弱化了它的独立特征，与周围的环境融合在一起。

parkpraxis

dr. fehrmann

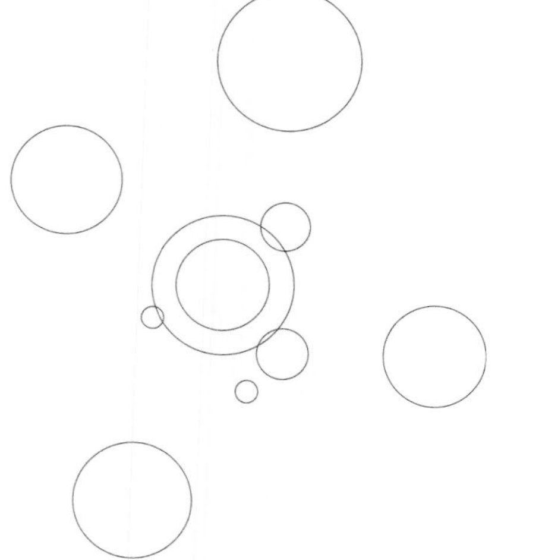

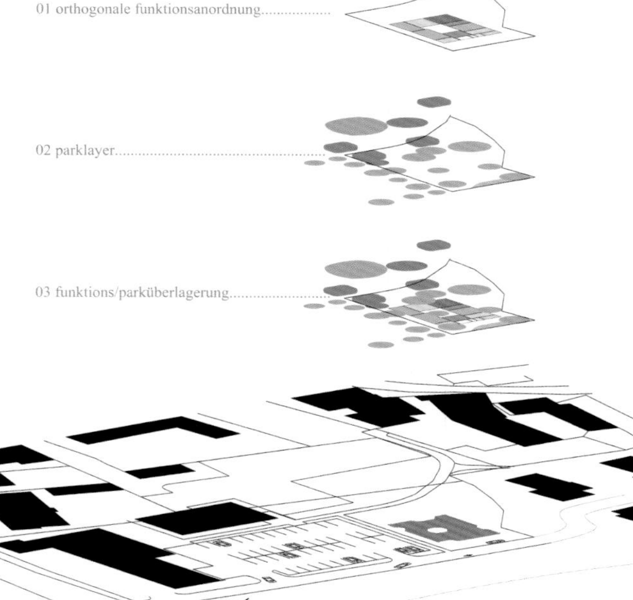

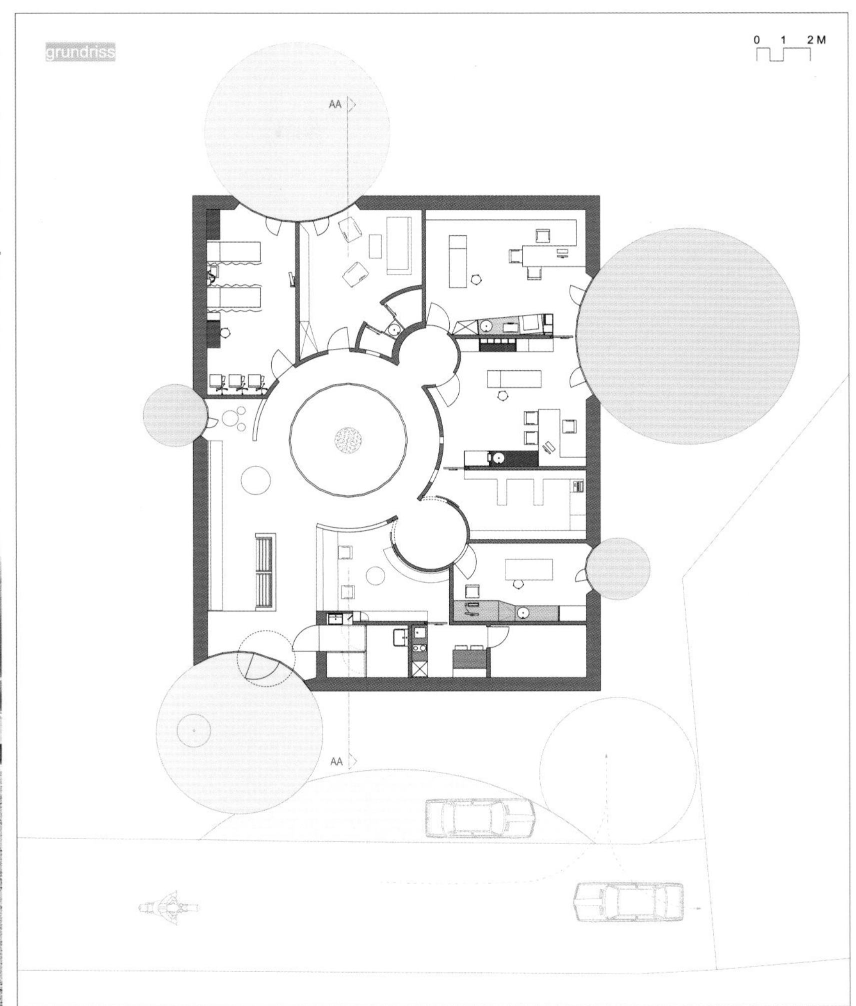
grundriss
0 1 2 M
AA
AA

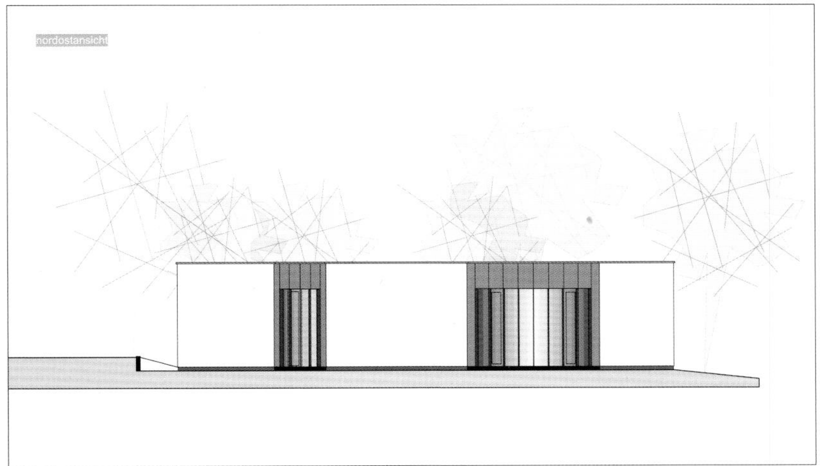
nordostansicht

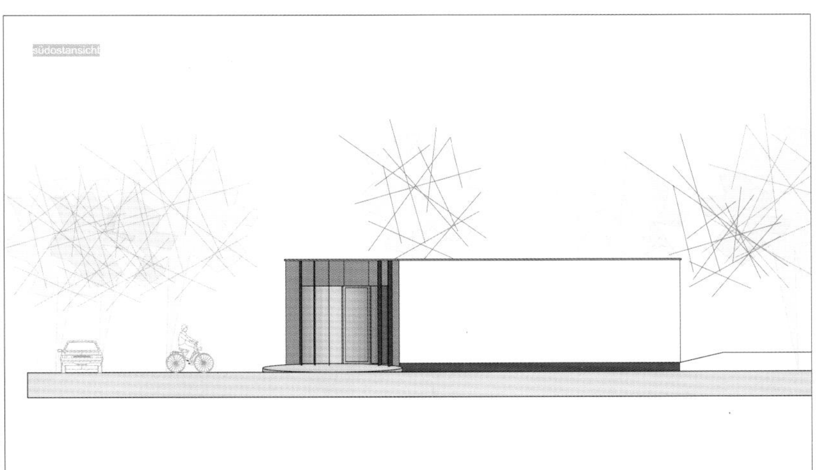
südostansicht

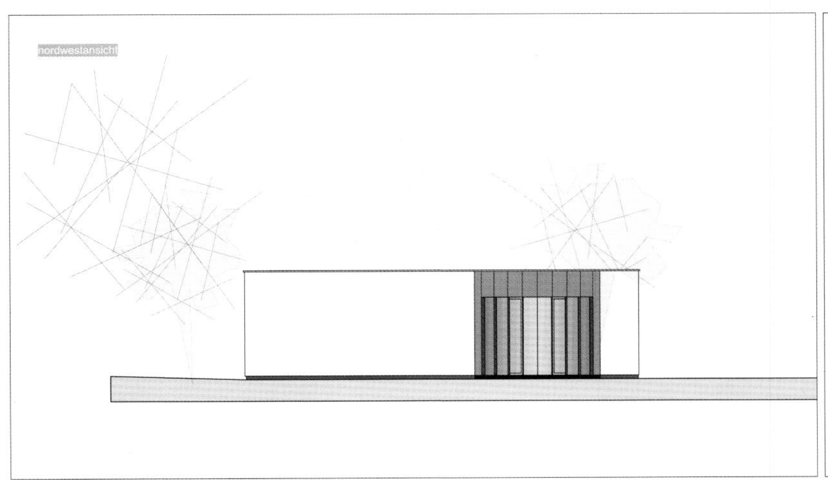
nordwestansicht

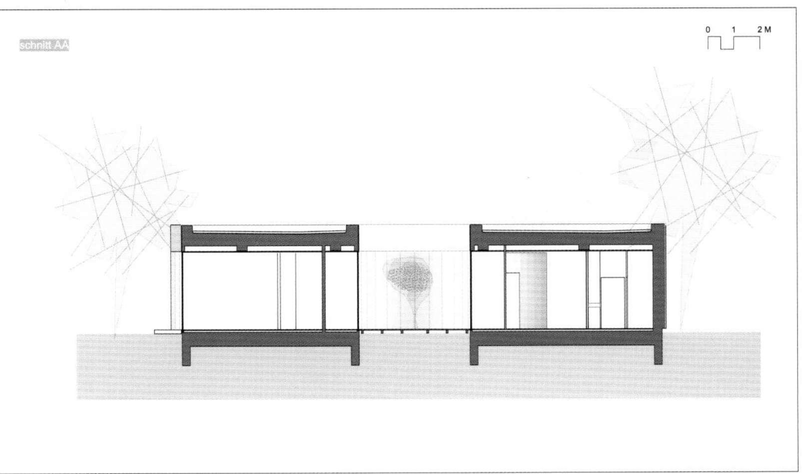
schnitt AA
0 1 2 M

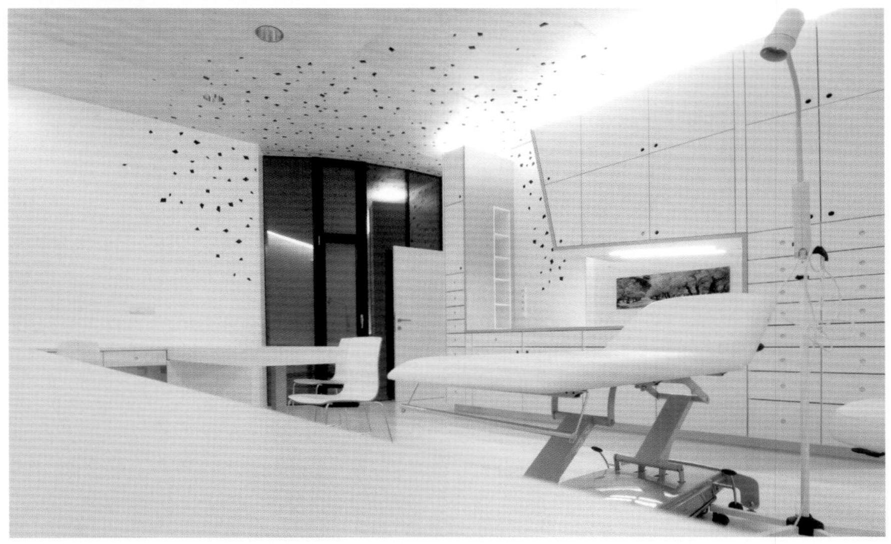

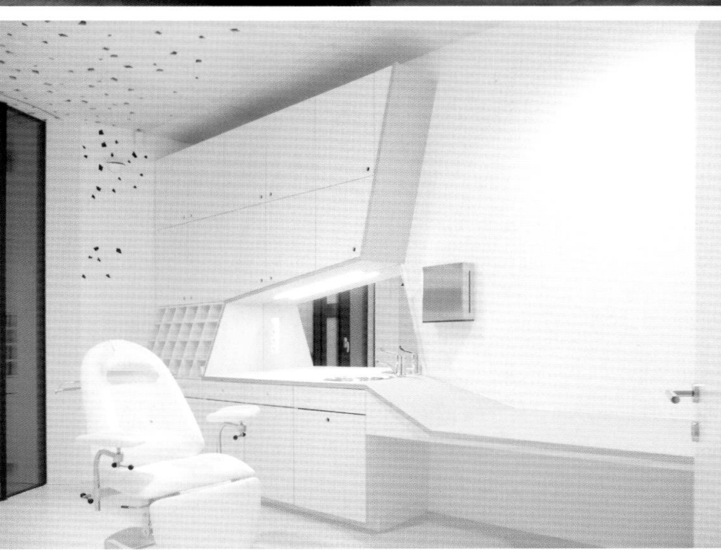

斯洛文尼亚康复研究所儿童区与工疗区

项目地点：斯洛文尼亚卢布尔雅那
建筑设计：斯洛文尼亚 Dans 建筑师事务所
摄影：Miran Kambic, Dans 事务所

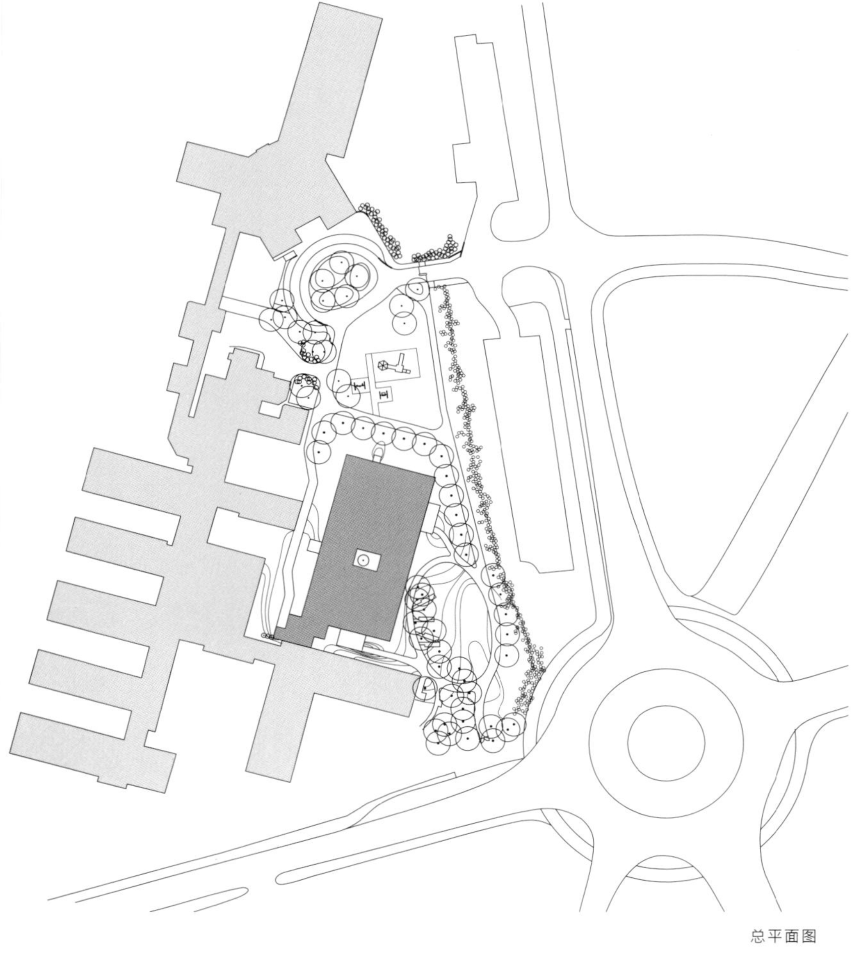

总平面图

该研究所位于斯洛文尼亚的卢布尔雅那，于 1954 年至 1962 年由斯洛文尼亚建筑师 Danilo Kocjan 设计。在绿色环境之中，依据斯堪的纳维亚半岛的地区特点，打造一个低矮、狭长的建筑形态，这正是设计师当时的想法。时隔多年，研究所有所扩大，新儿童区与工疗区的设计由建筑事务所 Dans 担纲，设计仍采用楼阁式的元素，一层是儿童部，二层是职业康复部。中间的混凝土和玻璃部分安置电梯，通过这部分将现有建筑联系在一起。

新建筑为一个矩形结构，里面有一个正厅。走廊和过道的设计都非常特别。生活区位于正厅和走廊两侧，通过木质台阶将室内外连接在一起。透过大型窗户能看到旧公园和里面的大树，虽然公园被保留了下来，但面积却缩小了很多。

新建筑有机地与周围环境相融。白色建筑立面上铺的是表面光滑的纤维水泥板，另外还有大型的横向窗户和纵向的黄色褶皱条纹板。

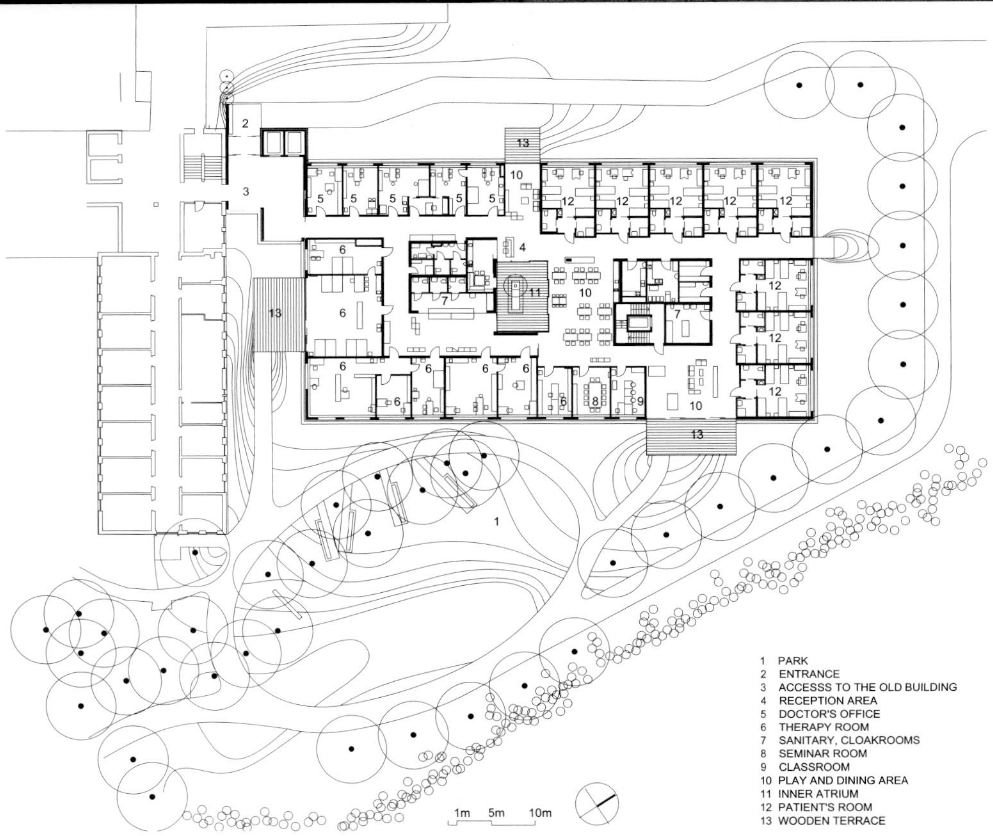

1 PARK
2 ENTRANCE
3 ACCESSS TO THE OLD BUILDING
4 RECEPTION AREA
5 DOCTOR'S OFFICE
6 THERAPY ROOM
7 SANITARY, CLOAKROOMS
8 SEMINAR ROOM
9 CLASSROOM
10 PLAY AND DINING AREA
11 INNER ATRIUM
12 PATIENT'S ROOM
13 WOODEN TERRACE
1m 5m 10m

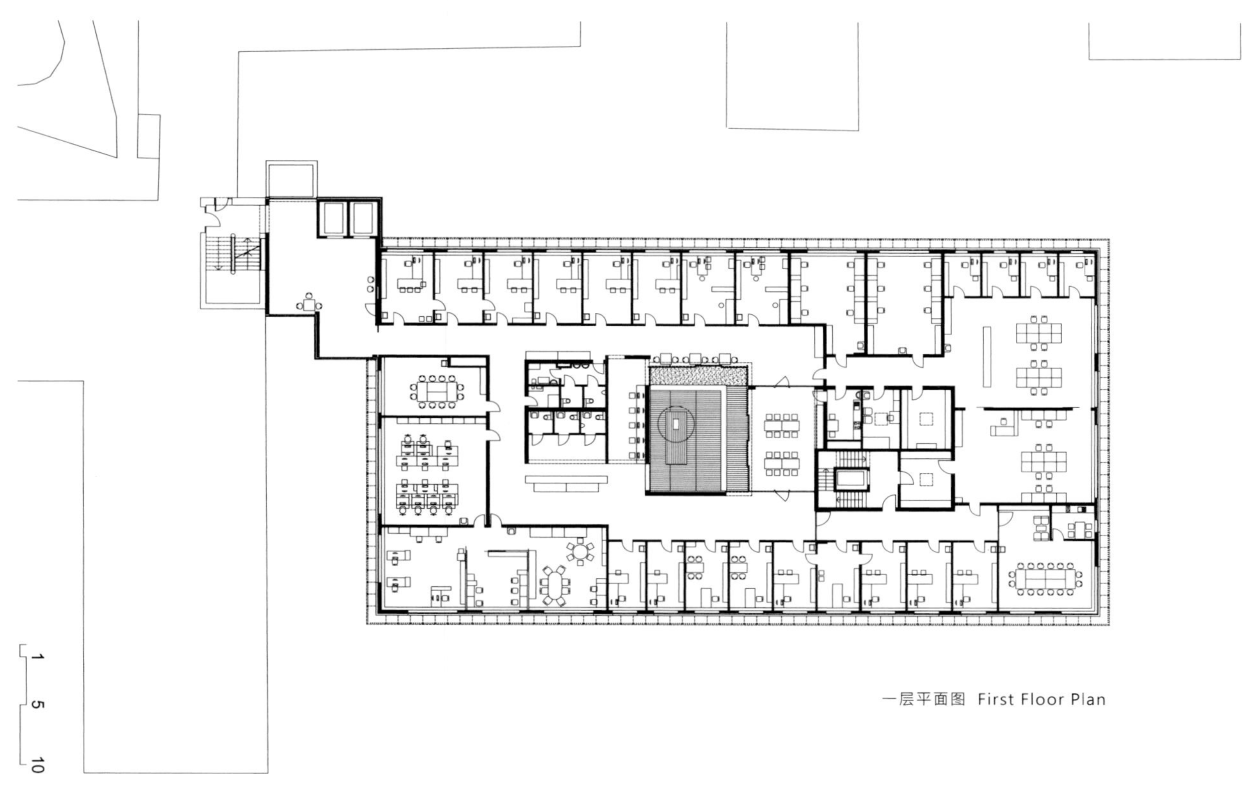

一层平面图 First Floor Plan

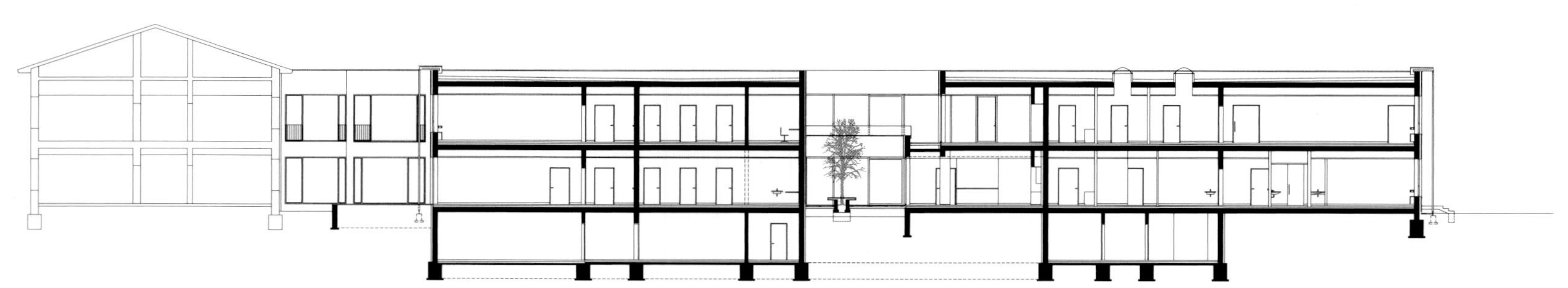

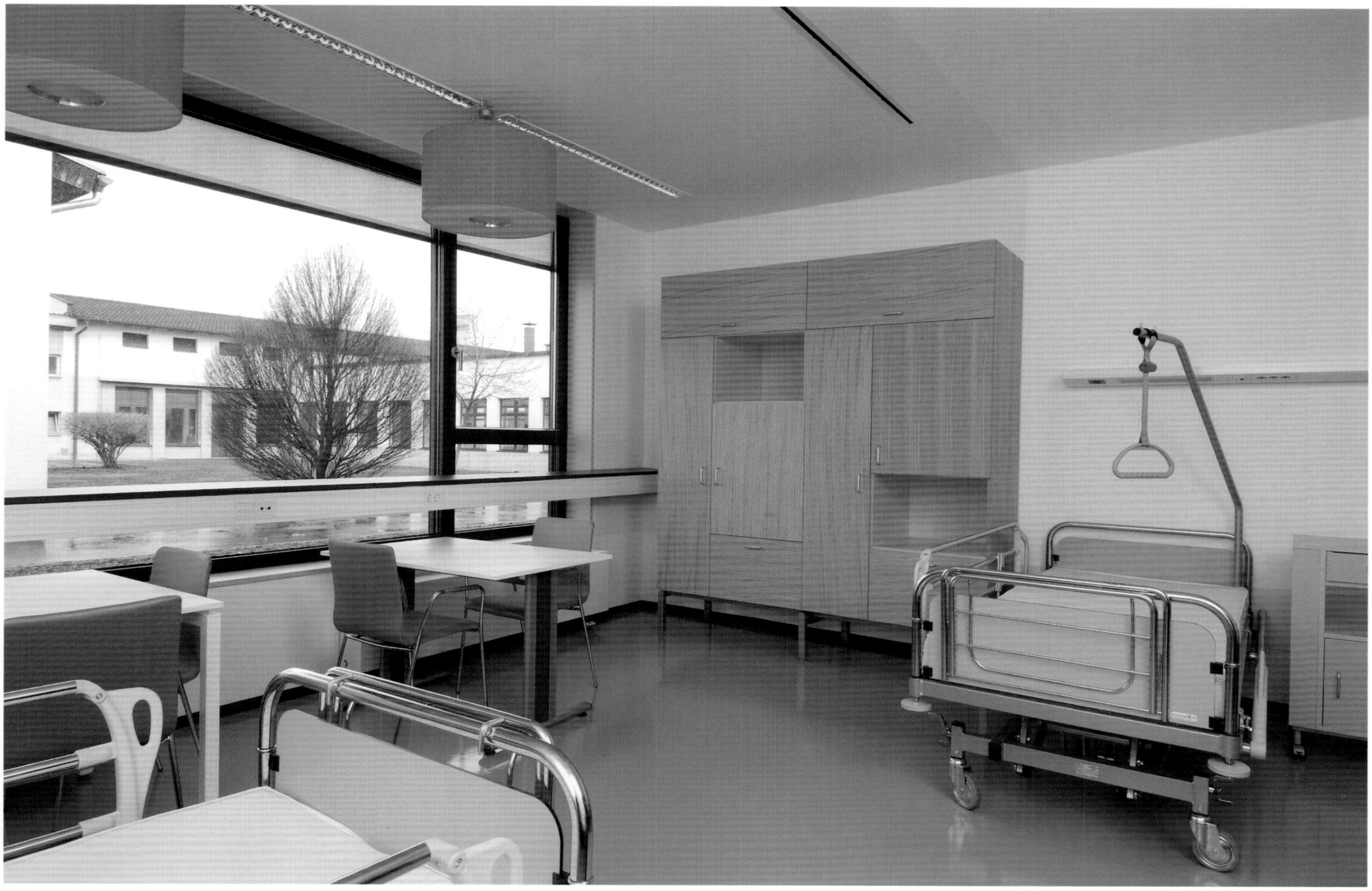

东京临海医院

项目地点：日本东京
开发商：日本私立学校促进和互助合作公司
建筑设计：日本佐藤総合建筑设计事务所
占地面积：39 986 m²
建筑面积：42 045 m²
建筑密度：21.2%
容积率：1.05

该医疗项目位于日本东京，院内可俯瞰东京江户川区左近川亲水公园的景致。设计基于医疗环境应益于健康的理念，建设一间与当地社区具有联系感的医院。

医院采用三角形布局形式，设计师在布局的建筑上设置了三个不同的单元以缩短医护人员的流线组织通道。建筑充分利用自然采光，并通过侧边走廊通风。医院病房同样拥有清晰的流线组织通道，清晰明了地指引人们的去向。

医院中心位置是中庭，中庭内采光效果极好，景致宜人，围绕中庭而建的是门诊部、候诊室、医院长廊等。设计师们希望通过这样的方式为病人及访客带来愉悦之感。便利店以及餐厅的设置使病人及家属感受到即使在医院也如同日常生活一样的体验。

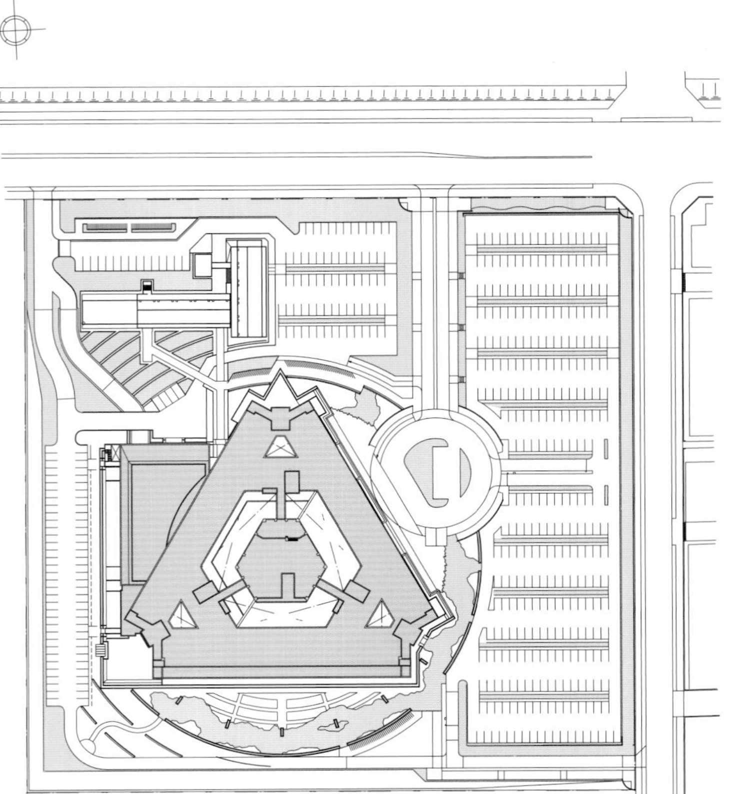

0 10 20 30m

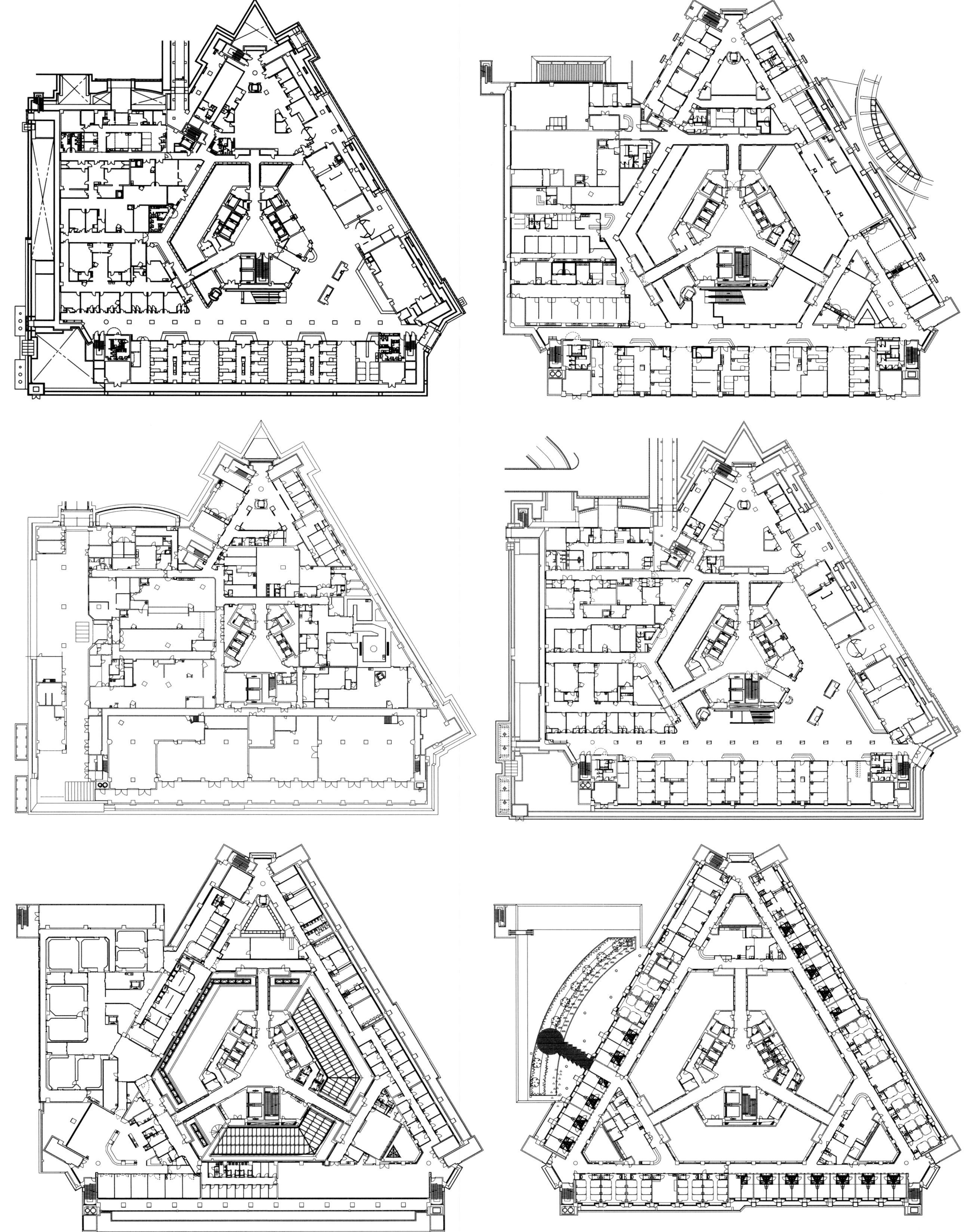

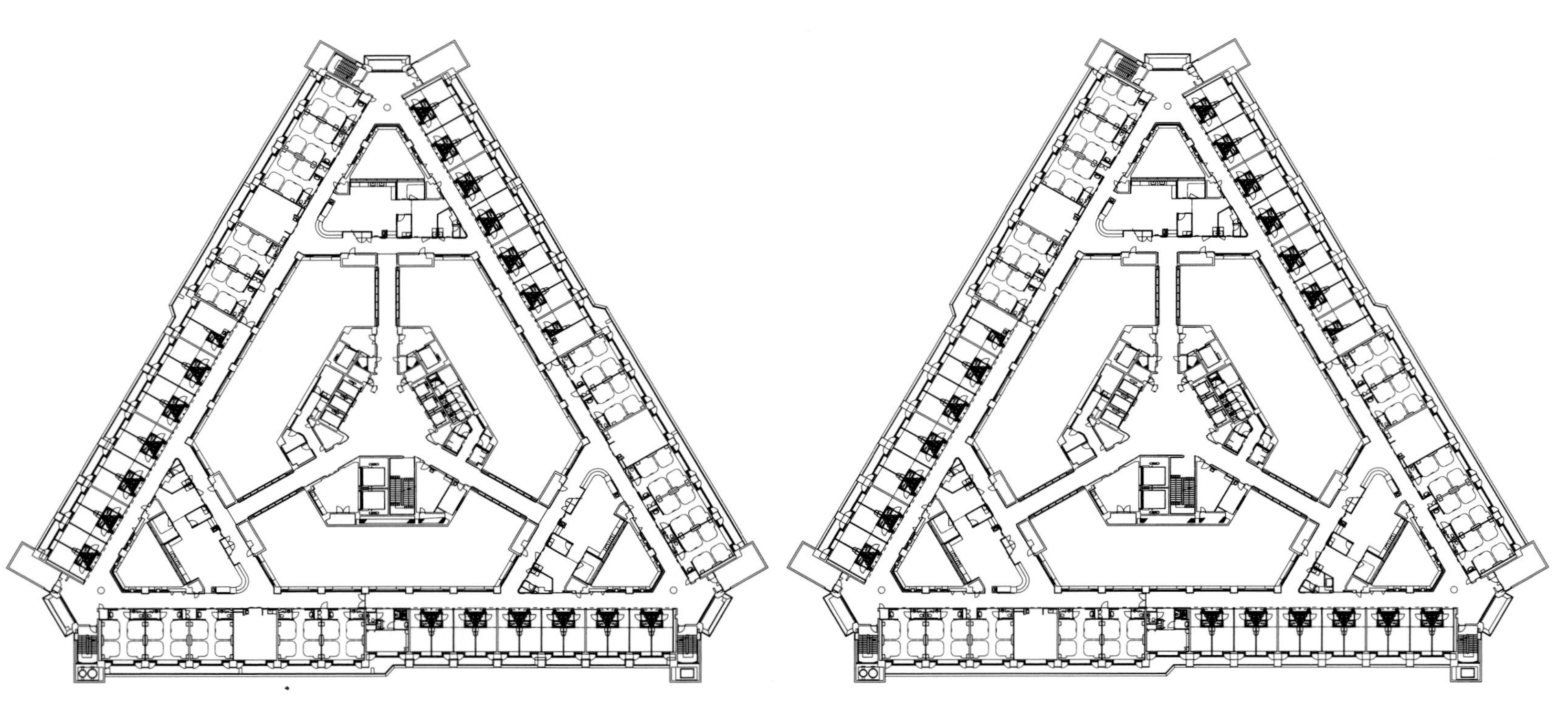

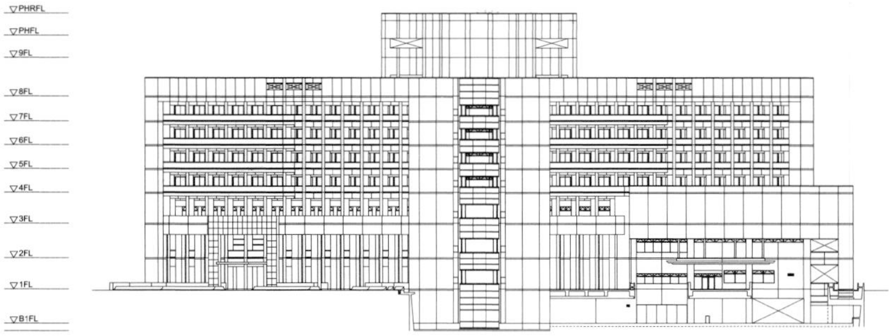
PHRFL
PHFL
9FL
8FL
7FL
6FL
5FL
4FL
3FL
2FL
1FL
B1FL

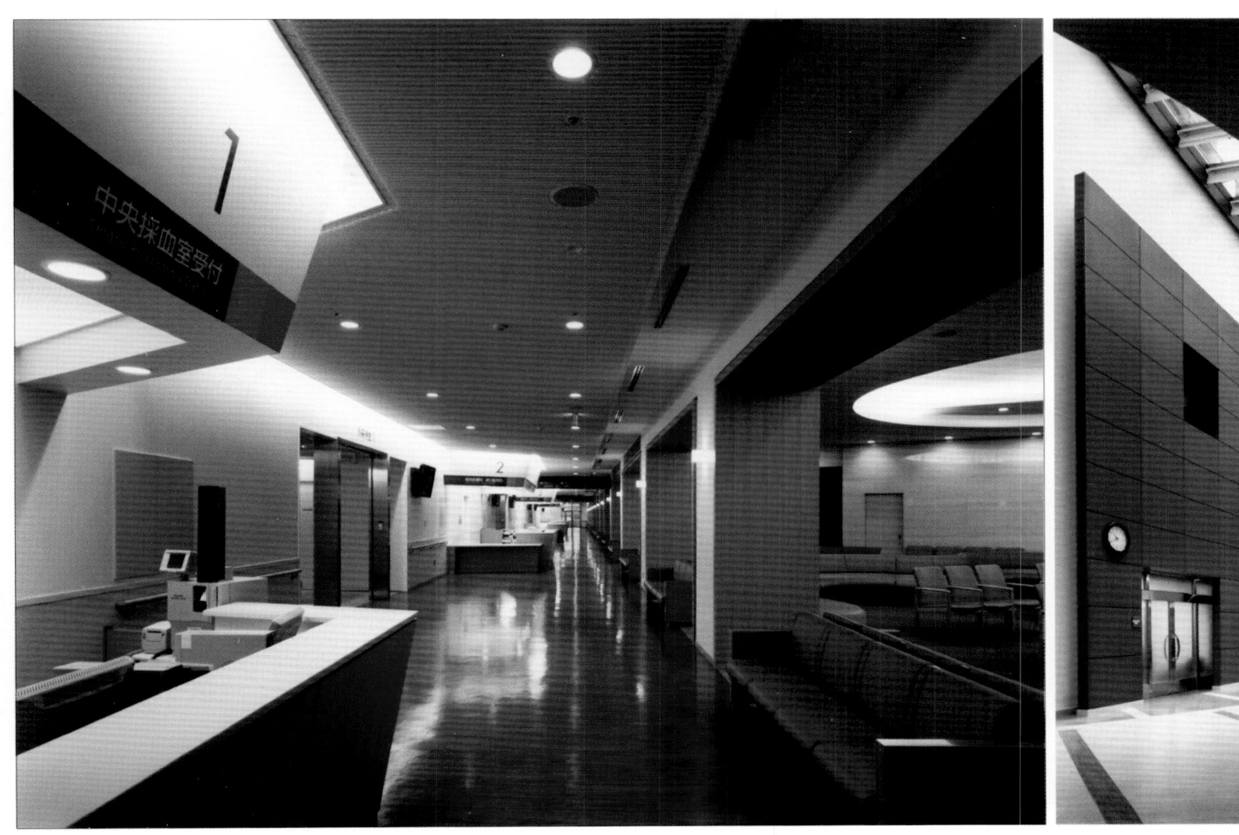

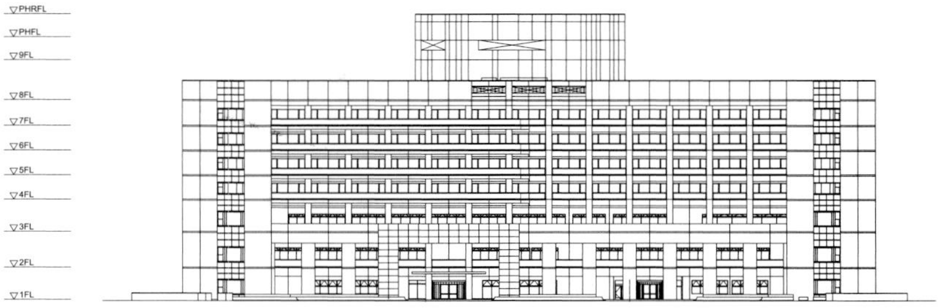
PHRFL
PHFL
9FL
8FL
7FL
6FL
5FL
4FL
3FL
2FL
1FL

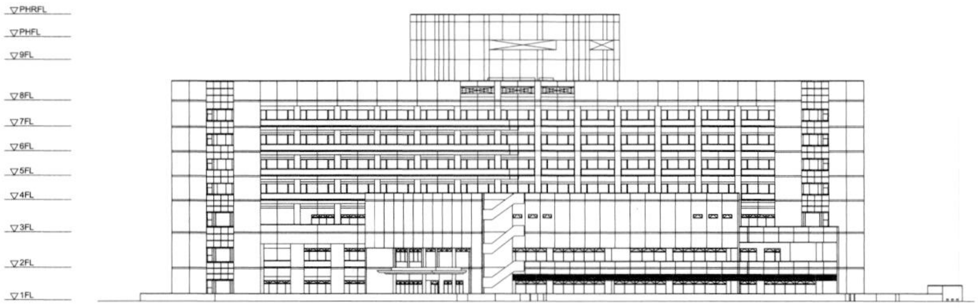
PHRFL
PHFL
9FL
8FL
7FL
6FL
5FL
4FL
3FL
2FL
1FL

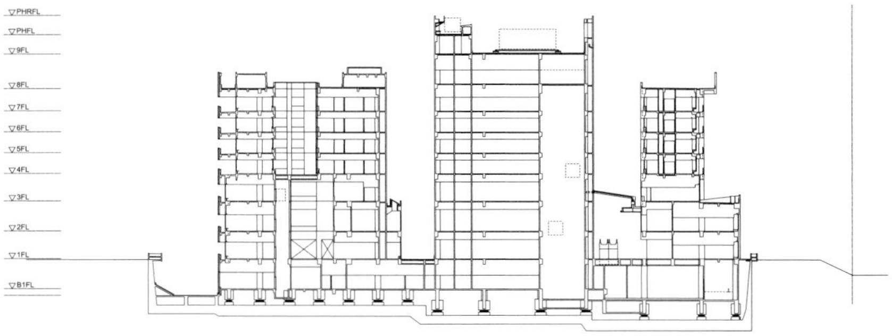
PHRFL
PHFL
9FL
8FL
7FL
6FL
5FL
4FL
3FL
2FL
1FL
B1FL

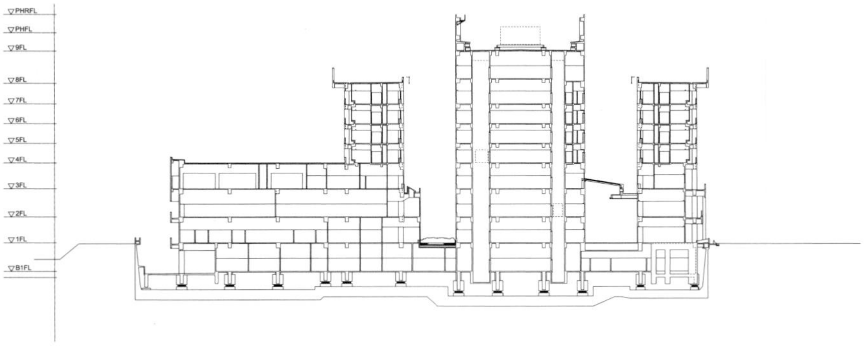
PHRFL
PHFL
9FL
8FL
7FL
6FL
5FL
4FL
3FL
2FL
1FL
B1FL

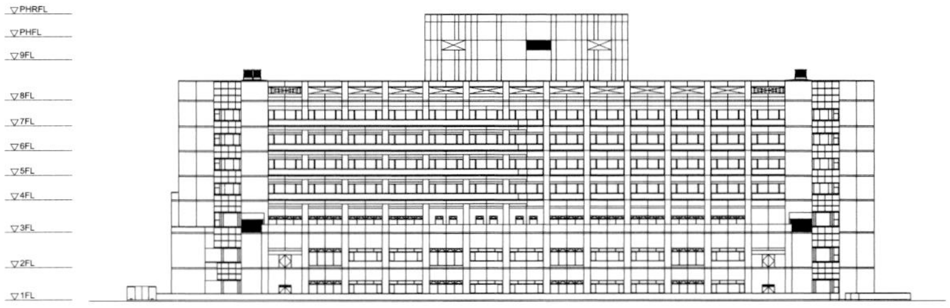
PHRFL
PHFL
9FL
8FL
7FL
6FL
5FL
4FL
3FL
2FL
1FL

1
中央採血室受付
2

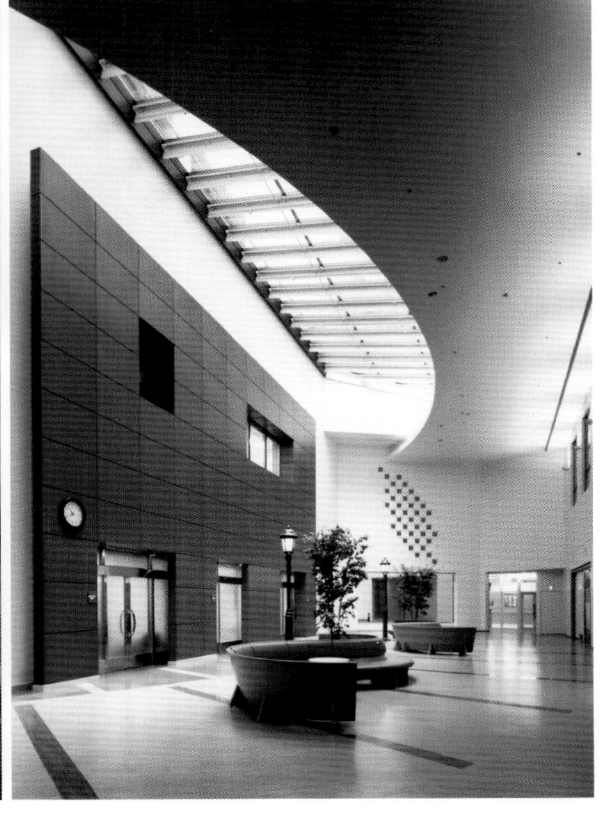

玛丽医院附属公司医疗办公楼

项目地点：美国伊利诺斯州奥克朗
建筑设计：PFB 建筑师事务所
面积：4 180 m²

新的医疗办公楼位于奥克朗，建筑面积达 4 180 m²。这座三层高的建筑将容纳紧急护理站、拍片室及内科医疗协会办公室，另外它还将为各种医疗办公提供办公空间的租赁服务。

新的综合楼将提高患者的便利性及舒适度。在这里，患者将能接受多种医疗服务。可以想象，今后在这里病人便能同时接受心脏内科、乳房 X 摄像科、CT、MRI 及其他服务。

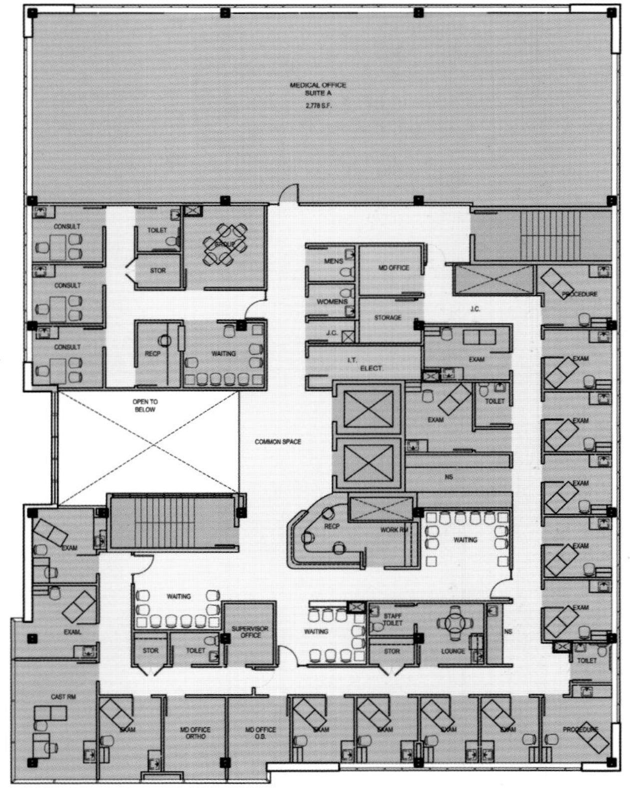

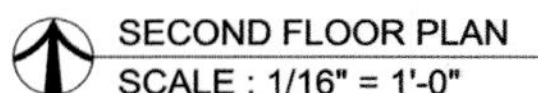

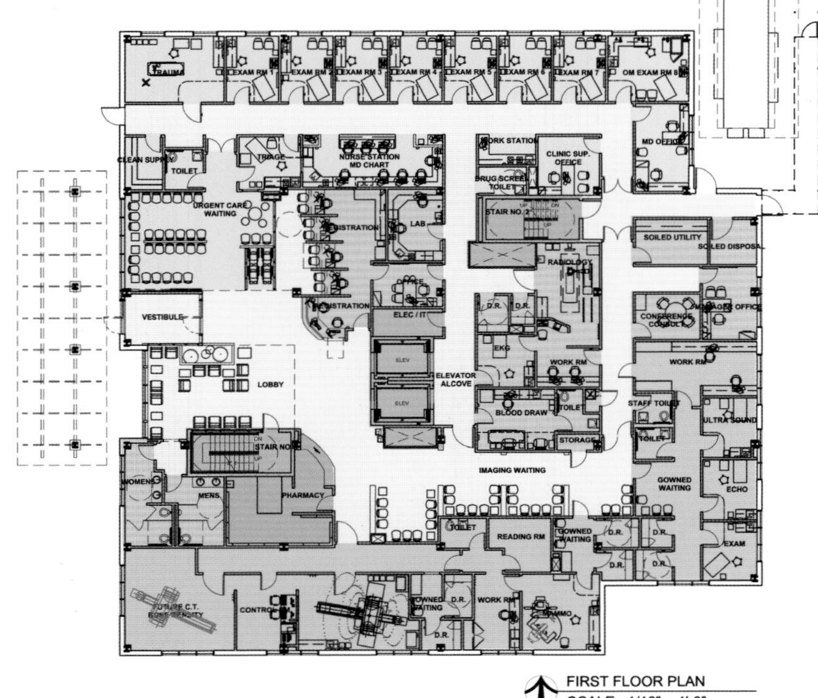

FIRST FLOOR PLAN
SCALE : 1/16" = 1'-0"

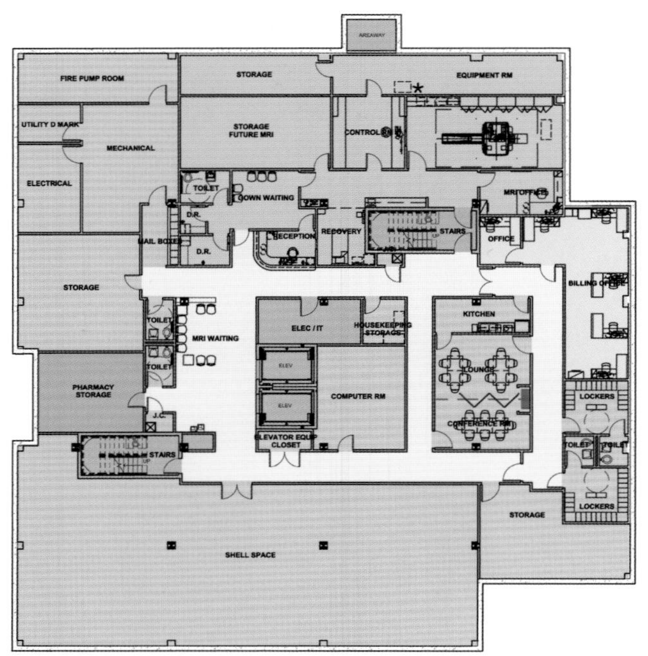

LOWER LEVEL PLAN
SCALE : 1/16" = 1'-0"

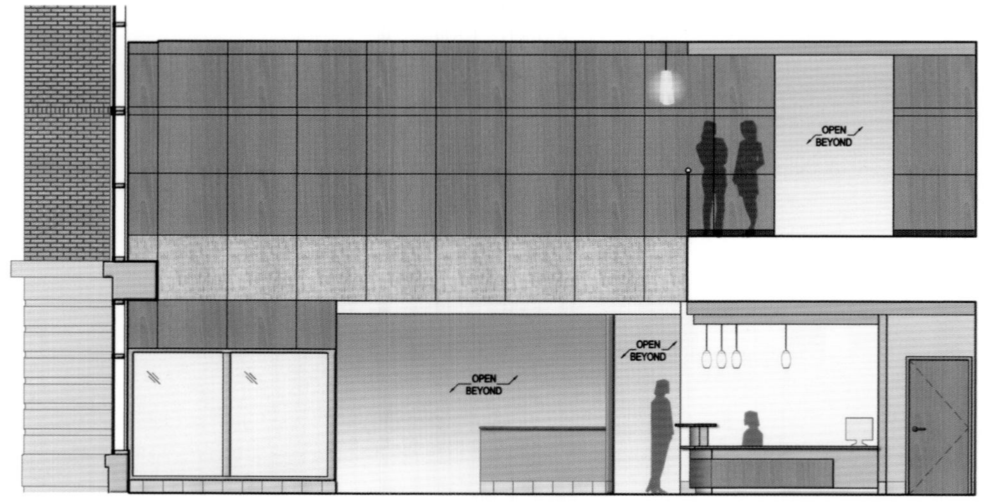

仁爱医疗中心车库

项目地点：美国马里兰州巴尔的摩
客户：仁爱医疗中心
建筑设计：RTKL
主要负责人：Ray Peloquin
摄影：David Whitcomb

Mercy

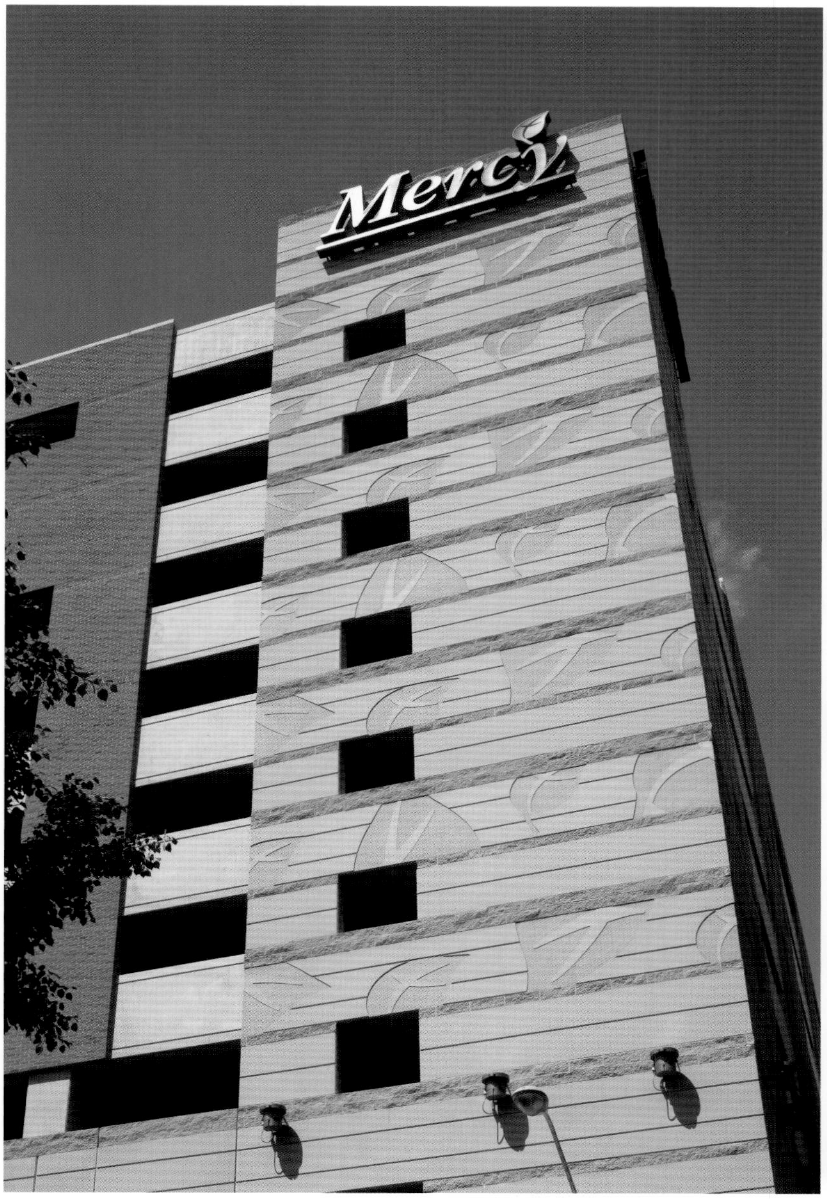

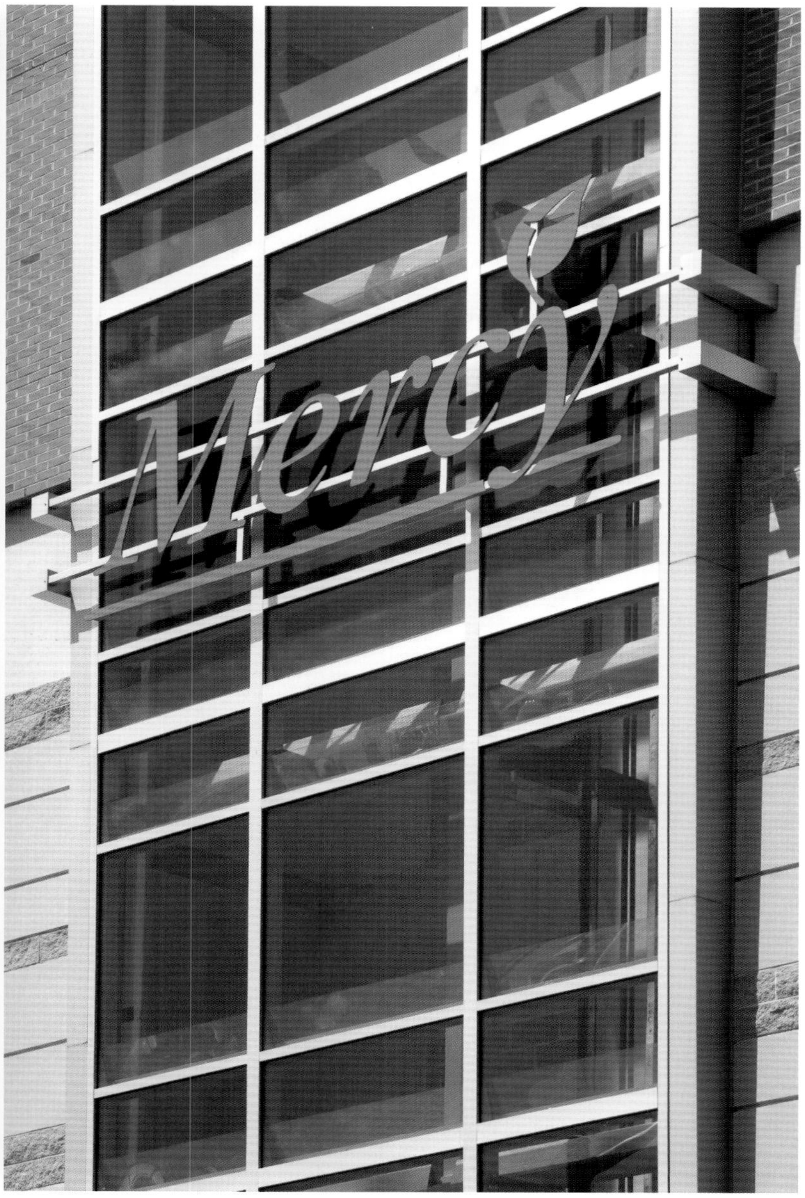

由于校区的扩大和车库的残破，仁爱医疗中心决定重新设计一个车库，这个 11 层高，1 350 m^2 的新车库是巴尔的摩东边到医院小区的通道，将成为一个标志性建筑而存在。

建筑设计师和环境平面设计师在新建筑设施的设计中充分考虑了医学院校区的建筑背景和 20 世纪 90 年代设计的仁爱品牌细节，以当地景点的照片作为车库的路线指示，面对着病房，从邻近的高速公路就可以清晰地看到金属穿孔壁画上的树叶图案标志。

这样的设计带有多种目的，可以遮挡停车坡道，成为这个“露天车库”的通风屏，既避免了机械系统的使用，也展示了仁爱强大的品牌效应。车库的墙壁纹理带有叶子的图案，一片片通过喷砂和装配固定在建筑的表面。设计还通过在校区内设置到处可见的品牌路标，提供灵活的框架，为病人打造一种舒适温馨的环境。

01 PLAN
Scale: 1/32" = 1'-0"

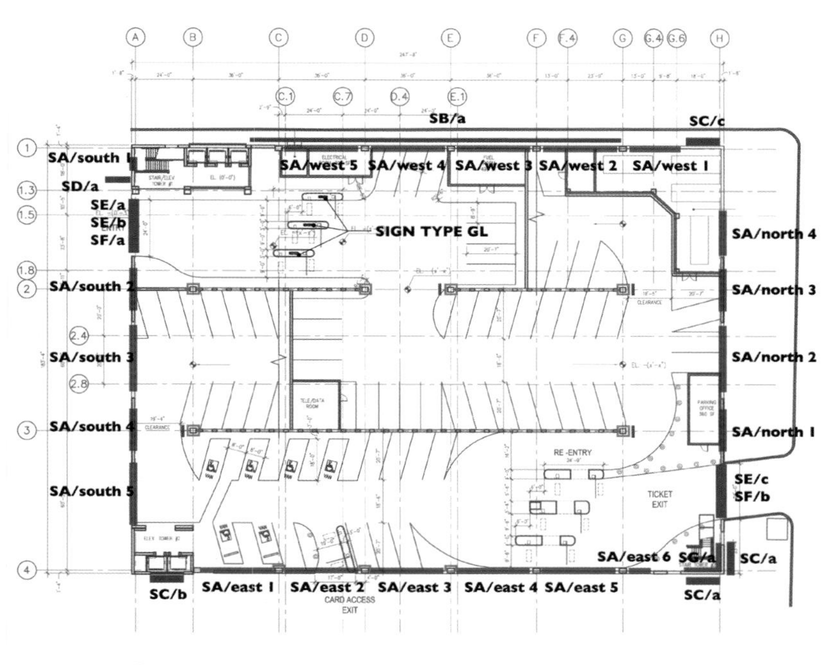

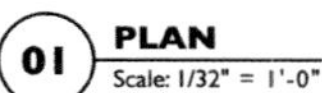

Mercy
Pleasant Street Garage
P
PLEASANT STREET GARAGE
ENTRANCE
PARKING PATRONS ONLY

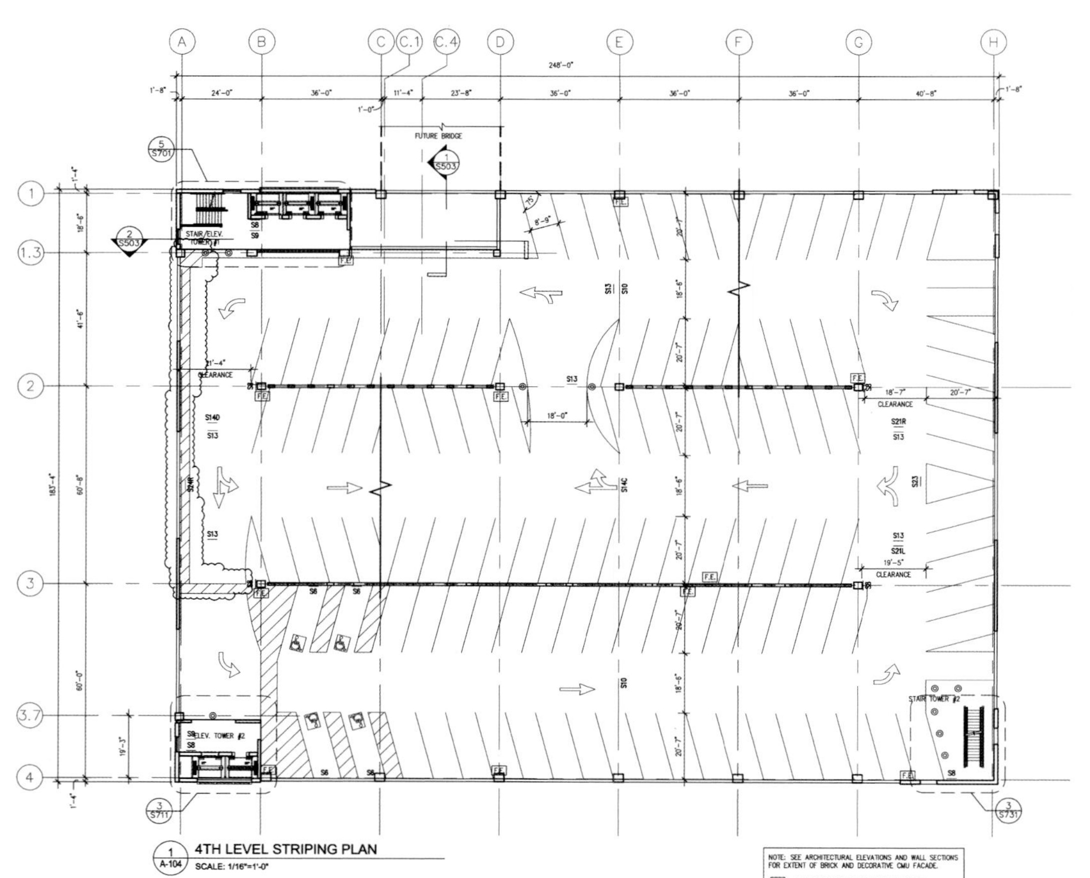
4TH LEVEL STRIPING PLAN
SCALE: 1/16"=1'-0"
FUTURE BRIDGE
STAIR/ELEV. TOWER #1
ELEV. TOWER #2
STAIR TOWER #2
CLEARANCE
NOTE: SEE ARCHITECTURAL ELEVATIONS AND WALL SECTIONS FOR EXTENT OF BRICK AND DECORATIVE CMU FACADE.
FE = PORTABLE FIRE EXTINGUISHER IN CABINET

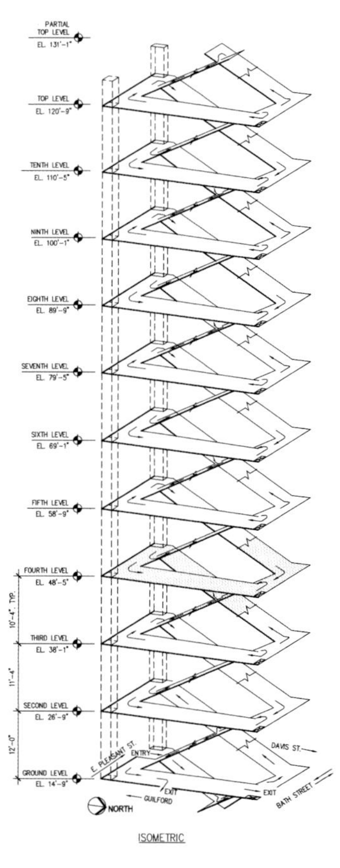
PARTIAL TOP LEVEL EL. 131'-1"
TOP LEVEL EL. 120'-9"
TENTH LEVEL EL. 110'-5"
NINTH LEVEL EL. 100'-1"
EIGHTH LEVEL EL. 89'-9"
SEVENTH LEVEL EL. 79'-5"
SIXTH LEVEL EL. 69'-1"
FIFTH LEVEL EL. 58'-9"
FOURTH LEVEL EL. 48'-5"
THIRD LEVEL EL. 38'-1"
SECOND LEVEL EL. 26'-9"
GROUND LEVEL EL. 14'-9"
NORTH
ISOMETRIC

CAR TABULATION

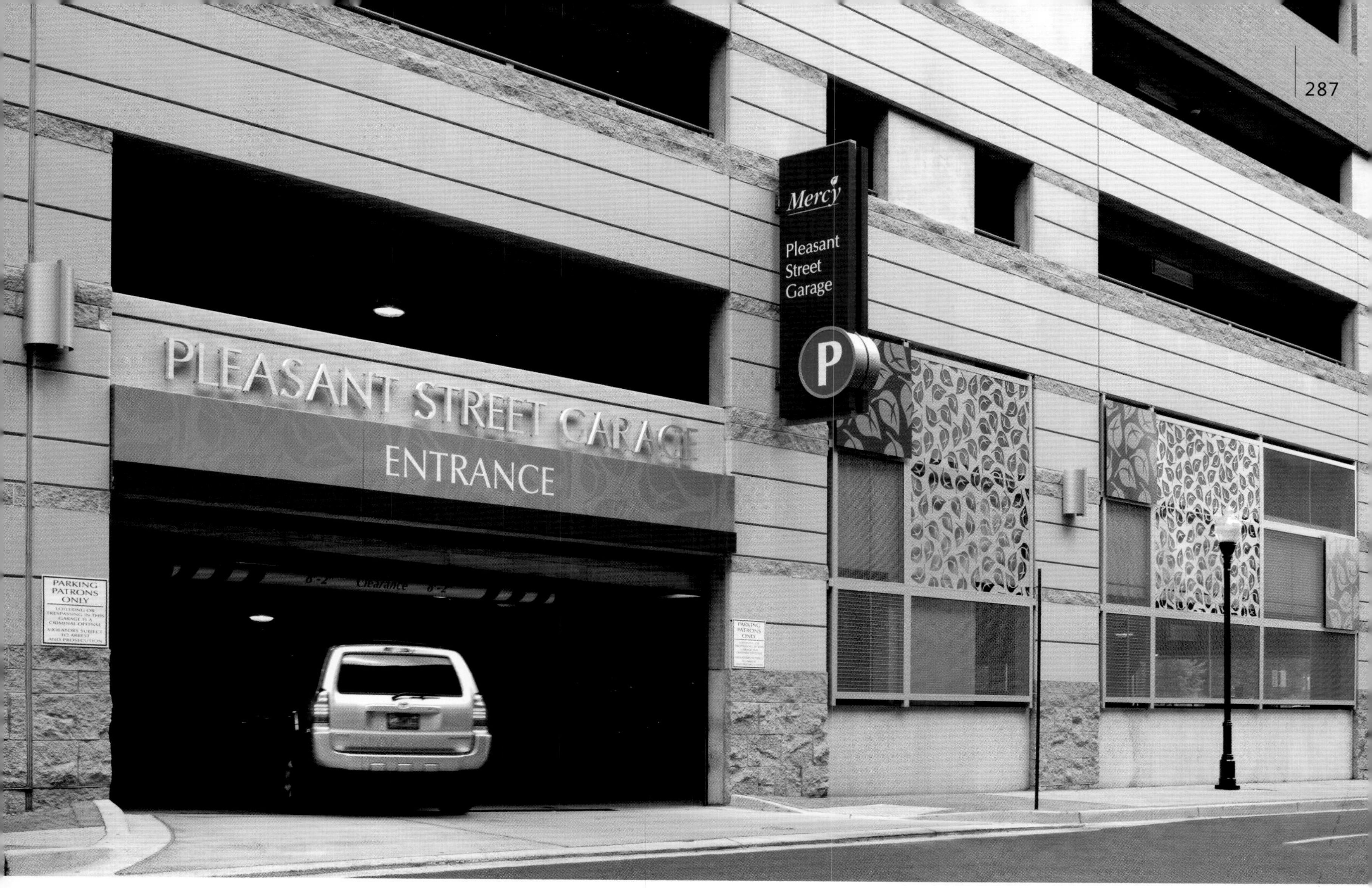

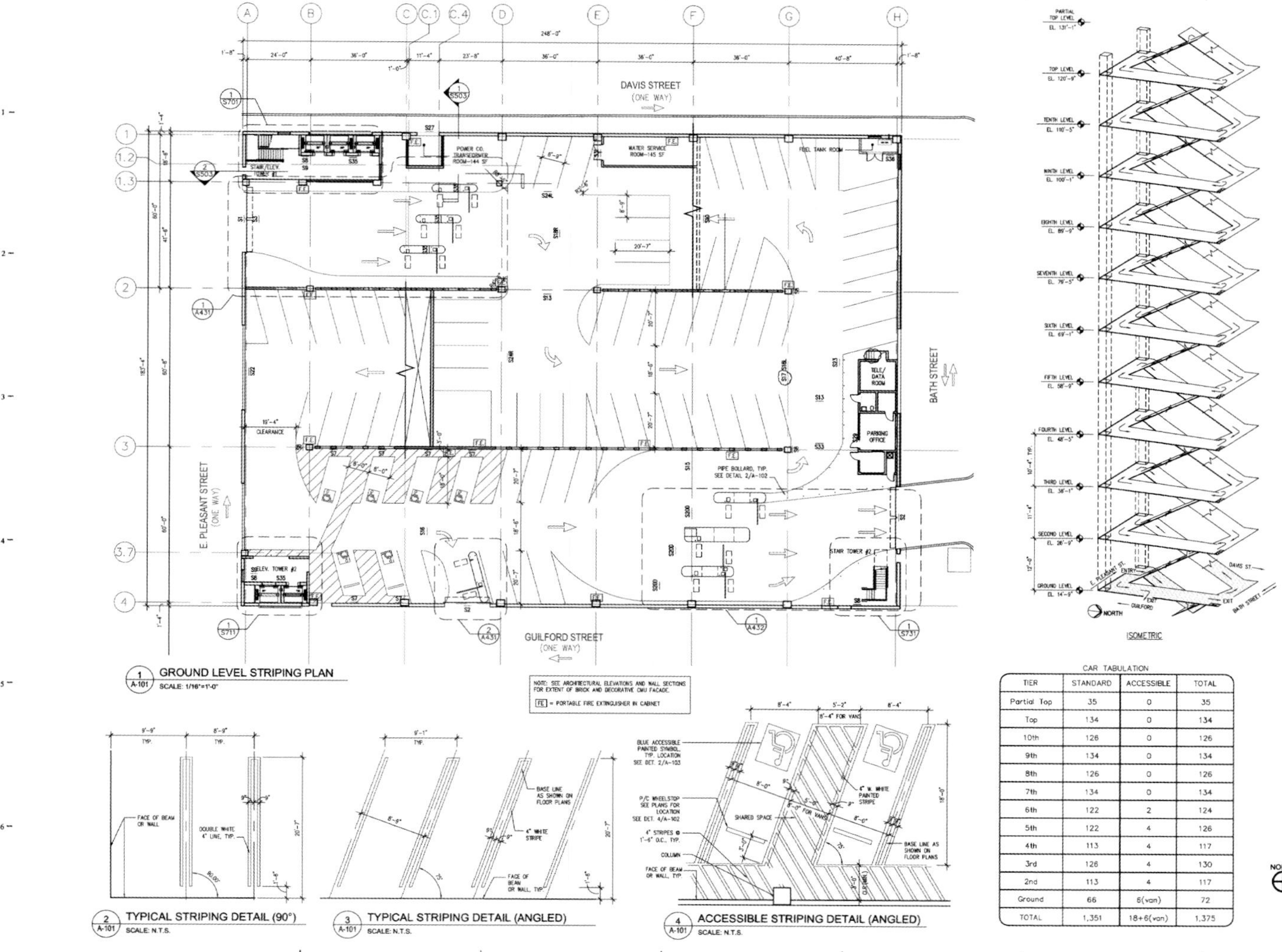

TIER	STANDARD	ACCESSIBLE	TOTAL
Partial Top	35	0	35
Top	134	0	134
10th	126	0	126
9th	134	0	134
8th	126	0	126
7th	134	0	134
6th	122	2	124
5th	122	4	126
4th	113	4	117
3rd	126	4	130
2nd	113	4	117
Ground	66	6(van)	72
TOTAL	1,351	18+6(van)	1,375

Mercy
Pleasant
Street
Garage
P

Jeroen Bosch 医院停车楼

项目地点：荷兰 Den Bosch
客户：Den Bosch 市政府
建筑设计：INBO
项目团队：Jacques Prins, Jaco Troost, Kevin Battarbee, Marc Font Freide, Fernanda Pacheco, Dick Korevaar
合作设计： 荷兰 Cie 建筑师事务所

context
approximate scale 1:700

新的公共停车楼如同一座地标，为前来探望病人的人们服务。设计的停车楼内相对独立的位置使其能容纳 700 辆车。为了使建筑从不同的角度呈现出不同的形态，需要大力塑造出建筑的雕塑感及动感的形体。建筑师最终设计出了面纱似的立面，覆盖在基座部分，使之与大楼的主结构部分区分开来。这样一来就呈现出一种奇特的几何形体，同时也不会影响到最初的结构。

独特的立面由斜条板交替排列组成。暗装式条形板为人们呈现出一种抛光单面体的效果，而氧化的色彩及穿孔的结构增加了立面的嵌入元素。

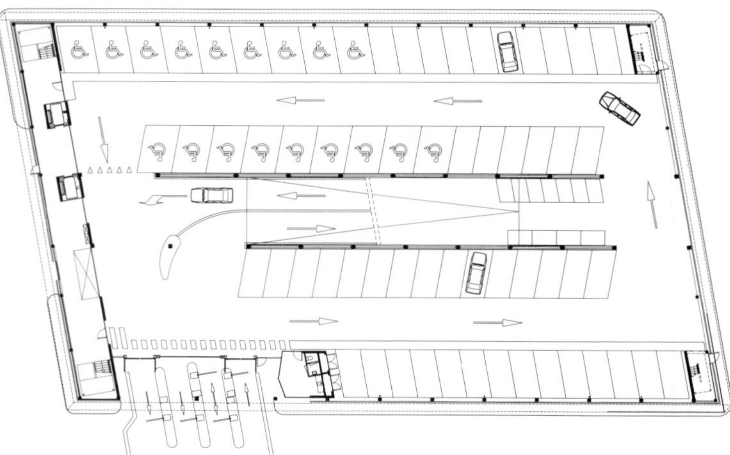

ground floor
scale 1:200

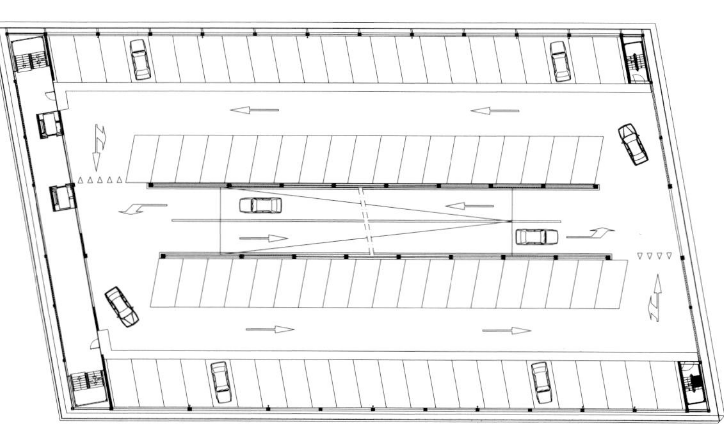

generic floor (level 1-7)
scale 1:200

entrance elevation (south)
scale 1:200

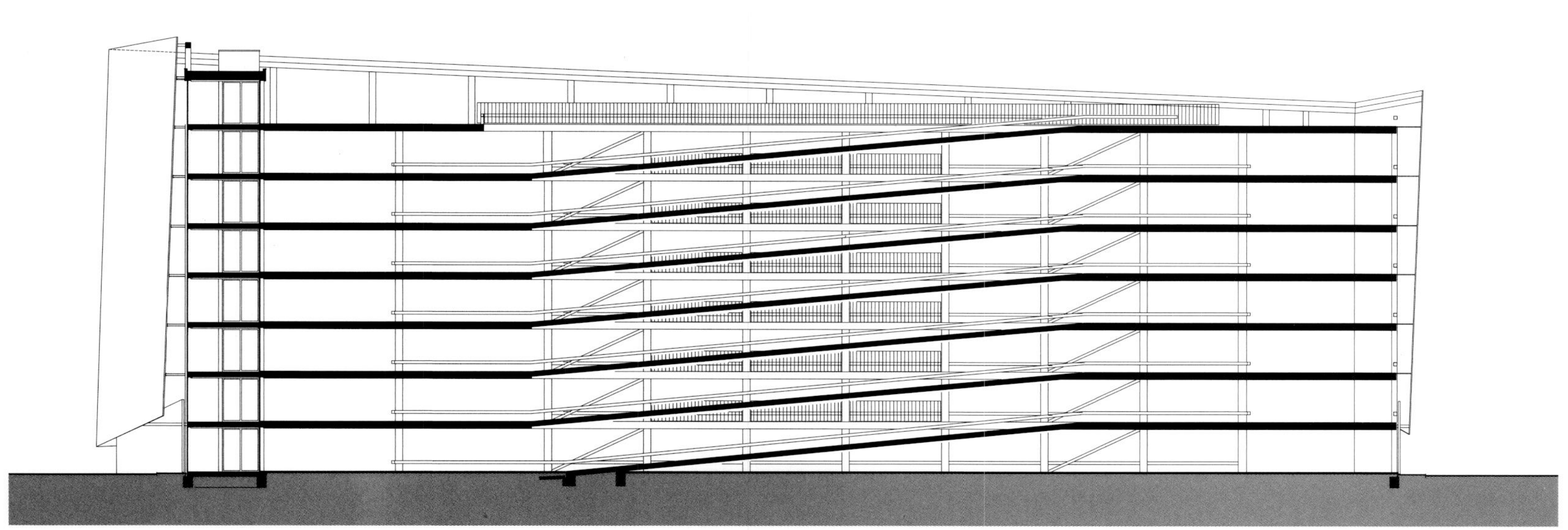

long section
scale 1:200

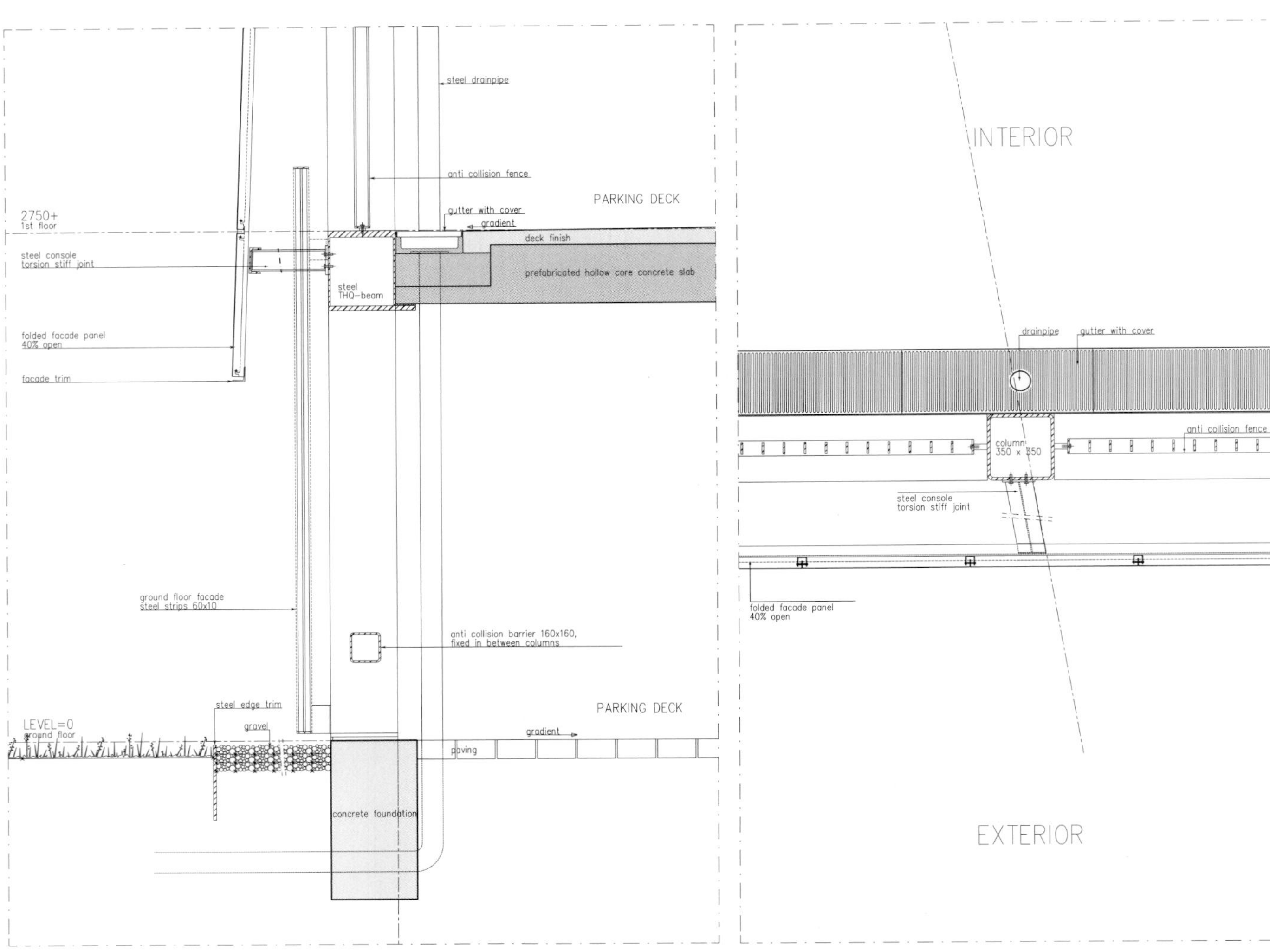

vertical detailed section

horizontal detailed section

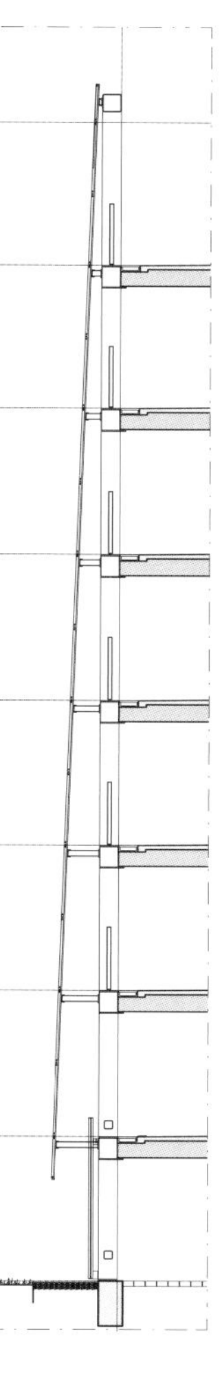

vertical section fragment